新编计算机类本科规划教材

SQL Server 实用教程
（第 2 版）

吴春胤　曹　咏　张建桃　主编

电子工业出版社·

Publishing House of Electronics Industry

北京·BEIJING

内 容 简 介

本书注重理论与实践相结合，既介绍了关系数据库的基本理论，又详细介绍了基于关系数据库理论的 SQL Server 2005 的操作与应用。通过例题、习题、实验等环节使读者熟练掌握相关知识点。在 SQL Server 2005 的应用部分，根据 Web 数据库应用系统的常用功能，归纳出了 8 个基础模块，详细讲述了如何编程实现这些基础模块，并通过实例示范了如何灵活运用基础模块构筑出 Web 数据库应用系统。教材分为 4 个部分，包括 SQL Server 2005 基础、数据库的创建与管理、Transact-SQL 语言和数据库编程及 SQL Server 2005 的应用。

本书既可以作为高等学校计算机及相关专业教材，也可作为广大数据库开发人员的自学指导书，以及 SQL Server 2005 培训教材。

为方便教学，本书还在华信教育资源网（http://www.huaxin.edu.cn）上提供了电子课件供读者免费下载。

图书在版编目（CIP）数据

SQL Server 实用教程 / 吴春胤，曹咏，张建桃主编. —2 版. —北京：电子工业出版社，2009.6
（新编计算机类本科规划教材）

ISBN 978-7-121-07525-4

Ⅰ.S… Ⅱ.① 吴… ② 曹… ③ 张… Ⅲ. 关系数据库—数据库管理系统，SQL Server—高等学校—教材
Ⅳ.TP311.138

中国版本图书馆 CIP 数据核字（2008）第 156204 号

策划编辑：冉 哲
责任编辑：冉 哲
特约编辑：王 纲
印　　刷：北京丰源印刷厂
装　　订：涿州市桃园装订有限公司
出版发行：电子工业出版社
　　　　　北京市海淀区万寿路 173 信箱　邮编　100036
开　　本：787×1 092　1/16　印张：17.5　字数：440 千字
印　　次：2009 年 6 月第 1 次印刷
印　　数：4 000 册　定价：26.00 元

前　言

本书包括四个部分。

第一部分是 SQL Server 2005 基础，包括数据库系统基础及 SQL Server 2005 概述。

第二部分是数据库的创建与管理，包括 SQL Server 2005 数据类型、数据库的创建与管理、数据库表的创建与管理。

第三部分是 Transact-SQL 语言和数据库编程，包括 Transact-SQL 语言、索引与视图、存储过程、触发器、事务处理与封锁、数据库的安全性管理。

第四部分是 SQL Server 2005 的应用，包括数据库应用程序接口及基于 Web 的数据库应用。本部分根据 Web 数据库应用系统的常用功能，归纳出了 8 个基础模块，详细讲述了如何编程实现这些基础模块，并通过实例示范了如何灵活运用基础模块构筑出 Web 数据库应用系统。读者运用这些基础模块可以快速开发出一个 Web 数据库应用系统。

附录 A 给出了书中所用的 ST 数据库表结构及样本数据。

本书是在第一版基础上修订而成的，一方面，根据 4 年来使用第一版的教学实践经验对本书的内容做了进一步的修改和完善，使其更加简明扼要、通俗易懂；另一方面，所采用的数据库产品由本书第一版的 SQL Server 2000 改为 SQL Server 2005。

本书由吴春胤、曹咏、张建桃主编。

参加编写的教师还有韩方珍、熊俊涛、陈联诚、区士超。

由于编者水平有限，加上时间仓促，书中的疏漏与错误在所难免，欢迎广大读者提出宝贵意见。

编　者

目　　录

第1部分　SQL Server 2005 基础

第2部分　数据库的创建与管理

第1部分
SQL Server 2005 基础

第 1 章　数据库系统基础

第 2 章　SQL Server 2005 概述

第 1 章　数据库系统基础

　　本章内容主要包括数据库的基本概念、现实世界的数据描述、数据库设计、数据库系统的体系结构、关系数据库等。要求熟练掌握数据库的基本概念、信息的三个领域、概念模型、关系模型和数据库设计等内容，了解数据库系统的几种体系结构。

　　数据库技术出现于 20 世纪 60 年代末，经过 30 多年的发展，已经成为最重要的数据处理技术。它的出现极大地促进了计算机技术在各行各业的应用。目前，无论是企事业内部的信息管理系统，还是关键的业务处理程序，以及一般的信息加工和情报检索等，无不以数据库技术为基础。近年来，随着分布处理、高速网络、多媒体、面向对象等技术的发展，数据库技术的应用更加普遍深入。本章将介绍数据库的一些基础知识，为后面的章节做铺垫。

1.1　基本概念

1．数据（Data）

　　所谓数据就是描述事物的符号。在人们的日常生活中，数据无所不在，数字、文字、图表、图像、声音等都是数据。人们通过数据来认识世界，交流信息。

　　用数据描述的现实世界中的对象可以是实实在在的事物，如一个学生的情况（学号、姓名、性别、年龄等）；数据也可以描述一个抽象的事物，如用文字描述一个想法，用图画描述一个画面等。这些都是数据，都可以输入到计算机中，由计算机进行管理和操作。

2．数据库（DB, Database）

　　数据库，顾名思义就是数据存放的地方，是需要长期存储在计算机内、有组织的、可共享的数据集合。数据库中的数据按一定的数据模型组织、描述和存储，具有较小的冗余度，较高的数据独立性和易扩展性，并可为各种用户共享。

3．数据库管理系统（DBMS, Database Management System）

　　数据库管理系统是位于用户与操作系统之间的，用于管理数据的计算机软件。数据库管理系统使用户能方便地定义和操纵数据，维护数据的安全性和完整性，以及进行多用户下的并发控制和发生故障后的数据恢复。

　　现在世界上已经有很多成熟的数据库管理系统软件。例如，有大家熟悉的 Access，FoxPro，dBASE 等小型数据库管理系统软件；还有 DB2，Oracle，SQL Server，Informix 等大型的数据库管理系统软件。

4．数据库系统（DBS, Database System）

　　数据库系统，狭义地讲，是由数据库、数据库管理系统和用户构成的；广义地讲，是由计算机硬件、操作系统、数据库管理系统，以及在它支持下建立起来的数据库、应用程序、用户和数据库管理员组成的一个整体。

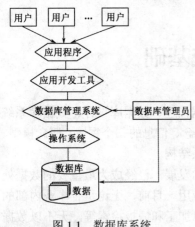

图 1.1　数据库系统

在不引起混淆的情况下，人们常常把数据库系统简称为数据库。数据库系统如图 1.1 所示。

数据库是为多用户共享的，因此需要有人进行规划、设计、协调、维护和管理。负责这些工作的人员称为数据库管理员（DBA, Database Administrator）。

5. 数据库应用程序

数据库应用程序是指满足某类用户要求的操纵和访问数据库的程序。

数据库应用程序是由应用程序员开发的。应用程序员使用某些程序设计语言，如 COBOL，PL/I，C++，Java，Visual Basic 等，来编写数据库应用程序。这些程序通过数据库管理系统发送 SQL 语句请求来访问数据库。

目前，数据库应用程序主要分为两大类：联机事务处理（OLTP，On Line Transaction Processing）和联机分析处理（OLAP，On Line Analytical Processing）。

我们日常看到和用到最多的是联机事务处理的应用程序，如银行存取款系统、飞机火车订票系统、学生选课系统、图书馆查询管理系统、企业信息管理系统等。对这些系统，通常要求用户发出命令后，响应速度要快，但每次操作涉及的数据量少。联机分析处理主要用于决策支持系统，需要在数据仓库的基础上，进行联机分析处理，每次处理的数据量大，响应时间长。它需要由历史数据及多个数据来源的数据得到有指导意义的信息。例如，分析第一季度广州市计算机销售情况，要对各种型号的计算机、各个销售点的销售情况进行汇总和处理；可能还要与上一季度的销售情况或上一年同期的销售情况进行比较，查看销售趋势，分析市场的行情等。

1.2　现实世界的数据描述

1.2.1　信息的三个领域

在现实世界中，信息处于三个领域：现实世界、观念世界和数据世界。

1. 现实世界

现实世界是指存在于人们头脑之外的客观世界。事物及其相互联系就处于这个世界中。

2. 观念世界

观念世界是现实世界在人们头脑中的反映，人们用文字、图形和符号等表示它们。客观事物在观念世界中被称为实体，反映事物联系的是概念模型。

3. 数据世界

数据世界是观念世界中信息的数据化。现实世界中的事物及联系在这里用数据模型描述。由于计算机只能处理数据化的信息，所以对观念世界中的信息必须进行数据化，数据化后的信息称为数据。所以观念世界的信息在计算机系统中以数据形式存储。

三个领域的联系如图 1.2 所示。

可见，现实世界中的事物与联系经过认识，抽象为观念世界的概念模型，这种概念模型并不依赖于具体的计算机系统，不是某一个数据库管理系统支持的数据模型，而是概念级的模型；之后，观念世界的概念模型经过转化，形成计算机上某一数据库管理系统所支持的数据模型。

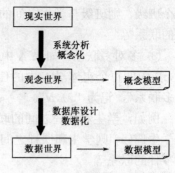

图 1.2 信息的三个领域

1.2.2 概念模型

概念模型是客观世界的反映，是在观念世界里对客观事物的一种描述。

1. 概念模型中的一些基本概念

（1）实体（Entity）

一个实体是现实世界客观存在的一个事物。一个实体可以是一个具体的事物，如一所房子、一个元件、一个人等，也可以是抽象的事物，如一个想法、一个计划或一个工程项目等。

（2）属性（Attribute）

实体所具有的某一特性称为属性。一个实体可以由若干个属性来描述。例如，学生实体可以由学号、姓名、性别等属性组成，这些属性组合起来表征了一个学生。

（3）实体标识（码或键）

其值能唯一地标识某个实体的属性集称为实体的标识。在关系数据库中，实体的标识称为码或键（Key），其标识码是实体的单个属性或属性子集的值。例如，学生的学号可以唯一地标识一个学生，所以学生的学号既是学生的属性又是学生的标识码，学校的标识可以是学校的校名或学校的编号。

（4）域（Domain）

属性的取值范围称为该属性的域。例如，学号的域为长度为 10 的字符串，性别的域为（男，女）。

（5）实体型（Entity Type）

具有相同属性的实体必然具有共同的特征和性质。用实体名及其属性名集合来抽象和描述同类实体，称为实体型。例如，学生（学号，姓名，性别，年龄，籍贯）。

（6）实体集（Entity Set）

同型实体的集合称为实体集。例如，全体学生就是一个实体集。

（7）联系（Relationship）

现实世界中，事物之间存在一定的相互关系。在概念模型中，用联系来反映实体间的相互关系。设有 A，B 两个实体集，联系可分为下面三类：

① 一对一联系。如果 A 中每个实体至多与 B 中的一个实体有联系，反之亦然，就称 A 和 B 的联系为"一对一联系"，记为"1:1"。

例如，班主任老师和班级之间的联系，如果一个班只有一个班主任，一个班主任只能管理一个班级，则老师与班级之间的联系是 1:1 联系。

② 一对多联系。如果 A 中每个实体与 B 中的任意多个（零个或多个）实体有联系，而 B 中每个实体至多与 A 中的一个实体有联系，就称 A 对 B 的联系为"一对多联系"，记为"1:N"。

例如，班级和学生之间的联系，如果一个班级可以有多名学生，而每个学生只能属于某一个班级，则班级与学生之间的关系是 1:N 联系。类似的还有国家与城市的联系，部门与员工的联系等。

③ 多对多联系。如果 A 中的每个实体与 B 中的任意个（零个或多个）实体有联系，反之，B 中的每个实体与 A 中的任意个（零个或多个）实体有联系，就称 A 和 B 的联系为"多对多联系"，记为"$M:N$"。

例如，学生和课程之间的联系，如果一个学生可以选修多门课程，每一门课程又可有多个学生选修，则学生和课程之间的联系是 $M:N$ 联系。类似的还有供应商与商品的联系、产品与零件的联系等。

2．实体–联系图（E-R 图）

设计和描述概念模型常用的工具是 E-R 图（Entity-Relationship Model），由 Peter Chen 于 1976 年首次提出。下面介绍 E-R 图中有关基本要素的表示方法。

（1）实体型：同型实体用矩形框表示，矩形框内写明实体名称。

（2）属性：用椭圆框（或圆角矩形框）表示，框内注明属性名称，并用无向边将其与表示相应的实体的矩形框连接起来。

（3）联系：描述联系，要给出联系的名称和类型。在菱形框内注明联系的名称，并将菱形框用无向边分别与表示相关实体的矩形框连接起来，无向边旁注明联系的类型（1:1，1:N 或 $M:N$）。

另外，联系本身也可以有属性，如果要表示联系的属性，也应按照上述方法用无向边将表示联系的菱形框与相关属性的椭圆框（或圆角矩形框）连接起来。

【例 1.1】　一名学生可选修多门课程，一门课程可由多名学生选修；一个班级有多名学生，而一名学生只能属于某一个班级；一位教师至多担任一个班级的班主任管理工作，而一个班级至多有一个班主任。

课程属性：课程号，课程名，学分，学时数

学生属性：学号，姓名，性别，年龄，籍贯

班级属性：班级代号，所在院系，班级名称

教师属性：职工号，姓名，性别，出生年月，职称，籍贯

根据以上描述可画出 E-R 图如图 1.3 所示。

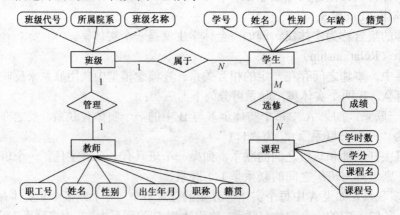

图 1.3　某学校学生管理 E-R 图

1.2.3 数据模型

1. 数据模型概述

数据模型将实体及实体之间的联系进行数字化模拟和抽象，并且能存放到计算机中，通过计算机软件进行处理。数据模型主要有三种：层次模型（Hierarchical Model）、网状模型（Network Model）、关系模型（Relational Model）。其中层次模型和网状模型在 20 世纪 70 年代与 80 年代初非常流行，后来逐渐被关系模型所取代。支持关系模型的数据库就是关系数据库，而目前常用的数据库系统都采用关系模型，因此这里只详细介绍关系模型。

2. 关系模型

（1）关系模型的基本术语

① 关系（Relation）：一个关系就是一张二维表。例如，图 1.4 给出的是一个二维表，也是一个关系，关系名为 STUDENT。

学号	姓名	性别	年龄	班级代号	籍贯
2002256117	王一	男	22	0102020101	广东澄海
2002356131	刘江	男	22	0101020101	广东新会
2003251113	李文	男	20	0101030201	广东梅县
2003251126	王莎	女	19	0101030201	四川乐至
2003251210	张今	男	20	0101030202	山西五台
2003256220	马元	男	20	0102030102	浙江苍南
2003256228	林欣	女	20	0102030102	重庆开县
2004356225	许东	男	19	0101040102	江西吉安
2005251106	陈明	女	19	0101050201	福建南安
2005356107	钟红	女	19	0101050101	辽宁海城

图 1.4　关系 STUDENT

② 元组（Tuple）：关系表中的每一行称为一个元组。例如，图 1.4 的关系中有 10 个元组。

③ 属性（Attribute）：关系表中的每一列称为一个属性，每个属性分别由不同的属性名进行标识。例如，图 1.4 的关系中有 5 个属性，分别用学号、姓名、性别、年龄、班级代号、籍贯标识进行区分。

④ 属性域（Domain）：属性的取值范围。例如，在图 1.4 的关系中，学号的域为长度为 10 的字符串，性别的域为（男，女），年龄的域为大于 14 的整数等。

⑤ 分量（Element）：元组的一个属性值。例如，刘江是图 1.4 的关系中第二个元组的第二个分量。

⑥ 候选键（Candidate Key）：能唯一地标识一个元组的属性或属性组合。一个关系表可能有多个候选键。例如，在图 1.4 的关系中，学号由于能够唯一地标识一个元组，所以学号是一个候选键；如果确保姓名不会重复（不仅是样本数据没有重复），则姓名也可以标识一个元组，也是一个候选键。

⑦ 主键（Primary Key）：在关系的多个候选键中，根据具体应用选择一个作为关系的主键，一个关系有且仅有一个主键。例如，在图 1.4 所示关系的候选键中，选择学号作为主键。

⑧ 关系模式（Relation Mode）：对一个关系的结构描述。每个描述包括关系名、属性等，

即关系模式的描述格式为：关系名（属性 1，属性 2，……，属性 n）。例如，图 1.4 所示的关系 STUDENT 可描述为：STUDENT（学号，姓名，性别，年龄，班级代号，籍贯），其中学号属性以下划线标识为主键。

（2）可互换的术语

在日常的操作使用中，人们常常将关系模型中的基本术语与口语习惯及传统数据处理中的有关名称进行替换使用，具体如图 1.5 所示。

关系模型基本术语	口语习惯使用名称	传统数据处理使用名称
关系	表	文件
元组	行	记录
属性	列	字段

图 1.5　可互换的术语

（3）关系的性质

一个关系对应一个二维表，但并非所有的二维表都能称做关系。只有满足一定条件的二维表才能被称做关系，而这些条件即是关系的性质：

① 任意二个元组不能完全相同；

② 元组非排序，即行序可以任意交换；

③ 属性非排序，即列序可以任意交换；

④ 同一关系的属性名不能重复；

⑤ 同一属性列中的分量来自同一个域，不同的列可以出自同一个域；

⑥ 每一个分量（属性）必须是不可再分的数据项。

因此，当用"表"来指代关系时，应确认该二维表是具备以上性质的二维表。

（4）关系模型的完整性

关系模型的完整性是指关系的某种约束条件，包括实体完整性、参照完整性和用户定义完整性三类。用户定义的完整性是指，根据具体应用环境的不同，数据库中的数据所必须满足的特定的用户要求。一般的关系数据库都提供定义和检验用户定义完整性的机制，以便用统一的、系统的方法进行处理，以满足用户要求，而不需要通过程序来解决。实体完整性和参照完整性是关系模型必须满足的完整性约束条件，由关系数据库自动支持，这里仅对这两类完整性进行介绍。

① 实体完整性

实体完整性指关系的主键所包含的属性列值不能为空。

例如，对于关系 STUDENT（学号，姓名，性别，年龄，班级代号，籍贯），学号属性不能取空值，对于关系 S_C（学号，课程号，成绩），学号和课程号属性列均不能取空值。

② 参照完整性

i）在了解参照完整性之前，首先要理解外键的概念。

外键：设 F 是关系 R 的一个或一组属性，但不是关系 R 的主键，如果 F 与关系 S 的主键 Ks 相对应，则称 F 是关系 R 的外键，并称关系 R 为参照关系，关系 S 为被参照关系。

ii）参照完整性是指，关系的外键取值或者为空，或者等于被参照关系某个元组的主键值。

例如，对于关系 STUDENT（学号，姓名，性别，年龄，班级代号，籍贯）和关系 CLASS

（班级代号，所属院系，班级名称），班级代号是关系 STUDENT 的外键，它的取值或者为空，或者等于关系 CLASS 中班级代号的取值。

iii）在被参照关系中进行元组删除和主键值修改的问题。

有时需要删除被参照关系的某个元组，而参照关系又有若干元组的外键值与拟被删除的被参照关系的主键值相对应，例如，要删除关系 CLASS 中的班级代号为 0101030201 的元组，而关系 STUDENT 中有两个元组的班级代号属性值都等于 0101030201，这时系统提供级联删除、受限删除和置空值删除三种策略供用户选择。

级联删除允许删除被参照关系的元组，但要将参照关系中的相关元组一并删除。例如，当删除关系 CLASS 中的班级代号为 0101030201 的元组时，关系 STUDENT 中两个班级代号属性值都等于 0101030201 的元组也将被一并删除。

受限删除指当参照关系中有任何一个元组的外键值与要删除的被参照关系的元组的主键值相对应时，系统拒绝执行删除操作。例如，对于关系 CLASS 中班级代号为 0101030201 的元组进行删除时，系统将拒绝执行。

置空值删除允许删除被参照关系的元组，但参照关系中相关元组中的外键值同时被置为空值。例如，当删除关系 CLASS 中班级代号为 0101030201 的元组时，关系 STUDENT 中两个班级代号为 0101030201 的元组的班级代号属性值将被置为空值。

对于被参照关系主键值修改的问题，也可相应地采取级联修改、受限修改和置空值修改三种策略，具体过程可分别参考级联删除、受限删除和置空值删除，此处不再详述。

1.3 关系数据库设计

1.3.1 数据库设计的步骤

进行数据库设计是为了在给定的应用环境下，建立一个性能良好，能满足应用系统要求，又能被所选的 DBMS 支持的数据库模式。数据库设计的步骤主要按以下 6 个阶段进行。

1. 需求分析阶段

需求分析是指全面、准确了解并分析用户需求（包括数据与处理）。在该阶段，通过详细调查现实世界要处理的对象（组织、部门、企业等），充分了解原系统（手工系统或计算机系统）工作概况，在此基础上通过分析明确用户的各种需求，包括信息需求、处理需求、安全性与完整性要求等，以便新系统的功能能够满足用户的这些需求。

需求分析是整个设计过程的基础，是最困难、最耗费时间的一步，设计人员必须与用户不断地、深入地进行交流，才能逐步得以确定用户的实际需求。

2. 概念结构设计阶段

概念结构设计是指将需求分析得到的用户需求进行综合、归纳与抽象，形成一个独立于具体 DBMS 的概念结构（模型）。在这个阶段，需要对实际的人、物、事和概念进行人为处理，抽取人们关心的共同特性，忽略非本质的细节，并把这些特性用各种概念精确地加以描述。

概念结构独立于支持数据库的 DBMS。它是现实世界与机器世界的中介，一方面它易于向关系、网状、层次等各种数据模型转换，一方面它又能够充分地反映现实世界，并且易于理解，也易于根据需求的改变进行相应的调整。因此概念结构设计是整个数据库设计的关键所在。

概念结构设计的方法通常有自顶向下、自底向上、逐步扩张、混合策略 4 类方法。无论采用哪种设计方法，一般都以 E-R 模型为工具来描述概念结构。

3．逻辑结构设计阶段

将概念结构转换为某个 DBMS 所支持的数据模型，这是逻辑结构设计要完成的任务。设计逻辑结构应选择最适于描述与表达相应概念结构的数据模型，然后再选择支持这种数据模型的 DBMS。但目前的数据库系统普遍采用支持关系模型的 DBMS，所以逻辑结构设计阶段的任务主要是将概念结构转换为相应的关系模型并进行优化，转换的具体原则和方法见 1.3.2 节。

4．数据库物理设计阶段

数据库物理设计是指为逻辑数据模型选取一个最适合应用环境的物理结构，即确定数据库在物理设备上的存储结构与存取方法，具体包括确定数据的存储结构、设计数据的存取路径、确定数据的存放位置和系统配置等。

物理结构依赖于给定的 DBMS 和硬件系统，因此设计人员必须充分了解所用 DBMS 的内部特征、应用环境及外存设备的特性。

5．数据库实施阶段

根据逻辑设计和物理设计的结果就可以进入数据库的实施阶段，该阶段的主要工作包括建立数据库、组织数据入库、编制和调试应用程序并试运行。

6．数据库运行和维护阶段

数据库经过试运行后即可投入正式运行。在数据库系统运行过程中，必须不断地对其进行评价、调整与修改，这是确保数据库正常运行所必须进行的一项长期工作，也是数据库设计的继续和延伸。具体包括：数据库的转储和恢复、数据库的安全性和完整性控制、数据库性能的监督、分析和改进，以及数据库的重组织和重构造等。

进行数据库设计需要遵循上述 6 个步骤，而完善的数据库设计往往需要 6 个步骤的不断反复。

1.3.2　E-R 模型向关系模型的转换

关系模型的逻辑结构是一组关系模式的集合，而 E-R 图则是由实体、实体的属性和实体之间的联系三个要素组成的。所以将 E-R 图转换为关系模型，实际上就是要将实体、实体的属性以及实体之间的联系转换为关系模式，这种转换一般遵循如下原则。

1．实体及属性的转换

一个实体型转换为关系模型中的一个关系，实体的属性就是关系的属性，实体的码就是关系的键。

2．联系的转换

（1）1:1 联系的转换

1:1 联系可以通过与该联系所涉及的任意一方对应的关系模式合并来完成转换。具体做法是，在该关系模式的属性中加入另一方实体的码和联系本身的属性（如果联系具有属性的话）。

例如，在图 1.3 所示的 E-R 图中，班级与教师之间为 1:1 联系，该联系可与班级关系模式合并，这时需在班级关系中加入教师实体的码，即 CLASS（班级代号，所属院系，班级名称，职工号）；也可与教师关系模式合并，这时需在教师关系中加入班级实体的码，即 TEACHER（职工号，姓名，性别，出生年月，职称，籍贯，班级代号）。

以上两种转换方法都是可行的，在实际应用中可根据具体情况选择其中一种。在上例中，如果经常需要根据教师的职工号来查询其负责班级的情况，则应选择第一种转换方法；但如果经常需要根据班级代号来查询其班主任的有关情况，则第二种转换方法更为适宜。

（2）1:N 联系的转换

转换 1:N 联系，需要将该联系与 N 方对应的关系模式合并。具体的做法是，将 1 方实体的码及联系本身的属性（如果联系具有属性）添加到 N 方对应的关系模式中。

例如，在图 1.3 所示的 E-R 图中，班级与学生之间为 1:N 联系，将该联系与学生关系模式合并，即将班级实体的码添加到学生实体对应的关系模式中，这时学生关系模式为：STUDENT（学号，姓名，性别，年龄，班级代号，籍贯）。

（3）M:N 联系的转换

一个 M:N 联系转换为一个独立的关系模式，与该联系相连的各实体的码，以及联系本身的属性（如果联系具有属性）均转换为关系的属性，而关系的键为各实体码的组合。

例如，在图 1.3 所示的 E-R 图中，课程与学生之间为 M:N 联系，将其转换为一个独立的关系模式即：S_C（学号，课程号，成绩），其中学号与课程号为关系的组合键，联系本身的属性成绩也被转换为了关系的属性。

按照以上转换原则，图 1.3 所示的 E-R 模型转换为关系模型可得到如下 5 个关系模式：

      TEACHER（职工号，姓名，性别，出生年月，职称，籍贯）

      CLASS（班级代号，所属院系，班级名称，职工号）

      STUDENT（学号，姓名，性别，年龄，班级代号，籍贯）

      COURSE（课程号，课程名，学分，学时数）

      S_C（学号，课程号，成绩）

转换得到的关系模型还应进行优化，即以规范化理论为指导，修改和调整模型的结构，以提高系统的性能。由于篇幅限制，具体内容此处不做介绍。

1.4　数据库系统的体系结构

数据库系统依赖于实现环境，数据库系统可以物理地放在同一位置，也可以分布到几个地理位置上。从最终用户的角度来看，数据库系统的体系结构可分为 4 种：单用户数据库系统、物理中心数据库系统、分布式数据库系统和客户-服务器结构数据库系统。

1. 单用户数据库系统

单用户数据库系统，如图 1.6 所示，是一种早期的最简单的数据库系统。在单用户系统中，整个数据库系统，包括应用程序、DBMS、数据，都装在一台计算机上，由一个用户独占，不同机器之间不能共享数据。

2．物理中心数据库系统

物理中心数据库系统，如图 1.7 所示，通常要提供一台大型的中心计算机用于存放数据库管理系统和数据库，大量终端通过局部网络或区域网络与该中心计算机相连，用户通过这些终端可以访问中心计算机上的数据库。

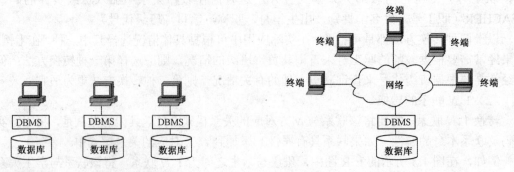

图 1.6　单用户数据库系统　　　　　　　　图 1.7　物理中心数据库系统

物理中心数据库系统的特点：

① 一台大型的中心计算机用于存放数据库管理系统和数据库；
② 大量终端通过网络连接到中心计算机上；
③ 较小的控制开销，如事务调度、一致性检查、并发和恢复等；
④ 数据在网上的传输代价高。

这种集中式系统的优点是：适当地减少了中心控制的开销，这包括事务调度、一致性检查、并发和恢复等。但是，这种系统也要花费很大的代价，因为随着整个系统可靠性的提高，也要提高系统的安全性和数据传输代价。这种系统的弱点是：一是随着数据量的增加，系统将变得相当庞大，操作复杂，开销大；二是数据集中存储，大量的通信都要通过主机，易造成拥挤。

3．分布式数据库系统

分布式数据库系统，如图 1.8 所示，通常使用较小的计算机系统，每台计算机可单独放在一个地方，每台计算机中都有数据库管理系统的一份完整副本，并具有自己的局部数据库，位于不同地点的众多计算机通过网络互相连接，共同组成一个完整的、全局的大型数据库。

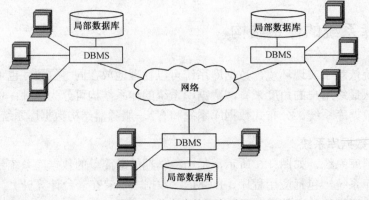

图 1.8　分布式数据库系统

分布式数据库系统主要特点：

① 多数处理在本地完成；

② 各地的计算机由计算机网络相连；

③ 克服了中心数据库的弱点，降低了数据传输代价；

④ 提高了系统的可靠性，局部系统发生故障，其他部分还可继续工作；

⑤ 各个数据库的位置是透明的，方便系统的扩充；

⑥ 为了协调整个系统的事务活动，事务管理的性能花费高。

这种组织数据库的方法克服了物理中心数据库组织的弱点。首先，降低了数据传输的代价，因为大多数对数据库的访问操作都是针对局部数据库的，而不是对其他位置的数据库访问。其次，系统的可靠性提高了很多，因为当网络出现故障时，仍然允许对局部数据库的操作，而且一个位置的故障不影响其他位置的处理工作，只有当访问出现故障位置的数据时，在某种程度上才受影响。再次，便于系统的扩充，增加一个新的局部数据库，或在某个位置扩充一台适当的小型计算机，都很容易实现。但是，在分布式数据库系统中，有些功能要付出更高的代价。例如，为了调配在几个位置上的活动，事务管理的性能比在中心数据库时花费更高，有时甚至抵消许多其他的优点。

4．客户-服务器结构数据库系统

客户-服务器组织方式有时看上去好像是前两种方式之间的一种折中。它仍保留中心数据库，数据存放在服务器结点上。它提供的服务包括大批数据库用户的访问、数据库保护、一致性约束的实施、并发控制和恢复等功能。客户机有它们自己的数据库管理系统和事务管理，但没有并发控制，没有数据存储，如图1.9所示。

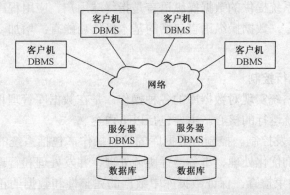

图1.9 客户-服务器结构数据库系统

由于把中心服务器和局部客户机之间的工作划分开来，仅有部分功能重叠，中心服务器和局部客户机所使用的数据库管理系统比物理中心数据库的数据库管理系统要简单些。这种组织形式是目前最流行的数据库管理系统体系结构。

客户-服务器结构的特点：

① 是前两种方式的折中，数据集中存放在服务器结点上；

② 数据库服务器提供客户机的服务请求，把客户机请求的数据传送到客户机进行处理，处理后的数据再写回服务器；

③ 客户机的数据库管理系统没有并发控制要求，功能比较简单；

④ 客户机和服务器端分工明确，各司其职。

1.5 关系数据库

关系数据库（RDB, Relational Database）是基于关系模型的数据库。在计算机中，关系数据库是数据和数据库对象的集合。所谓数据库对象是指表（Table）、视图（View）、存储过程（Stored Procedure）、触发器（Trigger）等。关系数据库管理系统（RDBMS, Relational Database Management System）就是管理关系数据库的计算机软件。

1.5.1 关系数据库管理系统的功能

关系数据库管理系统从功能上划分主要可分为 4 部分：数据库模式定义语言、数据操纵语言、数据库系统控制及数据库维护和服务。

1. 数据库模式定义语言（DDL，Data Definition Language）

数据库模式定义语言，是指用于描述数据库中要存储的现实世界实体的语言。一个数据库模式包含该数据库中所有实体的描述定义。这些定义包括结构定义、操作方法定义等。

不同的数据库管理系统提供的数据库模式定义语言不同，关系数据库都使用 SQL 语言（SQL 语言将在本书后面的章节中介绍）描述关系模式。关系数据库的模式描述是通过 SQL 语言中的 CREATE 语句实现。

2. 数据库操纵语言（DML，Data Manipulation Language）

关系数据库管理系统提供的数据操纵语言是指终端用户、应用程序实现对数据库中的数据进行各种操纵的语言。数据操纵语言包括的基本操作功能有：增加、删除、修改、检索、显示输出等。

3. 数据库系统运行控制

关系数据库管理系统实现对数据库的各种操作，是在数据库管理程序控制下完成的。它是关系数据库管理系统运行的核心。主要包括以下内容。

① 事务管理和并发控制。控制对数据库的访问操作，包括系统的运行协调控制、数据存取和更新控制、查询优化处理、事务运行协调处理、并发处理和管理锁等。

② 数据完整性约束检查。保证数据库中数据的完整性和数据的正确性、有效性。数据库的完整性控制，是指在并发操作情况下，即多个程序同时存取同一数据时，控制保证数据的完整性，不包括由于系统的故障、程序的错误、操作的疏忽等不合法操作引起的不一致。

③ 数据库建立和维护。包括数据库的建立和维护、系统性能和运行状态的监控、数据库模式的修改和维护等。

④ 通信功能。提供与其他程序的通信，包括与操作系统的联机处理、远程数据库的访问处理、Web 通信功能等，以保证事务的正常运行和数据库的正确有效。

4. 数据库维护和服务

数据库的维护主要是指对数据库和数据对象的安全保护，以及数据库的初始化、恢复和重构等。

（1）数据库的安全性保护机制

数据库的安全性保护机制主要指对数据库访问权限的控制，禁止未授权的用户非法存取他无权存取的数据或者打开未授权使用的数据库。为此，通常采用一些授权控制机制。数据库管理系统采用的主要方法如下。

① 设置数据库登录密码

对访问数据库的用户设置登录的用户名和密码。用户密码只有数据库的用户本人知道，用户每次访问数据库时，要提供用户名和密码，系统要核对用户名和密码，如果用户名和密码正确，则允许登录到数据库，否则不允许登录到数据库。

② 授权使用指定数据库

对允许使用数据库的用户，授予不同的权限。一个用户只能在其授权范围内访问数据库。例如，数据库的所有者对数据库有增、删、改、存取、查询等全部权限；对与数据库所有者同组的人员可授予读取、查询数据库的权限；那些没有被授权使用该数据库的用户，则无权打开该数据库。

③ 对数据加密保存

对于安全性要求很高的敏感数据，例如，用户的密码、机密文件等，可以采取对数据进行加密的方法。数据在存储之前，先用加密程序进行加密，加密后的数据存储在数据库中。合法用户在使用数据之前，先用解密程序对数据进行解密。这样，数据库中的数据即使被黑客窃取，黑客也无法了解加密数据的含意。

（2）数据库恢复机制

数据库恢复机制是指，由于各种硬件故障或软件运行失控，导致破坏了数据库的完整性，数据库管理系统应该有必要的措施，来恢复失去正常状态的数据库。

通常采取的措施有：建立数据库副本、对数据库进行转储。这样，在数据库出现故障时，可以恢复数据库。另外，还可以建立日志文件记录更新数据库的每个事务，这样，在数据库出现故障时，可以重新执行指定某恢复点的事务来恢复数据。

（3）数据库的重构

数据库的重构是指，由于数据库的长期使用和修改，使对数据库的访问效率降低，或空间的利用率降低，需要对数据库进行重组。数据库的重组程序都与数据库物理存储策略相关，通常由数据库管理员在数据库系统的空闲时间完成。

（4）数据库服务性功能

数据库服务性功能主要指数据库初始数据的装入、数据的导入/导出、数据在网上的发布、图形或报表的显示和输出等功能。

1.5.2　常见的关系数据库对象

1. 表（Table）

关系数据库中的表与我们日常生活中使用的表格类似，它也是由行（Row）和列（Column）组成的，每列又称为一个字段，每列的标题称为列名。行包括了若干列数据项，一行数据称为一个或一条记录，它表达有一定意义的信息组合。一个数据库表由一个或多个记录组成，没有记录的表称为空表。每个表中有且仅有一个主键用于唯一地确定一个记录。

2. 索引（Index）

索引是根据指定的数据库表列建立起来的顺序，它提供了快速访问数据的途径，并且可监督表的数据，使其索引所指向的列中的数据不重复。

3. 视图（View）

视图看上去与表似乎一模一样，具有一组命名的列和数据项，但它其实是一个虚拟的表，在数据库中并不实际存在。视图是由查询数据库的表所产生的，它限制了用户能看到和修改的数据。由此可见，视图可以用来控制用户对数据的访问，并能简化数据的显示，即通过视图只显示那些需要的数据信息。

4. 图表（Diagram）

图表其实就是数据库表之间的关系示意图，利用它可以编辑表与表之间的关系。

5. 默认值（Default）

默认值是指当在表中创建列或插入数据时，对没有指定其具体值的列或列数据项赋予事先设定好的值。

6. 规则（Rule）

规则是对数据库表中数据信息的约束，它限定的是表的列。

7. 触发器（Trigger）

触发器是一个用户定义的 SQL 语句的集合。当对一个表进行插入、更改、删除操作时，这组语句就会自动执行。

8. 存储过程（Stored Procedure）

存储过程是为完成特定的功能而汇集在一起的一组 SQL 语句，经编译后，存储在数据库中供用户调用的 SQL 程序。

9. 用户（User）

所谓用户就是有权限访问数据库的人。

数据库对象还有很多，我们将在以后的章节中详细介绍。

习　题　1

1.1　什么是数据、数据库、数据库管理系统、数据库系统、数据库应用程序？

1.2　请画图说明数据库系统的构成。

1.3　什么是信息的三个领域？

1.4　各举两例说明两个实体集之间的三种联系。

1.5　数据模型主要有哪几种？

1.6　简述关系模型基本术语的定义。

1.7　关系有哪些性质？

1.8　已知某个工厂中有多个工段，每个工段有多个车间，每个车间只在一个工段中，每个车间生产多种产品，而每种产品可由多个车间生产，且有工段属性：工段名，工段号；

车间属性：车间号，车间名，车间领导；

产品属性：产品号，产品名称，型号规格，完工日期。

（1）根据上述语义设计 E-R 模型。

（2）将 E-R 模型转换成关系模型，并指出每一个关系的主键和外键（如果存在外键的话）。

1.9　请简述数据库设计的步骤。

1.10　数据库系统的体系结构可分哪几种？

1.11　什么是关系数据库？

1.12　简述关系数据库管理系统的功能。

1.13　常见的关系数据库对象有哪些？

第 2 章　SQL Server 2005 概述

本章内容主要包括 SQL Server 2005 新特性和新增功能、SQL Server 2005 的安装和配置、SQL Server 2005 的主要组件和管理工具。要求熟练掌握 SQL Server 2005 的安装与配置，熟悉 SQL Server 2005 管理工具的使用，了解 SQL Server 2005 的特性及安装环境需求。

自从 SQL Server 2000 问世以来，SQL Server 家族不断地壮大。2005 年，微软推出了 SQL Server 2005，该版本继承了以往 SQL Server 各个版本的优点，同时又增加了许多先进的功能。SQL Server 2005 是微软公司的下一代数据管理和分析软件系统，它具有更强大的可伸缩性、可用性，更有利于建立、配置和管理企业数据。

SQL Server 2005 是一个全面的数据库平台，使用集成的商业智能（BI，Business Intelligence）工具，提供了企业级的数据管理。SQL Server 2005 数据库引擎为关系型数据和结构化数据提供了更安全可靠的存储功能，可以构建和管理用于业务的高可用性和高性能的数据应用程序。

2.1　SQL Server 2005 的新特性

SQL Server 2005 与 SQL Server 2000 相比，无论在性能上，还是在功能上都有了很大的扩展和提升，进一步提高了可靠性、可用性、可编程性和易用性。SQL Server 2005 包含了多项新功能，这使它成为大规模联机事务处理（OLTP）、数据仓库和电子商务应用程序的优秀数据库平台。

SQL Server 2005 与以前版本相比较具有以下新特性：

1．增加新的 SQL Server Management Studio 工具组

SQL Server 2005 引入了 SQL Server Management Studio（SSMS），这是一个新型的统一的管理工具组，用于访问、配置、管理和开发 SQL Server 的所有组件的集成环境。SSMS 将 SQL Server 早期版本中包含的企业管理器、查询分析器和分析管理器的功能组合到单一环境中，为不同层次的开发人员和管理员提供 SQL Server 访问能力。

2．增强通知服务功能

通知服务（Notification Services）是一种新平台，用于生成发送并接收通知的高伸缩性应用程序。Notification Services 可以使用各种设备向不同的连接和移动设备发布个性化、及时的信息更新。

3．增强报表服务功能

报表服务（Reporting Services）是一种基于服务器的新型报表平台，它支持报表创建、分发、管理和最终用户访问。

4．新增 Service Broker 技术

Service Broker 是一种新技术，用于生成安全、可靠和可伸缩的数据库密集型应用程序。Service Broker 使应用程序可以把信息发送到发送者所在数据库的队列中，或者发送到同一 SQL Server 实例的另一个数据库，或者发送到同一服务器或不同服务器的另一个实例。

5．增强数据库引擎功能

数据库引擎引入了新的可编程性增强功能（如与 Microsoft .NET Framework 的集成和 Transact-SQL 的增强功能）、支持结构化和非结构化（XML）数据类型。它还包括对数据库的可伸缩性和可用性的改进。

6．增强数据访问接口功能

SQL Server 2005 在访问数据库中数据的编程接口方面进行了改进。提供了全新的数据库访问技术——SQL 本地客户机程序（Native Client），这种技术将 SQL OLEDB 和 SQL ODBC 集成到一起，连同网络库形成本地动态链接库（DLL），使数据库应用开发更容易，更易于管理。另外，SQL Server 2005 提升了对微软数据访问（MDAC）和.NET 框架的支持。

7．增强的分析服务功能

联机分析处理（OLAP）功能用于多维存储的大量、复杂的数据集的数据挖掘和快速高级分析。

8．增强的集成服务功能

集成服务（Integration Services）引入了新的可扩展体系结构和新设计器，这种设计器将作业流从数据流中分离出来并且提供了一套丰富的控制流语义。集成服务还对包的管理和部署进行了改进，同时提供了多项新打包的任务和转换。

9．增强数据复制服务

对于分布式数据库而言，SQL Server 2005 提供了全面的方案修改（DDL）复制、下一代监控性能、从 Oracle 到 SQL Server 的内置复制功能、对多个超文本传输协议（HTTP）进行合并复制，以及就合并复制的可升级性和运行，进行了重大的改良。

10．改进开发和实用工具

SQL Server 2005 引入了管理和开发工具的集成套件，改进了对大规模 SQL Server 系统的易用性、可管理性和操作支持。开发人员能够用一个开发工具开发 Transact-SQL、XML、MDX（Multidimensional Expressions）、XML/A（XML for Analysis）应用。

11．新增支持 64 位系统的版本

SQL Server 2005 既有支持 32 位（X86）系统的版本，也有支持 64 位（X64）系统的版本。SQL Server 2005（64 位）特别为 Intel Itanium 处理器进行了优化，它具有更强大的处理功能且不存在 I/O 滞后负面影响，使应用程序的可伸缩性达到了一个新的层次。不同版本的 SQL Server 2005 对硬件、Windows 操作系统和网络有不同的要求，在选择具体的 SQL Server 2005 版本之前必须加以研究。

2.2　安装和配置 SQL Server 2005

2.2.1　安装 SQL Server 2005

1. SQL Server 2005 的版本

SQL Server 2005 有 32 位和 64 位两种版本可用。SQL Server 2005 的常见版本如下。

（1）SQL Server 2005 企业版（Enterprise Edition）

该版本作为完全集成的数据管理和分析平台，支持 SQL Server 2005 中的所有可用功能，并可根据支持最大的 Web 站点和企业联机事务处理（OLTP）及数据仓库系统所需的性能水平进行伸缩，在 32 位和 64 位系统上均可使用。它是大型企业和最复杂的数据需求的理想选择。

（2）SQL Server 2005 标准版（Standard Edition）

该版本作为完全的数据管理和分析平台，在 32 位和 64 位系统上均可使用。它可用于中等商务和大型单位。

（3）SQL Server 2005 工作组版（Workgroup Edition）

它是具备可靠的、强健的和易于管理的性能，是最经济和最易于使用的数据库解决方案，可用于小型单位和正在发展的商务。此版本仅适用于 32 位系统。

（4）SQL Server 2005 开发版（Developer Edition）

开发版使开发人员能够在 32 位和 64 位系统的基础上建立和测试任意一种基于 SQL Server 的应用系统。它包括企业版的所有功能，但是只能将开发版作为开发和测试系统使用，不能作为生产服务器使用。

（5）SQL Server 2005 精简版（Express Edition）

SQL Server 2005 精简版是免费的，适合开发新手使用。这是一个特别设计的用于处理基本数据库管理任务的工具。

2. SQL Server 2005 的系统需求

（1）硬件需求

SQL Server 2005 的 64 位版本安装方法与 32 位版本相同，即通过安装向导或命令提示符进行安装。本书以安装 Microsoft SQL Server 2005（32 位）为例，安装的最低硬件要求见表 2.1。

表 2.1　安装 Microsoft SQL Server 2005（32 位）的最低硬件要求

硬　件	最　低　要　求
处理器	Intel 或兼容机，Pentium 500 MHz 或更快处理器（推荐 1 GHz 或更快）
内存（RAM）	企业版：512 MB（推荐 1GB 或更高） 标准版：512MB（推荐 1GB 或更高） 工作组版：512 MB（推荐 1GB 或更高，最多 3GB） 开发版：512 MB（推荐 1GB 或更高） 精简版：128MB（推荐 512MB 或更高，最多 1GB）

硬　　件	最　低　要　求
硬盘空间	SQL Server 2005 要求完全安装需要 350 MB 可用硬盘空间，示例数据库需要 390 MB 空间
监视器	VGA 或更高分辨率显示器
定位设备	Microsoft 鼠标或兼容设备
驱动器	CD-ROM 或 DVD-ROM

（2）软件需求

SQL Server 2005 安装程序需要 Microsoft Internet Explorer 5.0 或更高、Microsoft Windows Installer 3.1 或更高版本及 Microsoft 数据访问组件（MDAC）2.8 SP1 或更高版本。表 2.2 显示了对于每种 32 位版本的 SQL Server 2005，安装时所需的操作系统。

表 2.2　安装 SQL Server 2005(32 位)所需的操作系统

SQL Server 2005 版本	操作系统需求
企业版	Windows 2000 Server SP4，Windows 2000 Advanced Server SP4，Windows 2000 Datacenter Edition SP4，Windows 2003 Server SP1，Windows 2003 Enterprise Edition SP1，Windows 2003 Datacenter Edition SP1，Windows Small Business Server 2003 Standard Edition SP1，Windows Small Business Server 2003 Premium Edition SP1
标准版	Windows 2000 Professional Edition SP4，Windows XP Professional Edition SP2，Windows XP Media Edition SP2、以及所有适合企业版安装的操作系统版本
工作组版	Windows 2000 Professional Edition SP4 、Windows XP Professional Edition SP2、 Windows XP Media Edition SP2，以及所有适合企业版安装的操作系统版本
开发版	Windows 2000 Professional Edition SP4，Windows XP Home Edition SP2，Windows XP Professional Edition SP2，Windows XP Media Edition SP2，以及所有适合企业版安装的操作系统版本
精简版	Windows 2000 Professional Edition SP4，Windows XP Home Edition SP2，Windows XP Professional Edition SP2，Windows XP Media Edition SP2，Windows 2003 Web Edition SP1（仅限于 Express），以及所有适合企业版安装的操作系统版本

3. 安装 SQL Server 2005

安装 SQL Server 2005 前请确保该计算机符合 SQL Server 2005 的系统要求，（请不要在域控制器上安装 SQL Server 2005）。为了成功安装 SQL Server，在安装计算机上需要下列软件组件：① NET Framework 2.0；② SQL Server 本机客户端；③ SQL Server 2005 安装程序支持文件。这些软件组件将由 SQL Server 安装程序统一安装。

下面以 SQL Server 2005 开发版（Developer Edition）为例，说明将其安装到本地 Windows XP 上的过程。其他 SQL Server 2005 版本的安装过程与此类似。

（1）将 SQL Server 2005 DVD 插入 DVD 驱动器。如果 DVD 驱动器的自动运行功能无法启动安装程序，请导航到 DVD 的根目录如图 2.1 所示，然后运行 splash.hta。如果通过网络共享进行安装，请导航到网络文件夹，然后运行 splash.hta。

（2）在自动运行的对话框中，单击安装"服务器组件、工具、联机丛书和示例"来启动 SQL Server 安装向导。在"最终用户许可协议"对话框中，如图 2.2 所示，阅读许可协议，再选中相应的复选框以接受许可条款和条件。单击"下一步"按钮。

图 2.1　SQL Server 2005 安装目录

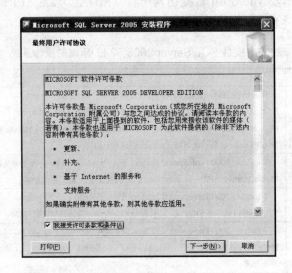

图 2.2　"最终用户许可协议"对话框

（3）在出现的如图 2.3 所示的对话框中，单击"安装"按钮，安装 SQL Server 2005 必备组件。完成必备组件的安装后，单击"下一步"按钮。

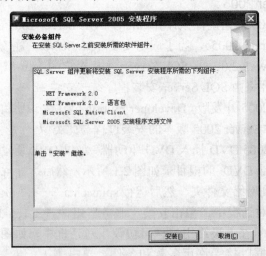

图 2.3　"安装必备组件"对话框

（4）在出现的 SQL Server 安装向导的"欢迎"界面中，单击"下一步"继续安装，出现如图 2.4 所示的"系统配置检查"对话框，将扫描要安装的计算机，检查是否存在可能阻止安装程序运行的情况。成功完成扫描后，单击"下一步"按钮。

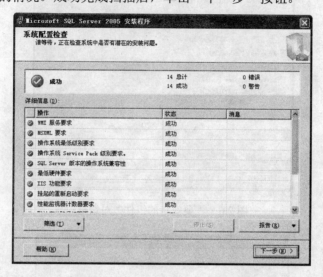

图 2.4　"系统配置检查"对话框

（5）在出现的"注册信息"对话框中，如图 2.5 所示，输入用户姓名和公司名称，并单击"下一步"按钮。

图 2.5　"注册信息"对话框

（6）在出现的如图 2.6 所示的"要安装的组件"对话框中，可以选择所需组件。若要安装单个组件或要将组件安装到自定义的目录下时，请单击"高级"按钮。完成组件选择后单击"下一步"按钮。

（7）在出现的如图 2.7 所示的"实例名"对话框中，选择"默认实例"或"命名实例"单选项。计算机上必须没有默认实例，才可以选择"默认实例"。若要安装新的实例，则在"命名实例"文本框中输入一个唯一的实例名。有关实例命名规则的详细信息，单击该窗口底部的"帮助"按钮查看。完成选择后单击"下一步"按钮。

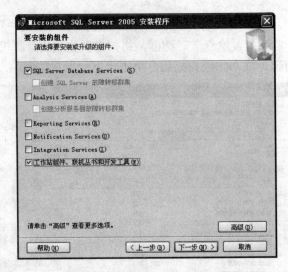

图 2.6 "要安装的组件"对话框

图 2.7 "实例名"对话框

（8）在出现的如图 2.8 所示的"服务账户"对话框中，为 SQL Server 指定服务账户。根据需要，可以对所有范围使用一个账户，也可以为各个服务指定单独的账户。单击"下一步"按钮。

（9）在出现的如图 2.9 所示的"身份验证模式"对话框中，可以设置 SQL Server 的安全模式，有"Windows 身份验证模式"和"混合模式"两个选项。如果选择"Windows 身份验证模式"选项，用户通过 Windows 用户账户连接 SQL Server 时，SQL Server 使用 Windows 操作系统中的信息验证账户名和密码。如果选择"混合模式"选项，允许用户使用 Windows 身份验证或 SQL Server 本身的身份验证进行连接。如果选择"混合模式"选项，则必须为 SQL Server 的系统管理账户 sa 指定密码，当然也可以设置密码为空，但这可能带来安全问题。

在这里，选择"混合模式"选项，指定密码，并单击"下一步"按钮。

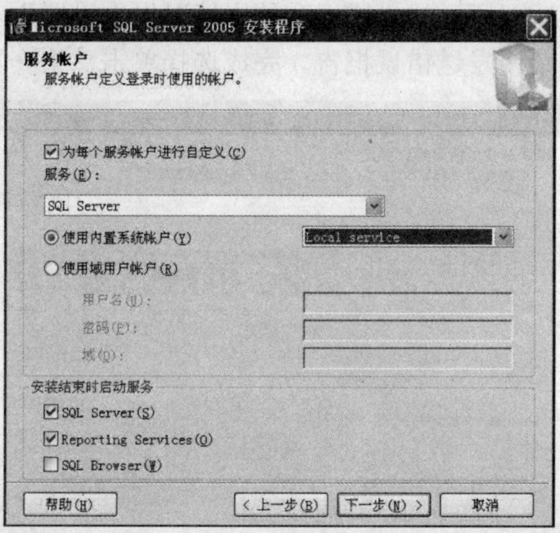

图 2.8 "服务账户"对话框

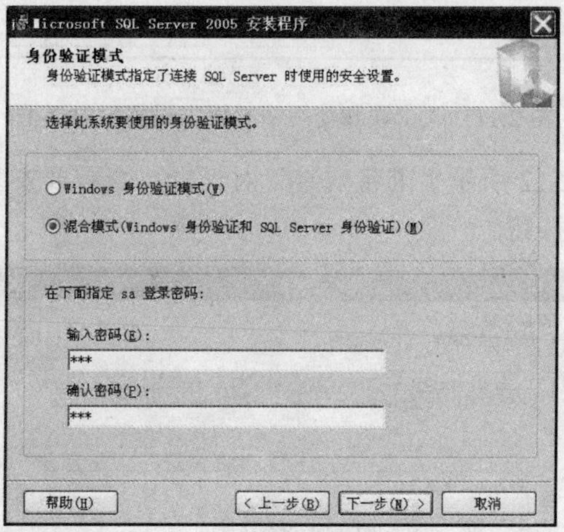

图 2.9 "身份验证模式"对话框

（10）在出现的如图 2.10 所示的"排序规则设置"对话框，指定 SQL Server 实例的排序规则，单击"下一步"按钮。

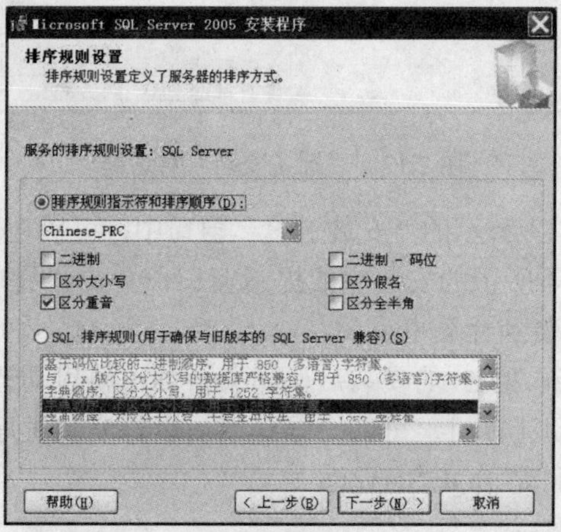

图 2.10 "排序规则设置"对话框

（11）在出现的如图 2.11 所示的"错误和使用情况报告设置"对话框中，可以选择任意选项，也可清除复选框以禁用发送错误报告。完成选择单击"下一步"按钮。

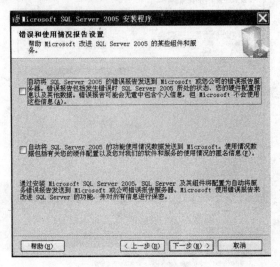

图 2.11 "错误和使用情况报告设置"对话框

（12）在出现的如图 2.12 所示"准备安装"对话框，查看要安装的 SQL Server 功能和组件的说明。单击"安装"按钮。

图 2.12 "准备安装"对话框

（13）在出现的如图 2.13 所示的"安装进度"窗口中，可以在安装过程中监视安装进度。安装成功后，出现如图 2.14 所示的安装完成提示窗口，单击"完成"按钮结束安装。至此，SQL Server 2005 已成功安装到计算机上。

（14）完成 SQL Server 2005 的安装后，如果得到重新启动计算机的指示，请立即进行此操作。如果未能重新启动计算机，可能会导致以后运行安装程序失败。可使用图形工具和命令提示实用工具进一步配置 SQL Server。

图 2.13 "安装进度"对话框

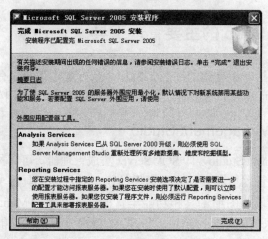

图 2.14 安装完成

2.2.2 安装后的验证

在结束安装后，应该证实一下 SQL Server 2005 是否可以正常运行。若要验证 SQL Server 2005 是否安装成功，请确保安装的服务正运行于计算机上。检查 SQL Server 服务是否正在运行的方法：在"控制面板"中，双击"管理工具"项，双击"服务"项，然后查找相应的服务显示名称，见表 2.3。

表 2.3 SQL Server 2005 服务显示名称及其提供的服务

名　　称	服　　务
SQL Server (MSSQLSERVER)	SQL Server 数据库引擎的默认实例
SQL Server (instancename)	SQL Server 数据库引擎的命名实例，其中 instancename 是实例的名称
SQL Server 代理 (MSSQLSERVER)	SQL Server 代理的默认实例，SQL Server 代理可以运行作业，监视 SQL Server，激发警报，以及允许自动执行某些管理任务

名　称	服　务
SQL Server 代理 (instancename)	SQL Server 代理的命名实例，其中 instancename 是实例的名称。SQL Server 代理可以运行作业，监视 SQL Server，激发警报，以及允许自动执行某些管理任务
Analysis Services (MSSQLSERVER)	Analysis Services 的默认实例
分析服务器 (instancename)	Analysis Services 的命名实例，其中 instancename 是实例的名称
Reporting Services	Microsoft Reporting Services 的默认实例
Reporting Services (instancename)	Reporting Services 的命名实例，其中 instancename 是实例的名称

注意：实际服务名称与其显示名称略有不同。如果服务没有运行，通过右键单击服务名，在弹出的快捷菜单中选择"启动"命令以启动服务。如果服务无法启动，则请检查服务属性中的.exe 文件的路径，确保指定的路径中存在.exe 文件。

2.3　SQL Server 2005 的主要管理工具

SQL Server 2005 包括一组完整的图形工具和命令行实用工具，有助于用户、程序员和管理员提高工作效率。下面就 SQL Server 2005 主要管理工具及其使用做详细介绍。

2.3.1　SQL Server Management Studio

SQL Server Management Studio，即 SQL Server 集成管理器，可简称为 Management Studio，是为 SQL Server 数据库管理员和开发人员提供的新工具。此工具由 Visual Studio 内部承载，它提供了用于数据库管理的图形工具和功能丰富的开发环境。Management Studio 将 SQL Server 2005 企业管理器、Analysis Manager 和 SQL 查询分析器的功能集于一身，还可用于编写 MDX，XMLA 和 XML 语句。

Management Studio 是一个功能强大且灵活的工具。但是，初次使用 Management Studio 的用户有时无法以最快的方式访问所需的功能。下面来介绍其基本使用方法。

1. 启动 Management Studio

在"开始"菜单上，选择"所有程序"→"SQL Server 2005"→"SQL Server Management Studio"命令，弹出如图 2.15 所示的"连接到服务器"对话框。在"登录名"文本框中输入登录名 sa，"密码"文本框中输入密码，再单击"连接"按钮，打开 Management Studio 主界面，如图 2.16 所示。其中，"对象资源管理器"窗格和"文档"窗格是默认打开的，"已注册的服务器"窗格要通过"视图"菜单的"已注册的服务器"菜单项打开。

"已注册的服务器"窗格中列出的是经常管理的服务器。可以在此列表中添加或删除服务器。如果计算机上以前安装了 SQL Server 2000 企业管理器，则系统将提示导入已注册服务器的列表；否则，列出的服务器中仅包含运行 Management Studio 的本机上的 SQL Server 实例。如果未显示所需的服务器，在"已注册的服务器"窗格中右键单击"数据库引擎"项，在弹出的快捷菜单中选择"更新本地服务器注册"命令即可。

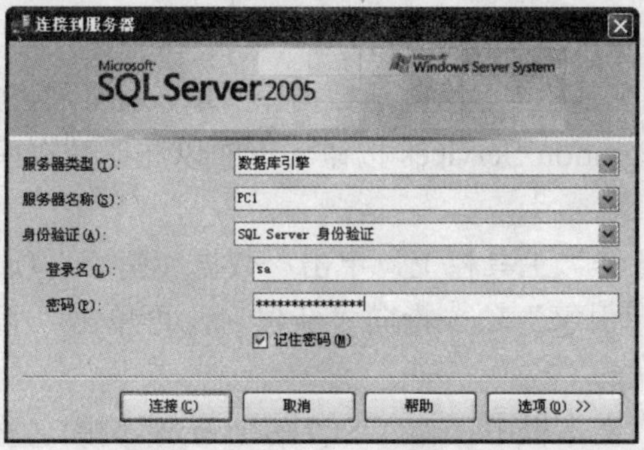

图 2.15　"连接到服务器"对话框

图 2.16　Management Studio 主界面

"对象资源管理器"窗格用于显示服务器中所有数据库对象的树视图。此树视图可以包括 SQL Server Database Engine，Analysis Services，Reporting Services，Integration Services 和 SQL Server Mobile 的数据库。用户可以通过该组件操作数据库，包括新建、修改、删除数据库、表、视图等数据库对象，新建查询、设置关系图、设置系统安全、数据库复制、数据备份、恢复等操作。"对象资源管理器"是 Management Studio 中最常用的，也是最重要的一个组件，类似于 SQL Server 2000 中的企业管理器。

"文档"窗格是 Management Studio 界面中的占面积最大的部分。"文档"窗格中可能包含查询编辑器和浏览器窗格。在默认情况下，将显示已与当前计算机上的数据库引擎实例连接的"摘要"页。

打开的"查询编辑器"的"文档"窗格的功能对应于 SQL Server 2000 的查询分析器的功能，包含集成的脚本编辑器，用来撰写 Transact-SQL、MDX（多维表达式）、DMX（数据挖掘扩展插件）、XML/A（XML for Analysis）和 XML 脚本。由此可见，Management Studio 集 SQL Server 2000 的企业管理器、查询分析器、服务管理器等功能于一体，是个集成管理器。

2. 通过"已注册的服务器"和"对象资源管理器"注册和连接服务器

"已注册的服务器"和"对象资源管理器"与 SQL Server 2000 中的企业管理器类似，但具有更多的功能。

（1）通过"已注册的服务器"注册服务器

"已注册的服务器"的工具栏中包含注册数据库引擎、Analysis Services、Reporting Services、SQL Server Mobile 和 Integration Services 按钮。下面以注册数据库引擎为例说明注册服务器的过程。

① 在"已注册的服务器"工具栏上，单击"数据库引擎"项（该选项可能已选中）。

② 右键单击"数据库引擎"项，指向"新建"，再单击"服务器注册"。此时将打开"新建服务器注册"对话框。

③ 在"服务器名称"文本框中，输入 SQL Server 实例的名称，如：PC1。

④ 如果要更改默认的服务器名称，则在"已注册的服务器名称"框中输入新名称。

⑤ 在"连接属性"选项页的"连接到数据库"列表中，选择要连接的数据库，再单击"保存"按钮。

以上操作说明可以通过选择的名称组织服务器，更改默认的服务器名称。

（2）通过"对象资源管理器"与服务器连接

通过"对象资源管理器"可以连接到数据库引擎、Analysis Services、Integration Services、Reporting Services 和 SQL Server Mobile。方法如下。

① 在对象资源管理器的工具栏上，单击"连接"下拉框显示可用连接类型，如图 2.17 所示，选择"数据库引擎"项。系统将打开如图 2.18 所示的"连接到服务器"对话框。

图 2.17　"对象资源管理器"连接类型　　　　图 2.18　"连接到服务器"对话框

② 在"服务器名称"文本框中，输入 SQL Server 实例的名称。

③ 单击"选项"按钮，可浏览和设置各选项。

④ 单击"连接"按钮，可连接到服务器。如果已经连接，则将直接返回到"对象资源管理器"窗口，并将该服务器设置为焦点。

3. 连接查询编辑器

Management Studio 是一个集成开发环境，用于编写 Transact-SQL、MDX、XMLA、XML、SQL Server 2005 Mobile Edition 查询和 SQLCMD 命令。用于编写 Transact-SQL 的查询编辑器组件与以前版本的 SQL Server 查询分析器类似，但它新增了一些功能，下面来熟悉使用这个编程环境。

Management Studio 允许在与服务器断开连接时编写或编辑代码。当服务器不可用或要节省服务器或网络资源时，这一点很有用。另外，也可以让查询编辑器与新的 SQL Server 实例连接，而无须打开新的查询编辑器窗口或重新输入代码。

脱机编写代码然后连接到其他服务器的方法是：

（1）在 Management Studio 工具栏上，单击"数据库引擎查询"按钮 ；

（2）在出现的"连接到数据库引擎"对话框中，单击"取消"按钮，系统将打开查询编辑器，同时，查询编辑器的标题栏将指示没有连接到 SQL Server 实例；

（3）在代码窗格中，输入 Transact-SQL 语句；

（4）然后在工具栏上，单击"执行"按钮，打开"连接到数据库引擎"对话框；

（5）在"服务器名称"文本框中，输入服务器名称，再单击"选项"按钮；

（6）在出现的"连接属性"选项页中的"连接到数据库"下拉列表框中，选择"浏览服务器"项以选择要连接的数据库，然后再单击"连接"按钮。

（7）若要使用同一个连接打开另一个"查询编辑器"窗口，在工具栏上单击"新建查询"按钮；

（8）若要更改连接，在"查询编辑器"窗口中单击右键，从快捷菜单中选择"连接"→"更改连接"命令，在出现的"连接到 SQL Server"对话框中，选择新的 SQL Server 实例，再单击"连接"按钮。

可以利用查询编辑器的这项新功能在多台服务器上轻松运行相同的代码，这对于涉及多个服务器的类似维护操作很有效。

4．编写表脚本

Management Studio 可以自动创建脚本，以查询、插入、更新和删除记录，以及创建、更改、删除或执行存储过程。自动创建脚本的方法如下。

（1）在"对象资源管理器"窗口中，依次展开：*要操作的服务器*→"数据库"→*要操作的数据库*→"表"，右键单击要自动创建脚本的表，从快捷菜单中选择"编写表脚本为"命令，可以看到有 6 个选项："CREATE 到"、"DROP 到"、"SELECT 到"、"INSERT 到"、"UPDATE 到"和"DELETE 到"。

（2）选择"UPDATE 到"→"新查询编辑器窗口"命令。

（3）系统将打开一个新的查询编辑器窗口，并显示完整的更新语句。

使用这项新功能可以将数据操作脚本快速添加到项目中，并可轻松编写执行存储过程的脚本。

2.3.2　sqlcmd 实用工具

sqlcmd 是一个 Microsoft Win32 命令提示实用工具，用于 Transact-SQL 语句和脚本的交互执行以及 Transact-SQL 脚本撰写任务的自动化。使用 sqlcmd 的过程如下。

1．启动 sqlcmd 并连接到 SQL Server 的默认实例

（1）选择"开始"→"运行"命令，打开"运行"对话框。在"打开"框中，输入 cmd，然后单击"确定"按钮，打开命令提示符窗口。

（2）在命令提示符处，输入 sqlcmd，按 Enter 键，则出现"1>"提示符。"1>"是 sqlcmd 提示符，其中数字 1 代表行号。每按一次 Enter 键，该数字就会加 1。现在，已与计算机上运行的默认 SQL Server 实例建立了可信连接。

（3）要结束 sqlcmd 会话，在 sqlcmd 提示符处输入 exit 即可。

如果要连接的 SQL Server 实例不是默认实例，则使用 sqlcmd -S *myServer\instanceName* 命令（使用当前计算机名称和要连接的 SQL Server 实例名替换 *myServer\instanceName*）。

2. 使用 sqlcmd 运行 Transact-SQL 脚本文件

使用 sqlcmd 工具连接到 SQL Server 实例之后，下一步便是创建 Transact-SQL 脚本文件。Transact-SQL 脚本文件是一个文本文件，它可以包含 Transact-SQL 语句、sqlcmd 命令及脚本变量的组合。

可以用纯文本编辑器（如记事本）或 Management Studio 的查询分析器，创建 Transact-SQL 脚本文件，脚本文件的扩展名为.sql。

在命令提示符窗口中，可以用 sqlcmd -S *myServer\instanceName*-i *sqlScriptName.sql* 命令来执行脚本文件。其中，*myServer* 为服务器名，*instanceName* 为实例名，*sqlScriptName.sql* 为脚本文件名。

sqlcmd 工具还有许多其他用法，在这里就不一一例举了。

2.3.3 SQL Server Configuration Manager

SQL Server Configuration Manager（SQL Server 配置管理器）用于管理与 SQL Server 相关联的服务，配置 SQL Server 使用的网络协议，以及从 SQL Server 客户端计算机管理网络连接配置。

选择"开始"→"所有程序"→"Microsoft SQL Server 2005"→"配置工具"→"SQL Server Configuration Manager"命令，可打开 SQL Server 配置管理器主界面，如图 2.19 所示。在该界面中可以启动、暂停、恢复或停止服务，查看或更改服务属性，还可以使用服务器网络实用工具、客户端网络实用工具和服务管理器等工具。

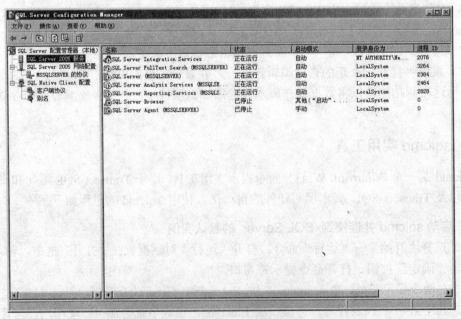

图 2.19　SQL Server 配置管理器主界面

2.3.4　SQL Server Profiler

SQL Server Profiler（事件探查器）是 SQL 跟踪的图形用户界面，用于监视 SQL Server 数据库引擎或 SQL Server Analysis Services 的实例。可以捕获有关每个事件的数据并将其保存到文件或表中供以后分析。例如，可以对生产环境进行监视，了解哪些存储过程由于执行速度太慢影响了性能。

可以通过多种方法启动 SQL Server Profiler，方法如下：

（1）从"开始"菜单启动 SQL Server Profiler

选择"开始"→"所有程序"→"Microsoft SQL Server 2005"→"性能工具"→"SQL Server Profiler"命令。

（2）在 Management Studio 中启动 SQL Server Profiler

在 Management Studio 中，选择"工具"→"SQL Server Profiler"命令，或者在"数据库引擎优化顾问"中，选择"工具"→"SQL Server Profiler"命令。

首次启动 SQL Server Profiler 时，选择"文件"→"新建跟踪"命令，此应用程序将显示"连接到服务器"对话框，在该对话框中可以指定要连接的 SQL Server 实例。

2.3.5　Database Engine Tuning Advisor

Database Engine Tuning Advisor（数据库引擎优化顾问）是 SQL Server 2005 中的新工具，使用该工具可以优化数据库，提高查询处理的性能。数据库引擎优化顾问检查指定数据库中处理查询的方式；然后建议如何通过修改物理设计结构（如索引、索引视图和分区）来改善查询处理性能。

借助于 SQL Server 2005 数据库引擎优化顾问，用户不必精通数据库结构或 Microsoft SQL Server 的精髓，即可选择和创建索引、索引视图和分区的最佳集合。

它取代了 SQL Server 2000 中的索引优化向导，并提供了许多新增功能。例如，数据库引擎优化顾问提供两个用户界面：图形用户界面（GUI）和 dta 命令提示实用工具。使用 GUI 可以方便快捷地查看优化会话结果，而使用 dta 实用工具则可以轻松地将数据库引擎优化顾问功能并入脚本中，从而实现自动优化。此外，数据库引擎优化顾问可以接受 XML 输入，该输入可对优化过程进行更多控制。

1．启动数据库引擎优化顾问

开始前，请先打开数据库引擎优化顾问图形用户界面（GUI）。第一次使用时，必须由 sysadmin 固定服务器角色的成员来启动数据库引擎优化顾问，以初始化应用程序。初始化后，db_owner 固定数据库角色的成员便可使用数据库引擎优化顾问来优化他们拥有的数据库。

（1）打开数据库引擎优化顾问 GUI，选择"开始"→"所有程序"→"Microsoft SQL Server 2005"→"性能工具"→"数据库引擎优化顾问"命令。

（2）在出现的"连接到服务器"对话框中，单击"连接"按钮。在默认情况下，将打开如图 2.20 所示的数据库引擎优化顾问主界面。

第一次打开时，数据库引擎优化顾问 GUI 中将显示两个主窗格，即左窗格和右窗格。

左窗格包含会话监视器，其中列出已对此 SQL Server 实例执行的所有优化会话。打开数据库引擎优化顾问时，在左窗格顶部将显示一个新会话。可在相邻的右窗格中对此会话命名。这是数据库引擎优化顾问自动创建的默认会话。

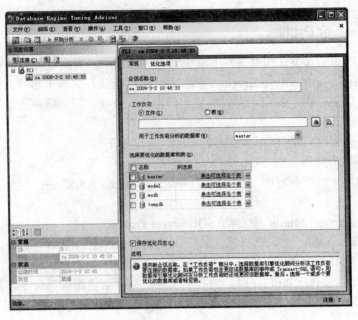

图 2.20　数据库引擎优化顾问主界面

右窗格包含"常规"和"优化选项"选项页。在此可以定义数据库引擎优化会话。在"常规"选项页中，输入优化会话的名称，指定要使用的工作负荷文件或表，并选择要在该会话中优化的数据库和表。

工作负荷是对要优化的一个或多个数据库执行的一组 Transact-SQL 语句。优化数据库时，数据库引擎优化顾问使用跟踪文件、跟踪表、Transact-SQL 脚本或 XML 文件作为工作负荷输入。在"优化选项"选项页上，可以选择希望数据库引擎优化顾问在分析过程中考虑的物理数据库设计结构（索引或索引视图）和分区策略。在此选项页上，还可以指定数据库引擎优化顾问优化工作负荷使用的最大时间。默认情况下，数据库引擎优化顾问优化工作负荷的时间为 1 小时。

习　题　2

2.1　安装 SQL Server 2005 需要的最小内存是___MB；处理器（CPU）是___MHz 以上的。

2.2　在 SQL Server 2005 安装中的____步骤可能会发现计算机存在着问题而终止安装的向下进行。

2.3　SQL Server 2005 的集成管理器是_____，利用它能完成原 SQL Server 2000 企业管理器及查询分析器等程序的管理与操作功能。

2.4　SQL Server2005 有哪些新特点？

2.5　SQL Server 2005 有哪几个主要的版本？请简述它们的功能特点。

2.6　为了成功安装 SQL Server 2005，在安装计算机上需要哪些软件组件？

2.7　在 SQL Server 2005 中新建一个登录名，设置相应登录模式，用新建的登录名登录 SQL Server。

2.8　SQL Server Profiler 的作用是什么？

2.9　数据库引擎优化顾问的作用是什么？能对哪些对象实现优化指导？

第 2 部分
数据库的创建与管理

第 3 章　SQL Server 2005 数据类型

本章内容主要包括系统数据类型和用户自定义数据类型的介绍，要求了解几种主要的系统数据类型，掌握使用 Mamagement Studio 管理工具和 Transact-SQL 语句创建用户自定义数据类型。

在 SQL Server 2005 中，根据每个字段、局部变量、表达式和参数对应数据的特性，都有一个相关的数据类型。在表中创建字段时，必须为其指定数据类型。为一个列选择数据类型时，应参照以下原则。

（1）为列选择一个合适的长度。

（2）如果属性值的长度不会大幅改变，就使用固定长度数据类型（char 和 nchar），如存储身份证号码、邮政编码等。如果属性值的长度会大幅变化，就使用可变长度数据类型（varchar 和 nvarchar），如存储学生简历等。

（3）如果用户存储的字符串来源于不同的国家，就使用 Unicode 数据类型。

SQL Server 2005 中引入了 max 说明符。此说明符增强了 varchar，nvarchar 和 varbinary 数据类型的存储能力。varchar(max)，nvarchar(max)和 varbinary(max)统称为大值数据类型。可以使用大值数据类型来存储最大为 $2^{31}-1$ 字节的数据。

大值数据类型在行为上和与之对应的较小的数据类型 varchar，nvarchar 和 varbinary 相似。这种相似使 SQL Server 能够更高效地存储和检索大型字符、Unicode 和二进制数据。

大值数据类型和 SQL Server 早期版本中与之对应的数据类型之间的关系：varchar(max)与 text 对应；nvarchar(max)与 ntext 对应；varbinary(max)与 image 对应。

SQL Server 2005 中的数据类型包括系统数据类型和用户自定义数据类型。其中，用户自定义数据类型也是建立在系统提供的数据类型基础上的变体。下面具体介绍这两种数据类型。

3.1　系统数据类型

SQL Server 2005 提供了丰富的系统数据类型，见表 3.1。

表 3.1　系统数据类型

数 据 类 型	符 号 标 识	使 用 说 明
整型	bigint, int, smallint, tinyint	存储不带小数的精确数字
精确数值型	decimal, numeric	存储带小数的精确数字
浮点型	float, real	存储带小数或不带小数的数值
货币型	money, smallmoney	存储带小数位的数值，专门用于货币值，最多可以有 4 个小数位
字符型	char(n), varchar(n) ,text ,varchar(max)	存储基于字符的可变长度的值
Unicode 字符型	nchar, nvarchar, ntext,nvarchar(max)	存储基于 Unicode 字符型的数据

数 据 类 型	符 号 标 识	使 用 说 明
二进制型	binary, varbinary ,image, varbinary(max)	存储以严格的二进制数（0 或 1）表示的数据
日期时间型	datetime, smalldatetime	存储日期和时间信息
特殊数据类型	bit, cursor, timestamp, sql_variant, table, uniqueidentifier, xml	存储一些特殊的数据

3.1.1　整型数据类型

整型是完整的数字，不包含小数或分数。整数属性的例子包括年龄和数量等。其中 bigint 数据类型只有在需要处理非常大的整数时才使用，如科学计算。SQL Server 2005 中包括以下整型数据类型。

1.　bigint

大整数，长度为 8 个字节，其精度为 19，小数位数为 0，存储范围为 $-2^{63} \sim 2^{63}-1$，即从 $-9\,223\,372\,036\,854\,775\,808 \sim 9\,223\,372\,036\,854\,775\,807$ 的数字。

2.　integer 或 int

整数，长度为 4 个字节，其精度为 10，小数位数为 0，存储范围为 $-2^{31} \sim 2^{31}-1$，即从 $-2\,147\,483\,648 \sim 2\,147\,483\,647$ 的数字。

3.　smallint

短整数，长度为 2 个字节，其精度为 5，小数位数为 0，存储范围为 $-2^{15} \sim 2^{15}-1$，即从 $-32\,768 \sim 32\,767$ 的数字。

4.　tinyint

微短整数，长度为 1 个字节，其精度为 3，小数位数为 0，存储范围为 $0 \sim 255$，即从 $0 \sim 255$ 的数字。

说明：整型对象和表达式可用于任何数学操作。任何由这些操作生成的分数都将被舍去，而不是四舍五入。整型数据类型是可与标识（IDENTITY）属性一起使用的唯一类型，该属性是一种可以自动增加的数字。标识（IDENTITY）属性通常用于自动生成唯一标识数字或主键。整型数据与字符、日期和时间数据不同，它不需要被包含在单引号内。

3.1.2　精确数值型数据类型

精确数值型包括 decimal 和 numeric 两类。这种数据类型必须指定精度，即数字的位数，还要指定小数点右面的数字位数，小数点不计位数。

decimal, numeric 数据类型最多可存储 38 位数字，所有数字都能够放到小数点的右边。

声明精确数值型数据的格式是 decimal（p[, s]），numeric（p[, s]），其中 p 为精度，s 为小数位数，其默认值为 0。例如，decimal（10,5）代表精度为 10，其中整数部分 5 位，小数部分 5 位。

说明：p 和 s 必须遵守以下规则，其中 s（小数位数）必须小于 p（精度），即 $0 \leqslant s \leqslant p \leqslant 38$。在 Transact-SQL 中，numeric 与 decimal 数据类型在功能上等效，唯一的区别在于 decimal 不能带有 identity 关键字的字段。当数据值一定要按照指定精确存储时，可以用带有小数的 decimal 数据类型来存储数字。

3.1.3　浮点型数据类型

对于 1/10 或 0.2，是精确存储的，可以用精确数值型数据类型表示。而 1/3 或π，却不能精确存储，只能用近似表示。有两种近似数值数据类型：float 和 real，被称为浮点型数据类型。这种数据类型可用于处理取值范围非常大且对精确度要求不高的数值量，如科学测量数据或一些统计量。

float[(n)]占用 4 个或 8 个存储字节，real 占用 4 个存储字节，通常都使用科学计数法表示数据，其格式为：尾数 E 阶数，如 5.6423E20，1.286579E–9 等。float 定义的 n 取值范围是 1～53，用于指定其精度和存储大小。由于 float 和 real 数据类型的这种近似性，当要求精确的数字状态时，比如在财务应用程序中，在那些需要舍入的操作中，或在等值核对的操作中，就不使用这些数据类型。这时就要用 integer, decimal, money 或 smallmoney 数据类型。

说明：在准确的关系比较运算中，如等于或不等于，应避免使用 float 或 real 字段。最好限制使用 float 和 real 字段做大于或小于的比较。

3.1.4　货币型数据类型

SQL Server 2005 提供了两种专门用于处理货币的数据类型：money 和 smallmoney，这两种数据类型的差别在于存储占用的空间。money 占用 8 个字节，smallmoney 占用 4 个字节，存储精确到 4 个小数位的货币值，但在涉及大型金额应用程序中几乎不使用它们，一般都使用 decimal 数据类型，因为它们需要执行精确到 6 个、8 个甚至 12 个小数位的计算。

money 类型的数据的存储范围为$-2^{63}\sim2^{63}-1$，即在$-9\ 223\ 372\ 036\ 854\ 77.580\ 8\sim9\ 223\ 372\ 036\ 854\ 77.580\ 7$ 范围内的数字，其精度为 19，小数位数为 4，长度为 8 个字节。可以看出，money 类型的存储范围与 bigint 相同，不同的只是 money 类型有 4 位小数。

smallmoney 类型的数据的存储范围为$-2^{31}\sim2^{31}-1$，即在$-2\ 147\ 48.3\ 648\sim2\ 147\ 48.3\ 647$ 范围内的数字，其精度为 10，小数位数为 4，长度为 4 字节。可见，smallmoney 的存储范围与 int 的关系相同，不同的只是 smallmoney 类型有 4 位小数。

当向表中插入 money 或 smallmoney 类型的值时，必须在数据前面加上货币表示符号($)，并且数据中间不能有逗号（,）；若货币值为负值，需要在符号$的后面加上负号（–）。例如，$60 000.32，$890，$–50 000.400 2 都是正确的货币数据表示形式。

3.1.5　字符数据类型

SQL Server 2005 提供的字符数据类型包括：char，varchar，varchar(max)和 text，这些数据类型的数据包括：

（1）大写字母或小写字母，如 A，B 和 c；

（2）数字，如 1，2 或 3；

（3）特殊字符，如 at 符号（@）、"与"符号（&）和惊叹号（!）；

（4）存储大量的字符型数据，如备注、日志信息等。

char 或 varchar 数据可以是单个字符，或者是最长可达 8 000 个字节的字符串。每个字符要求一个字节的存储空间。但要注意有的客户端接口可能不能处理这么长的字节数，如 MS Access，因此，要根据使用的客户端系统来限定字段的最大长度。

char[(n)]，固定长度字符数据类型，其中 n 定义字符型数据的长度，n 在 1～8 000 之间，默认为 1。当表中的字段定义为 char(n)类型时，若实际要存储的串长度不足 n 时，则在串的尾部添加空格，以达到长度 n。例如，一个字段被定义为 char(10)，并且输入的数据是"picture"，则存储的是字符 picture 和 3 个空格。若输入的字符个数超过了 n，则超出的部分就会被截断。例如，如果某字段被定义为 char(10)并且值"This is a long character string"被存储到该字段中，则将该字符串截断为"This is a"。

varchar[(n)]，可变长度字符数据类型，其中 n 的规定与 char 中 n 完全相同，但这里的 n 表示的是字符串可达到的最大的长度。对于密码、E-mail 这样的字段，内容长度是不定的，长度一般为 6～15 个字符，但也可能达到 30 或 40 个字符，使用 varchar 数据类型是正确的。varchar[(n)]的长度为输入的字符串的实际字符个数，而不一定是 n。例如，定义某字段的数据类型为 varchar（100），而输入的字符串为"picture"，则存储的就是字符串 picture，其长度为 7 字节。

text 类型用来存储固定长度 ANSI 数据类型的，超过 8000 字节的字符数据，最大可存储 $2^{31}-1$（2 147 483 647）个字符，其数据的存储长度为实际长度字符个数字节。在 SQL Server 2005 引入 varchar(max)数据类型，用 varchar(max)取代 text 数据类型。这些数据类型同时结合了 text 数据类型和 varchar 数据类型的功能。它们最多存储 2GB 数据，并对执行它们的操作或使用它们的函数没有任何限制。

varchar(max)类型用来存储可变长度的 ANSI 数据类型，存储容量同 text 的一样，即最大可存储 $2^{31}-1$（2 147 483 647）个字符，其数据的存储长度是实际字符的个数。

说明：字符常量必须包括在单引号（''）或双引号（" "）中，如'abc'，"224>12"。建议用单引号括住字符常量。当 QUOTED IDENTIFIER 选项设为 ON 时，有时不允许用双引号括住字符常量。

3.1.6　Unicode 字符型数据类型

Unicode 是"统一字符编码标准"，用于支持国际上非英语语种的字符数据的存储和处理。Unicode 字符型包括 nchar，nvarchar，nvarchar(max)和 ntext 四种。

nchar[(n)]为包含 n 个字符的固定长度 Unicode 字符型数据，n 的值在 1～4 000 之间，默认为 1。字节长度是所输入字符个数的两倍，即，使用 2 字节来代表一个字符。若输入的字符串长度不足 n，将以空白字符填补。

nvarchar[(n)]，为最多包含 n 个字符的可变长度 Unicode 字符型数据，n 的值在 1～4 000 之间，默认为 1。字节长度是所输入字符个数的两倍。

实际上，nchar，nvarchar 与 char，varchar 的使用非常相似，只是字符集不同，前者使用 Unicode 字符集，后者使用 ANSI 字符集。

ntext 类型用来存储可变长度、Unicode 字符数据，存储容量是 text 的一半，即最大可存储 $2^{30}-1$（1 073 741 823）个字符，其数据的存储长度是实际字符个数的两倍。该类型已被 nvarchar(max)所取代。varchar(max)类型用来存储可变长度的 Unicode 字符型数据，最大可存储 $2^{31}-1$（2 147 483 647）个字符。

3.1.7　二进制型数据类型

二进制数据类型表示的是位数据流（也叫比特流），包括 binary（固定长度）、varbinary（可变长度）、varbinary(max)和 image 四种。

binary[(n)]，其中 n 取值范围为 1～8 000，默认为 1。binary(n)数据的存储长度为 n+4 字节。若输入的数据的长度小于 n，则不足部分用 0 填补；若输入的数据长度大于 n，则多余部分被截断。

输入二进制值时，在数据前面要加上 0x（一个零和小写字母 x），后面跟着位模式的十六进制表示。可以用的数字符号为 0～9、A～F（字母不分大小写）。例如，0xFF，0x2A 分别表示值 FF 和 2A。因为每字节的数最大为 FF，故在 "0x" 格式的数据每两位占 1 个字节。

varbinary[(n)]，其中 n 取值范围为 1～8000，默认为 1。varbinary(n)数据的存储长度为实际输入数据长度加上 4 个字节。

varbinary(max)类型用来存储可变长度的二进制数据类型，最大可存储 $2^{31}-1$（2 147 483 647）个字符。

如果需要存储 Microsoft Word 文档或 Excel 电子表格数据，以及图片、照片等，必须使用图像数据类型，其标识符是 image。图像型数据类型存储的是可变长度二进制数据，存储范围为 0～$2^{31}-1$（2 147 483 647）字节之间。image 存储可变大小的二进制数据，在输入数据时必须在数据前加上字符 "0x"，作为二进制标识。

3.1.8　日期时间型数据类型

日期和时间在 SQL Server 2005 中仍然是合并存放在一起的，在表格级无法将它们分开。日期时间型数据用于存储日期和时间信息，包括 datetime 和 smalldatetime 两种。

datetime 类型可表示从 1753 年 1 月 1 日到 9999 年 12 月 31 日的日期和时间数据。datetime 类型数据长度为 8 个字节，日期和时间分别使用 4 个字节存储。前 4 个字节用于存储距 1900 年 1 月 1 日的天数，为正数表示日期在 1900 年 1 月 1 日之后，为负数则表示日期在 1900 年 1 月 1 日之前。后 4 个字节用于存储距 12：00（24 小时制）的毫秒数。

用户以字符串形式输入 datetime 类型数据，系统也以字符串形式输出 datetime 数据类型。SQL Server 2005 允许使用以当前语言给出的月的全名（如 April）或月的全名缩写（如 Apr）来指定日期数据；逗号是可选的，而且忽略大小写，把日期和时间数据括在单引号中（' '）。

下面是日期时间数据类型中日期数据常用的表示格式：

年　月　日	2009 Apr 20，2009 April 20
年　日　月	200920 Apr
月　日[，]年	Apr 20 2009，Apr 20,2009，Apr 20,09
月　年　日	Apr 2009 20
日　月[，] 年	20 Apr 2009，20 Apr,2009
年月日	20090420，090420
月/日/年	04/20/09，4/20/09，04/20/2009，4/20/2009
月-日-年	04-20-09，4-20-09，04-20-2009，4-20-2009
月、日、年	04.20.09，4.20.09，04.20.2009，4.20.2009

时间数据常用的表示格式如下：

时:分	12:25，09:30
时:分:秒	18:20:06，18:20:06.2
时:分:秒:毫秒	18:20:06:200
时:分 AM/pm	10:30AM，10:20PM

smalldatetime 类型可表示从 1900 年 1 月 1 日到 2079 年 6 月 6 日的日期和时间，该类型的数据存储长度为 4 个字节，前 2 个字节用来存储日期部分距 1900 年 1 月 1 日之后的天数，后 2 个字节用来存储时间部分距中午 12 点的分钟数。

说明： datetime 类型可精确到微秒，精确度为 3.33 微秒或 0.00333 秒；smalldatetime 类型可精确到分钟，即 29.998 秒或更低的值向下舍入为最接近的分钟，29.999 秒或更高的值向上舍入为最接近的分钟。在 datetime 类型中，年可用 4 位或 2 位字节表示，月和日可用 1 位或 2 位表示。

3.1.9 特殊型数据类型

除了上面所介绍的常用数据类型外，SQL Server 2005 还提供了其他几种数据类型：bit，cursor，timestamp，sql_variant，table。

bit 是位数据类型，也称逻辑数据类型，取值为整数 0 或 1，长度为 1 个字节。用于存放 true 或 false、yes 或 no。若表中某列为 bit 数据类型，那么该列不允许为空值。

cursor 是游标数据类型，用于创建游标变量或定义存储过程的输出参数。这种数据类型不能用做表中的列数据类型。

timestamp 是时间戳数据类型，它既不是时间，也不是日期，而是 SQL Server 2005 根据事件的发生次序自动生成的一个二进制数，其长度为 8 字节。这个数据类型有很多用途，其中之一是 SQL Server 2005 关闭后重启时，作为进行恢复工作的重要部分。若创建表时定义一个列的数据类型为时间戳型，那么每当对该表插入新行或修改已有行时，都由系统自动将一个计数器加到该列，即在原来的时间戳值上加一个增量。记录 timestamp 列的值实际上反映了系统对该记录修改的相对（相对于其他记录）顺序。一个表中只能有一个 timestamp 列。注意，名称是 timestamp 而无数据类型的列是使用 timestamp 数据类型创建的。

sql_variant 是 SQL Server 2005 中一个新增的数据类型，可以在同一列中保存不同类型的数据。可用来存储 SQL Server 2005 支持的除 text，ntext，varchar（max），image，timestamp 外的其他任何数据类型。其最大长度可达 8016 字节。sql_varian 可用来声明 Transact-SQL 语句的变量，也可作为自定义函数的返回值，但不能用来定义表的列。

table 是用于存储结果集的数据类型，具有一种非常特殊的用途，可用来定义一些 table 类型的局部变量，来保存某些处理过程的结果数据集，以供后续处理。可以把它看做用于保存某些查询所返回记录集的临时存储器。当设计用户表时，对于这种数据类型一般不用考虑。

uniqueidentifier 是唯一标识符数据类型。它是一个 16 字节长度的二进制数据，系统将为这种类型的数据产生唯一标识值。

3.2 用户自定义数据类型

SQL Server 2005 中的用户自定义数据类型（UDT）是用户使用系统提供的数据类型构造模块定义的数据类型。

创建用户自定义数据类型时首先要考虑如下 3 个属性：

（1）数据类型名称；

（2）新数据类型所依据的系统数据类型；

（3）为空性。

如果为空性没有明确定义，系统将依据数据库或连接的 ANSI NULL 默认设置进行指派。下面介绍如何建立和删除用户自定义数据类型。

3.2.1 创建用户自定义数据类型

1. 通过 Mamagement Studio 建立自定义数据类型

① 在 Mamagement Studio 的"对象资源管理器"窗格中，选中要自定义数据类型的某个数据库，这里以 ST 数据库为例，展开"ST"→"可编程性"→"类型"项，如图 3.1 所示。右键单击"用户定义数据类型"文件夹，在弹出的快捷菜单中选择"新建用户定义数据类型"命令。

② 在出现的如图 3.2 所示的"新建用户定义数据类型"窗口的"数据类型"下拉列表框中，选择所依赖的系统数据类型，输入允许的最大长度。如果允许此数据类型接受空值，请选择"允许 NULL 值"复选框。单击"确定"按钮，就完成了数据类型的定义。

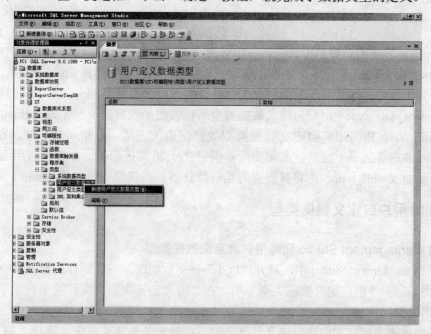

图 3.1　启动"新建用户定义数据类型"窗口

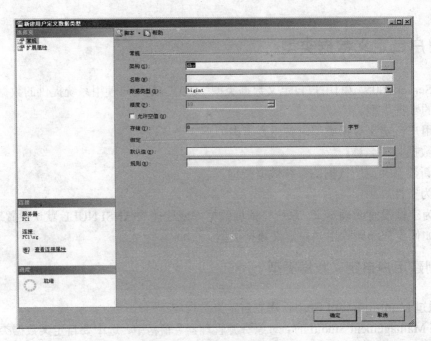

图 3.2　"新建用户定义数据类型"窗口

2. 利用系统存储过程定义数据类型

在 SQL Server 中，可以通过系统存储过程实现用户数据类型的定义。

语法格式：

```
sp_addtype [@typename= ] type,                /*自定义类型名称*/
           [@phystype= ] system_data_type     /*自定义类型依赖的系统数据类型*/
           [,[@nulltype= ] null_type]          /*为空性*/
```

其中，中括号里的参数是可选的。各参数含义如下。

- type：用户自定义数据类型的名称。数据类型名称必须遵循标识符的规则，而且在每个数据库中必须是唯一的，数据类型名称必须用单引号括起来。
- system_data_type：用户自定义数据类型所依赖的系统数据类型（如 decimal，int 等）。
- null_type：指明用户自定义数据类型处理空值的方式，取值可为'null'，'not null'或'nonull'三者之一。注意，必须要用单引号（'）将其括起来。如果没有用 sp_addtype 显示定义 null_type，则将其设置为当前默认值，系统默认值一般为'null'。

3.2.2　删除用户自定义数据类型

1. 用 Mamagement Studio 删除用户自定义数据类型

① 在 Mamagement Studio 中，展开"PC1"→"数据库"→要操作的数据库→"可编程性"→"类型"→"用户定义数据类型"项，在"用户定义类型"文件夹中列出了全部用户定义的数据类型。

② 右键单击要删除的用户自定义数据类型，在弹出的快捷菜单中，选择"删除"命令，出现如图 3.3 所示对话框，单击"确定"按钮即可。

2. 利用命令删除用户自定义数据类型

语法格式如下：

```
sp_droptype'type'
```

type 为用户自定义数据类型的名称，应该用单引号括起来。

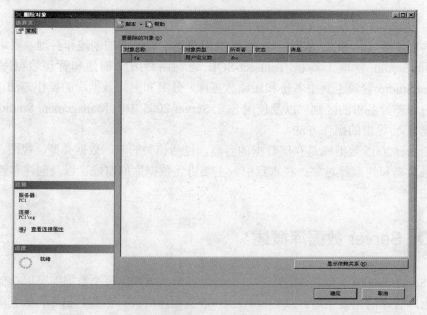

图 3.3 "删除自定义数据类型"对话框

习 题 3

3.1 SQL Server 2005 系统数据类型有哪些？

3.2 如何创建用户自定义数据类型？

3.3 可变长度的字符数据类型 nvarchar，其最大长度为多少字符？

3.4 SQL Server 2005 中新增了哪些数据类型？

第4章　SQL Server 2005 数据库的创建与管理

本章内容主要包括 SQL Server 2005 数据库概述、数据库的创建和管理，要求掌握使用 Management Studio 管理工具和 Transact-SQL 语句两种方法创建和管理数据库，熟悉在 Management Studio 管理工具中备份和还原数据库、分离和附加数据库的操作方法，了解数据库完全备份和差异备份的区别，以及使用 SQL Server 2005 中的 Management Studio 管理工具执行对数据导入/导出的操作方法。

SQL Server 2005 数据库是存储数据的容器，包括相关的表、数据类型、视图、索引、存储过程、触发器和约束等对象。在本章中，主要讲述数据库的组成，以及创建和管理数据库的操作方法。

4.1　SQL Server 数据库概述

SQL Server 2005 支持在一台服务器上创建多个数据库，每个数据库可以存储相关的数据。从数据库管理的角度来看，SQL Server 2005 数据库分为：系统数据库、数据库快照、用户数据库（包括示例数据库 AdventureWorks，AdventureWorksDW 等）。其中，数据库快照是 SQL Server 2005 新增设的，数据库快照是数据库（源数据库）的只读、静态视图。每个数据库快照都与创建快照时存在的源数据库在事务上一致。

SQL Server 2005 中的数据库还可以根据其应用的不同分为联机事务处理（OLTP）数据库、联机分析处理（OLAP）数据库或数据仓库、数据库快照等。关系数据库最适合于管理变化的数据，OLTP 是数据库的主要应用场合。OLTP 数据库的目的是捕获高效率的数据更改和添加，而数据仓库与此相反，其目的是组织大量的稳定数据以便于分析和检索。数据仓库经常用做商业智能应用程序的基础。

SQL Server 2005 中的系统数据库主要包括以下几种。

（1）master 数据库：master 数据库记录 SQL Server 系统的所有系统级信息，它记录了所有的登录账号和所有系统配置信息。master 记录所有其他数据库的信息，并记录 SQL Server 的初始信息，重要的是，总要有它的最新备份，因为它反映 SQL Server 中每个数据库的内容。SQL Server 系统的正常运行离不开 master 数据库的支持。

注意：不要在 master 等系统数据库中创建任何用户对象（如表、视图、存储过程或触发器）。特别是 master 数据库包含 SQL Server 实例使用的系统级信息（如登录信息和配置选项设置），它们是非常重要的，若与频繁操作的用户对象混在一起将非常不安全。

（2）tempdb 数据库：tempdb 系统数据库是连接到 SQL Server 实例的所有用户都可用的全局资源，它保存所有临时表和临时存储过程。另外，它还用来满足所有其他临时存储要求，例如，存储 SQL Server 生成的工作表。

每次启动 SQL Server 时，都要重新创建 tempdb，以便系统启动时，该数据库总是空的。

在断开连接时会自动删除临时表和存储过程，并且在系统关闭后没有活动连接。因此 tempdb 中不会有什么内容从一个 SQL Server 会话保存到另一个会话。tempdb 不能备份或还原。tempdb 用于保存以下内容：①显式创建的临时对象，如表、存储过程、表变量或游标；②所有版本的更新记录（如果启用了快照隔离）；③数据库引擎创建的内部工作表；④创建或重新生成索引时，临时排序的结果（如果指定了 SORT_IN_TEMPDB）。

（3）model 数据库：model 数据库用做在 SQL Server 实例上创建的所有数据库的模板。当执行 CREATE DATABASE 语句时，将通过复制 model 数据库中的内容来创建数据库的第一部分，然后用空页填充新数据库的剩余部分。

它的作用就像是在系统上创建所有数据库的模板。当用户创建一个新数据库时，系统自动将 model 数据库中的全部内容复制到新建数据库中。因为每次启动 SQL Server 时都创建 tempdb，model 数据库必须始终在 SQL Server 系统中。

（4）msdb 数据库：msdb 数据库是 SQL 代理过程存储系统任务的地方。如果计划在夜间对数据库进行备份，那么在 msdb 中将有一个记录。如果安排一个一次性执行的存储过程，那么同样在 msdb 中也会有一个记录。

4.2 SQL Server 数据库的组成

若要创建数据库，必须先确定数据库的名称、所有者（创建数据库的用户）、大小，以及用于存储该数据库的文件和文件组。所有数据库都至少包含一个主数据库文件和一个日志文件，此外，还可以包含零个或多个辅助数据库文件。

1. 文件

SQL Server 的数据库由两种文件组成：数据库文件和日志文件。数据库文件是用于存放数据库数据的，日志文件是用于存放对数据库数据的操作记录的。

（1）数据库文件

数据库文件是存放数据库数据和数据库对象的文件的。一个数据库可以有一个或多个数据库文件，一个数据库文件只能属于一个数据库。当有多个数据库文件时，有一个文件被定义为主数据库文件 （Primary Database File），其默认扩展名为.mdf。它用来存储数据库的启动信息和部分或全部数据。一个数据库只能有一个主数据库文件。其他数据库文件被称为次数据库文件（Secondary Database File），其默认扩展名为.ndf。它用来存储主文件没存储的其他数据。采用多个数据库文件来存储数据提高了数据处理的效率，对于服务器型的计算机尤为有用。

（2）日志文件

日志文件也称为事务日志文件，这些文件包含用于恢复数据库时所需的事务日志信息。每个数据库必须至少有一个事务日志文件（可以有多个）。日志文件最小为 512KB。日志文件的默认扩展名为.ldf。

说明：Microsoft SQL Server 2005 数据和事务日志文件不能放在压缩文件系统或远程网络驱动器上（如共享的网络目录）。

2．文件组

为了便于管理和分配数据而将文件组织在一起，通常可以为一个磁盘驱动器创建一个文件组，然后将特定的表、索引等与文件组相关联，那么对这些表的存储、查询和修改等操作都在该文件组中。使用文件组可以提高表中数据的查询性能。文件组可分为以下两类。

（1）主文件组：包含主要文件的文件组。所有系统表都被分配到主要文件组中。

（2）用户定义文件组：用户首次创建数据库或以后修改数据库时明确创建的任何文件组。

说明：创建文件和文件组时，一个文件只能属于一个文件组，一个文件组也只能被一个数据库使用。只有数据文件才能作为文件组的成员，日志文件不能作为文件组成员。

4.3 数据库的创建

创建数据库有两种方式：一是通过 Management Studio 管理工具；二是通过 Transact-SQL 语句。需要注意的是，必须是系统管理员或被授权使用 CREATE DATABASE 语句的用户才能够创建数据库。创建数据库时，必须确定数据库名、所有者（即创建数据库的用户）、数据库大小和存储数据库的文件。下面具体介绍如何用这两种方式创建数据库。

4.3.1 使用 Management Studio 管理工具创建数据库

下面以创建数据库 ST 为例，说明使用 Management Studio 管理工具创建数据库的操作步骤。假设 SQL Server 服务已启动，以管理员身份登录计算机。

（1）单击"开始"→"所有程序"→"Microsoft SQL Server 2005"→"SQL Server Management Studio"命令，启动管理工具，如图 4.1 所示。

（2）在 SQL Server Management Studio 管理工具界面的"对象资源管理器"窗格中，选择要创建数据库的服务器结点，并展开，如图 4.2 所示。

（3）右键单击"数据库"文件夹，如图 4.3 所示，在弹出的快捷菜单中选择"新建数据库"命令。

图 4.1 SQL Server Management Studio 管理工具界面

图 4.2 "对象资源管理器"窗格

图 4.3 选择"新建数据库"命令

（4）出现"新建数据库"窗口，默认显示的是"常规"选项页，如图 4.4 所示。

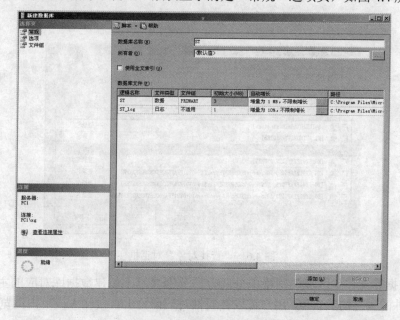

图 4.4 "新建数据库"窗口的"常规"选项页

① 在"数据库名称"文本框中输入要创建的数据库的名，如这里输入"ST"。

② 在"所有者"输入文本框后面通过 ＿＿＿ 按钮，选择数据库的所有者。数据库的所有者是对数据库具有完全操作权限的用户，默认值为当前登录到 SQL Server 服务器的登录名。要更改所有者名称，单击"所有者"输入文本框后的 ＿＿＿ 按钮，出现"选择数据库所有者"对话框，如图 4.5 所示。在对象类型列表框中给出了所有者的类型，可通过单击旁边的"对象类型"按钮进行修改。在"输入要选择的对象名称（示例）"列表框中将显示要选择的对象名称。通过单击"浏览"按钮，打开"查找对象"对话框，如图 4.6 所示。其中列出了匹配所选类型的对象，可从中通过单击对象前的复选框选中要作为数据库所有者的对象。然后单击"确定"按钮返回。再单击"选择数据库所有者"对话框中的"确定"按钮，返回"新建数据库"窗口。

③ 在"新建数据库"窗口的"常规"选项页中，选中"使用全文索引"复选框，表示可为数据库中的变长的复杂数据类型列建立索引。

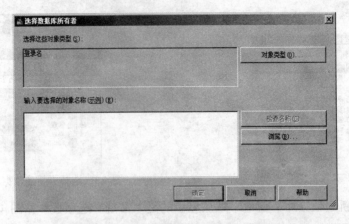

图 4.5 "选择数据库所有者"对话框

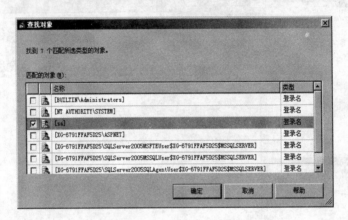

图 4.6 "查找对象"对话框

④ "数据库文件"区域的网格中分两行，分别显示了新建数据库对应的主数据文件和事务日志文件的属性的默认值。用户可以在属性对应位置上直接输入或单击浏览按钮 [....] 修改这些属性的值。各单元格的含义如下。

- 逻辑名称：数据文件和日志文件的逻辑名。数据文件逻辑名默认为数据库名，日志文件逻辑名默认为数据库名后加 "_Log"。
- 文件类型：指出文件类型是数据文件还是日志文件。
- 文件组：用户所属的文件组。
- 初始大小：以 MB 为单位，数据文件默认为 3MB，日志文件默认为 1MB。
- 自动增长：表示文件的增长方式。单击这个属性后面的浏览按钮出现"更改 ST 的自动增长设置"对话框，如图 4.7 所示。通过选择"启用自动增长"复选框为数据库文件选择自动增长还是不自动增长。默认为自动增长并且是按百分比增长文件，文件增长不受限制。用户可以根据自己实际情况进行选择。设置完成后，单击"确定"按钮返回。
- 路径：显示数据文件和日志文件的物理路径。
- 文件名：显示数据文件和日志文件的物理名称。

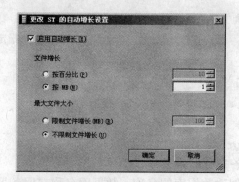

图 4.7 "更改自动增长设置"对话框

（5）若要更改数据库选项，在图 4.4 所示窗口的左上方"选项页"窗格中，单击"选项"项，在"选项"选项页中修改数据库选项。

（6）若要添加新文件组，在图 4.4 所示窗口的左上方"选项页"窗格中，单击"文件组"项，在"文件组"选项页中，单击"添加"按钮，然后输入文件组的值。

（7）在图 4.4 所示的窗口中，单击"确定"按钮，完成数据库的创建工作。创建成功后，用户可从"对象资源管理器"窗格中看到新建数据库的名称，如图 4.8 所示。

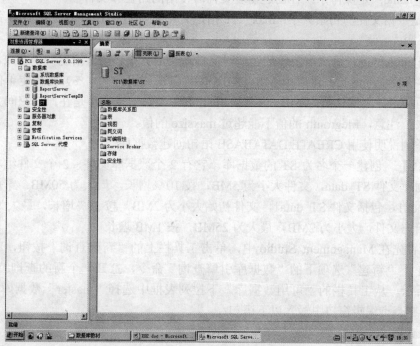

图 4.8 新创建的数据库 ST

4.3.2 使用 CREATE DATABASE 命令创建数据库

通过 SQL 语句中的 CREATE DATABASE 命令来创建数据库，该命令的语法格式为：

```
CREATE DATABASE database_name              /*指定数据库名称*/
[ ON [PRIMARY] [ <filespec> [,...n] ] [, <filegroup> [,...n] ] ]
```

```
/*指定数据库文件和文件组属性*/
[ LOG ON ]                                          /*指定日志文件属性*/
FILENAME = 'os_file_name'
[, SIZE = size]
[, MAXSIZE = { max_size | UNLIMITED } ]
[, FILEGROWTH = growth_increment] [,...n]
FILEGROUP filegroup_name
```

下面具体说明语句中各参数的含义。

database_name：是所创建数据库的名称。数据库名称在服务器中必须唯一，并且要符合 SQL Server 2005 的命名规则，最多可以包含 128 个字符。

ON 子句：指定数据库的数据文件和文件组。n 是一个占位符，表示可以为所创建的数据库指定多个文件。

PRIMARY：用来指定主文件。如果没有指定主文件，那么 CREATE DATABASE 语句中列出的第一个文件将成为主文件。

LOG ON 子句：用于指定数据库日志文件的属性，其定义格式与数据文件的格式相同。

os_file_name：是操作系统在创建物理文件时使用的路径和文件名。

size：是数据文件的初始大小；max_size 指定文件的最大大小；UNLIMITED 关键字指定文件大小不限。

growth_increment：每次需要新的空间时文件增量的大小。该值指定一个整数，不要包含小数位。0 值表示不增长。可以用 MB、KB、GB、TB 或百分比（%）为指定单位。如果未在数量后面指定，则默认值为 MB。例如，指定 10%，则增量大小是在原来空间大小的基础上增加 10%。注意，filegrouth 的值不能超过 maxsize 的值。

下面举例说明使用 CREATE DATABASE 语句创建数据库。

【例 4.1】 创建一个名为 ST 的数据库。它有 2 个数据库文件，2 个文件组。主文件组包括主数据库文件 ST_data，文件大小为 5MB，按 10 % 增长，最大为 50MB；第 2 个文件组名为 STgroup1，包括文件 ST_data1，文件初始大小为 2MB，按 10% 增长，最大为 100MB；只有一个日志文件，大小为 2MB，最大为 25MB，按 1MB 增长。

（1）首先在 Management Studio 中，单击工具栏上的"新建查询"按钮，或选择"文件"主菜单下"新建"选项下的"数据库引擎查询"命令，打开一个新的查询编辑器窗口，如图 4.9 所示。从工具栏的"可用数据库"下拉列表框中选择"master"数据库。

（2）在查询编辑窗口中输入以下语句：

```
CREATE DATABASE  ST
ON PRIMARY
(NAME='ST_data',
    FILENAME= 'C:\Program Files\Microsoft SQL Server\MSSQL\data\ST_Data.MDF',
    SIZE=5MB,
    MAXSIZE =50MB,
    FILEGROWTH=10%),
    FILEGROUP  STgroup1
```

```
 (NAME =' ST_data1',
 FILENAME ='C:\Program Files\Microsoft SQL Server\MSSQL\data\ST_Data1_
 Data.NDF' ,
     SIZE = 2MB,
     MAXSIZE = 100MB,
     FILEGROWTH = 10%)
 LOG ON
 (NAME='ST_Log',
     FILENAME = N'C:\Program Files\Microsoft SQL Server\MSSQL\data\ST_
 Log.LDF' ,
     SIZE = 2MB,
     MAXSIZE = 25MB,
     FILEGROWTH = 1MB)
 GO
```

（3）按 F5 或单击工具栏上的"执行"按钮，执行上述语句。

（4）在图 4.9 的"结果"子窗格中将显示相关消息，告诉用户数据库创建是否成功，如图 4.9 所示。

（5）当命令成功执行后，在 Management Studio 界面的对象资源管理器中进行"刷新"，新建的数据库 ST 就显示在"数据库"文件夹中。

图 4.9 "查询编辑器"窗口

4.4　数据库的管理

管理数据库除了改变数据库的属性，可能还需要更改或删除整个数据库，在 SQL Server
2005 提供的 Management Studio 管理工具中，可以很容易地执行这项工作。在本节中，将介绍如何通过 Management Studio 管理工具和 SQL 命令对数据库进行属性设置、更改和删除。

4.4.1　数据库的属性设置

1. 使用 Management Studio 修改数据库

（1）在 Management Studio 的"对象资源管理器"窗格选中要修改的数据库。

（2）单击右键，在弹出的快捷菜单中选择"属性"命令，弹出"数据库属性"窗口。

（3）在窗口的左上角的"选项页"窗格中，单击"文件"选项页，如图 4.10 所示。在右边显示的页面中可以修改数据库的所有者，设置是否使用全文索引，修改数据库文件的各个属性，添加数据文件或日志文件。其操作方法同建立数据库时一样。

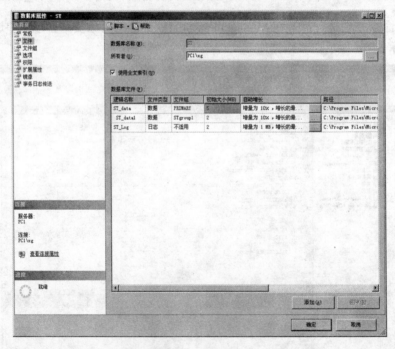

图 4.10　"数据库属性"窗口的"文件"选项页

（4）在窗口的左上角的"选项页"窗格中，单击"选项"选项页，如图 4.11 所示。在此选项页面中可以修改排序规则、恢复模式、兼容级别等。其中一些选项介绍如下。

- 恢复模式：指定用"完整"、"大容量日志"或"简单"中的一种模式来恢复数据库。
- 兼容级别：指定数据库所支持的 SQL Server 的最新版本。
- 页验证：指定用于发现和报告由磁盘 I/O 错误导致的不完整 I/O 事务。

- 默认游标：指定默认的游标行为。
- ANSI Null 默认值：指定与空值一起使用的等于（=）和不等于（<>）比较运算符的默认行为。
- 自动关闭：指定在最后一个用户退出后，数据库是否完全关闭并释放资源。
- 自动创建统计信息：指定数据库是否自动创建缺少的优化统计信息。统计信息主要指表和索引的存储数据的信息。
- 自动更新统计信息：指定数据库是否自动更新过期的优化统计信息。
- 自动收缩：指定数据库文件是否可定期收缩。
- 限制访问：指定哪些用户可以访问数据库。其中，Multiple 为正常状态，允许多个用户同时访问数据库；Single 表示一次只允许一个用户访问数据库；Restricted 限制只有 db_owner（数据库所有者）、dbcreator（数据库创建者）或 sysadmin（系统管理员）角色的成员才能使用数据库。

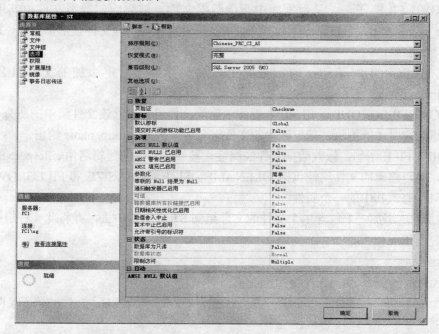

图 4.11 "数据库属性"窗口的"选项"选项页

（5）在"数据库属性"窗口的其他选项页中可以查看到数据库的其他各项属性，按用户需要修改这些属性的值。

（6）在"数据库属性"窗口的右下角单击"确定"按钮，完成对数据库的修改工作。

2. 使用 ALTER DATABASE 命令更改数据库的属性设置

ALTER DATABASE 命令可以增加或删除数据库中的文件，也可以修改数据库的属性设置等。应注意的是，只有数据库管理员（DBA，Database Administration）或具有 CREATE DATABASE 权限的数据库所有者才有权执行此命令。

ALTER DATABASE 语句的基本语法格式如下：

```
ALTER DATABASE database_name
```

```
{ADD FILE<filespec>[,…n][TO FILEGROUP filegroup_name]
| ADD LOG FILE<filespec>[,…n]
| REMOVE FILE logical_file_name
| ADD FILEGROUP filegroup_name
| REMOVE FILEGROUP filegroup_name
| MODIFY FILE<filespec>
| MODIFY NAME=new_dbname
}
```

下面说明重要关键字和子句的含义和作用。

ADD FILE 子句：向数据库添加数据文件，文件的属性由<filespec>给出。关键字 **TO FILEGROUP** 指出了要将指定文件添加到的文件组（filegroup_name），若默认，则为主文件组。

ADD LOGFILE 子句：向数据库添加日志文件，日志文件的属性由<filespec>给出。

REMOVE FILE 子句：从数据库中删除数据文件，被删除的数据文件由其中的参数 logical_file_name 给出。当删除一个数据文件时，逻辑文件与物理文件全部被删除。只有在文件为空时才能删除。

ADD FILEGROUP 子句：向数据库中添加文件组，指定添加的文件组名由参数 filegroup_name 给出。

REMOVE FILEGROUP 子句：从数据库中删除文件组并删除该文件组中的所有文件。只有在文件组为空时才能删除。指定删除的文件组名由参数 filegroup_name 给出。

MODIFY FILE 子句：修改数据文件的属性，被修改文件的逻辑名由<filespec>的 NAME 参数给出，可以修改的文件属性包括 FILENAME，SIZE，MAXSIZE 和 FILEGROWTH。注意，一次只能修改其中的一个属性。

【例 4.2】 添加一个包含 1 个文件的文件组到 ST 数据库中去，并将此文件组指定为默认文件组。其语句如下。

```
USE ST
ALTER DATABASE ST
ADD FILEGROUP STgroup2        /* 要首先定义文件组，然后才能添加文件到文件组中 */
        ALTER DATABASE ST
    ADD FILE
    ( NAME='ST_data2',
FILENAME ='C:\Program Files\Microsoft SQL Server\MSSQL\data\ST_Data2_
        Data.NDF' ,
        SIZE = 2MB,
        MAXSIZE = 100MB,
        FILEGROWTH = 10%)
        TO FILEGROUP STgroup2
    ALTER DATABASE ST
    MODIFY FILEGROUP STgroup2 DEFAULT
    GO
```

4.4.2 删除数据库

当不再需要数据库，或数据库被移到另一数据库或服务器时，即可删除该数据库。数据库删除之后，文件及其数据都从服务器上的磁盘中删除。一旦删除数据库，就是永久删除，并且不能进行检索，除非使用以前的备份。不能删除系统数据库 msdb，master，model 和 tempdb。

建议在数据库删除之后备份 master 数据库，因为删除数据库将更新 master 中的系统表。如果 master 需要还原，则从上次备份 master 之后删除的所有数据库都将仍然在系统表中有引用，因而可能导致出现错误信息。

1. 使用 Management Studio 删除数据库

（1）打开 Management Studio 管理工具，在"对象资源管理器"窗格中选择要删除的数据库。

（2）选中要删除的数据库后，单击右键，在弹出的快捷菜单中选择"删除"命令。弹出"删除对象"窗口，如图 4.12 所示。在此窗口中，默认选择了"删除数据库备份和还原历史记录信息"复选框，表示删除数据库的同时也删除该数据库的备份。

（3）单击"确定"按钮即可删除所选数据库。

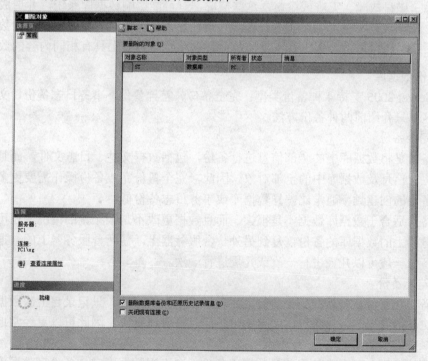

图 4.12　"删除对象"窗口

2. 用 DROP DATABASE 命令删除数据库

DROP DATABASE 语法格式如下：

```
DROP DATABASE database_name[, …n]
```

其中，database_name 是要删除的数据库名，如 DROP DATABASE ST，ST1。

说明：若要使用 DROP DATABASE，连接的数据库上下文必须在 master 数据库中。

DROP DATABASE 删除指定的数据库。在删除用于复制的数据库之前，首先删除复制。不能删除为事务复制发布的任何数据库，也不能删除发布到或订阅到合并复制的任何数据库。如果数据库已损坏且无法删除时，首先删除复制，则大多数情况下仍然可通过将数据库标记为脱机数据库而将其删除。

数据库一旦删除就不能再恢复（除非已经进行备份），因此，使用删除数据库语句时一定要小心，不要误删有用的数据库。注意，不能删除当前正在使用（正打开供用户读/写）的数据库和系统数据库。

4.4.3 备份和恢复数据库

目前，计算机系统的可靠性有很大的改进，但是，这些改进还是无法保证系统的绝对安全，它只能在一定程度上减少由于存储介质故障带来的损失，而对于一些非常规的操作、病毒等原因所引起的系统故障却无能为力，因此定期进行数据备份是保证系统安全的重要方法，当意外事故发生时，可以还原备份数据来恢复数据库。

数据库备份创建备份完成时数据库内存在的数据的副本。备份数据库的主要目的是防止数据的丢失。由于系统的软、硬件故障造成数据丢失的原因有 5 大类：程序错误、人为错误、计算机故障、磁盘故障、灾难或盗窃，这些情况都有可能影响数据库系统，并造成数据的丢失。另外，备份数据库也可以作为数据转移的一种方式，可以对一台服务器上的数据库进行备份，然后在另一台服务器上进行恢复，从而使这两台服务器上具有相同内容的数据库。

1. 备份数据库

SQL Server 2005 支持 4 种备份类型：完全备份、差异备份、事务日志备份、文件和文件组备份。这里只介绍前两种备份方法。

（1）完全备份

完全备份是将数据库中的全部信息进行备份，包括数据文件、日志文件，而且还备份文件的存储位置信息及数据库中的全部对象。因此，完全备份完成备份操作需要更多的时间，所以完全备份的创建频率通常比差异数据库或事务日志备份低。

完全备份适合于数据库数据不是很大，而且数据更改不是很频繁的情况。还可以用于将某一台服务器上的数据库的备份恢复到另外一台服务器上，使两台服务器上的数据库完全相同。完全备份一般可以几天进行一次或几周进行一次。

（2）差异备份

差异备份是备份从最近的完全备份之后对数据所做的修改，只记录自上次数据库完全备份后发生更改的数据。差异备份比完全备份小而且备份速度快，因此可以更经常地备份，经常备份将减少丢失数据的危险。

在下列情况下，可考虑使用差异数据库备份：自上次数据库完全备份后数据库中只有相对较少的数据发生了更改。如果多次修改相同的数据，则差异数据库备份尤其有效。

还原差异备份的顺序为：首先还原最新的数据库完全备份，然后再还原最后一次的数据库差异备份。

（3）完整数据库备份操作

在 Management Studio 中可以很方便地进行数据库备份和恢复工作。

① 在 Management Studio 的"对象资源管理器"中，展开数据库文件夹，选中并右键单击要进行备份的数据库，这里以 ST 数据库为例，从弹出的快捷菜单中选择"任务"菜单项下的"备份"命令。

② 弹出"备份数据库"窗口的"常规"选项页，如图 4.13 所示。选项页中的设置如下：

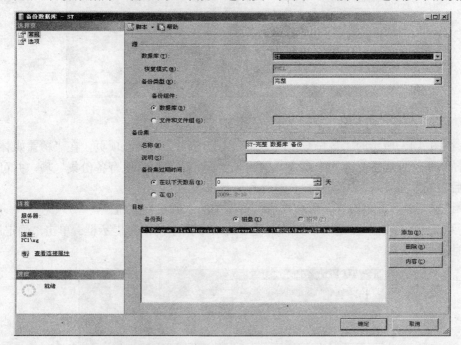

图 4.13 "备份数据库"窗口的"常规"选项页

- 在"数据库"下拉列表中显示的是服务器上的数据库，可从中选择一个要备份的数据库。
- 在"备份类型"下拉列表中选择"完整"项。在创建完整备份后，才可以创建差异备份。需要注意的是，当数据库处于简单恢复模式时，"事务日志备份"和"文件和文件组备份"这两项是无法选择的。
- 在"备份组件"栏中选择"数据库"单选项。
- 在"备份集"区的"名称"文本框中给出了默认的备份的名称，用户也可以输入自己给定的名称。
- 在"备份集过期时间"栏中可以设定备份在多少天后过期。取值范围为 0～99999，其中 0 表示永不过期。
- 在"目标"区的"备份到"列表框中指定备份的设备，默认为磁盘。
- 单击"添加"按钮，出现"选择备份目标"对话框，如图 4.14 所示。在其中可以选择文件或设备作为备份目标，再单击"确定"按钮返回"备份数据库"窗口。
- 单击"删除"按钮，可以删除选择的备份目标。

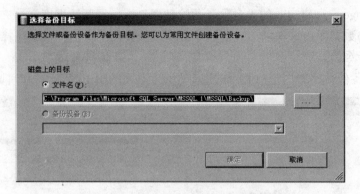

图 4.14 "选择备份目标"对话框

③ 在图 4.13 所示的"备份数据库"窗口中选择"选项"选项页,在"覆盖媒体"区中可以选择"备份到现有媒体集"或"备份到媒体集并清除所有现有备份集"项,并可以设置"完成后验证"和"写入媒体前检查校验和"复选框。

④ 设置完成后,单击"备份数据库"窗口中的"确定"按钮。

⑤ 系统进行备份,在完成备份后出现如图 4.15 所示的消息提示框。单击"确定"按钮,退出消息提示框。

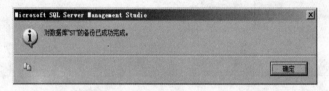

图 4.15 "备份数据库"执行后的消息提示框

⑥ 要查看备份的内容,可在"备份数据库"窗口的"常规"选项页中,单击"目标"区中的"内容"按钮。

⑦ 出现"设备内容"窗口,如图 4.16 所示。从中可以查看数据库的备份。

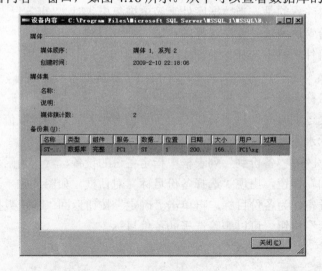

图 4.16 "备份内容"窗口

2. 恢复数据库

在 Management Studio 中恢复数据库操作步骤如下。

① 在 Management Studio 的"对象资源管理器"窗格中，展开"数据库"文件夹，右键单击要进行还原的数据库，这里仍以 ST 数据库为例，从弹出的快捷菜单中选择"任务"→"还原"→"数据库"命令。

② 弹出"还原数据库"窗口的"常规"选项页，如图 4.17 所示。"常规"选项页中的主要设置如下。

- "目标数据库"下拉列表框用于选择要还原的数据库。
- "目标时间点"文本框用于设置时点还原的时间。可以保留默认值，也可以通过单击旁边的浏览按钮打开"时点还原"对话框，选择具体的日期和时间。对于完整数据库备份恢复，只能恢复到完全备份完成的时间点。
- "还原的源"区中的"源数据库"下拉列表用于选择要还原的备份的数据库的名称。"源设备"文本框用于设置还原的备份设备的位置。
- "选择用于还原的备份集"列表框用于选择还原的备份。

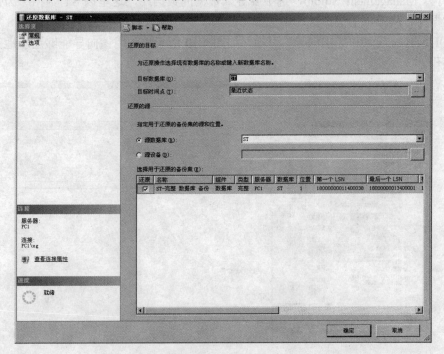

图 4.17　"还原数据库"窗口的"常规"选项页

③ 在"还原数据库"窗口中选择"选项"选项页，进行还原选项和恢复状态的设置。其中：

- "覆盖现有数据库"复选框被选中表示恢复操作覆盖所有现有数据库及相关文件；
- "保留复制设置"复选框被选中表示将已发布的数据库还原到创建该数据库的服务器之外的服务器时，保留复制设置；
- "还原每个备份之前进行提示"复选框被选中表示在还原每个设备设置之前要求用户确认；

- "限制访问还原的数据库"复选框被选中表示还原后的数据库仅供 db_owner，dbcreator 或 sysadmin 的成员使用；
- "将数据库文件还原为"区域可选择数据文件和日志文件的路径。

④ 设置完成后，单击"还原数据库"窗口中的"确定"按钮，即可还原数据库。

差异备份、日志备份、文件与文件组备份的还原操作与完整数据库备份的还原操作过程相似，这里不作介绍。

4.4.4 导入和导出数据

在 SQL Server 2005 的 Management Studio 管理工具中，通过一组向导可指导逐步完成在数据源之间复制数据的操作。

1．数据的导入

（1）导入 Access 数据库

利用导入、导出向导导入 Access 数据库的步骤如下。

① 打开 Management Studio，选中要导入数据的数据库，这里以 ST 数据库为例，右键单击该数据库，从弹出的快捷菜单中选择"任务"→"导入数据"命令，如图 4.18 所示，则出现"SQL Server 导入和导出向导"页面，如图 4.19 所示。利用该向导能够逐步地完成导入数据的操作。

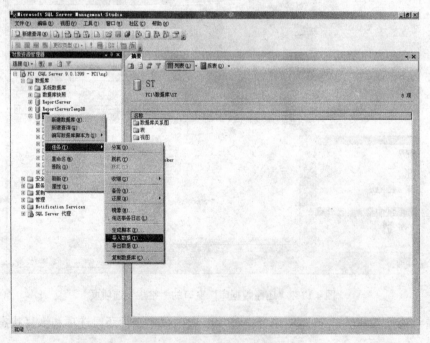

图 4.18　启动数据导入、导出向导

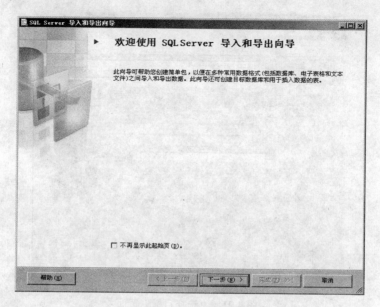

图 4.19 "SQL Server 导入和导出向导"页面

② 单击"下一步"按钮，则出现"选择数据源"页面，如图 4.20 所示。在该对话框中，可以选择数据源类型、文件名、用户名和密码等选项。这里数据源类型选择"Microsoft Access"项，在"文件名"后的文本输入框中可以单击"浏览"按钮来选定要导入的 Access 数据库。

③ 单击"下一步"按钮，则出现"选择目标"页面，如图 4.21 所示。本例使用 SQL Server 数据库作为目标数据库，在目标对话框中选择 SQL Native Client，在服务器名称框中输入目标数据库所在的服务器名称。下方需要设定连接服务器的安全身份验证模式及选择目标数据库的名称。设定完成后，单击"下一步"按钮，则出现"指定表复制或查询"页面，如图 4.22 所示。在该对话框中可以选择"复制一个或多个表或视图的数据"复选框，或者通过查询语句限制仅复制某些数据，这里选择"复制一个或多个表或视图的数据"。单击"下一步"按钮。

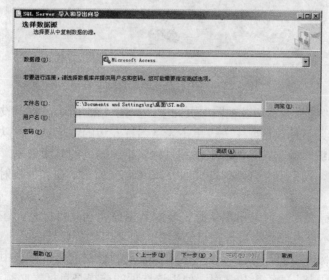

图 4.20 "选择数据源"页面

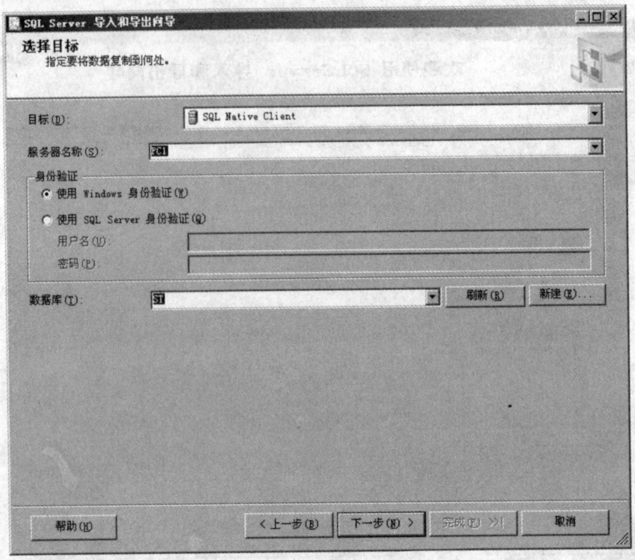

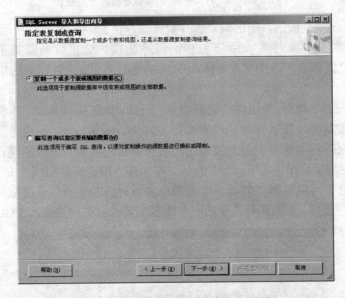

图 4.21　"选择目标"页面

图 4.22　"指定表复制或查询"页面

④ 在出现的"选择源表和源视图"页面中，如图 4.23 所示，可以设定需要将源数据库中的哪些表格传送到目标数据库中去。单击表格名称左边的复选框，可以选定或取消对该表格的复制。如果想编辑数据转换时源表格和目标表格之间列的对应关系，可单击表格名称右边的"编辑"按钮，则出现"列映射"页面，如图 4.24 所示。在"列映射"页面中的各选项含义如下。

- "创建目标表"选项表示在从源表复制数据前先创建目标表，在默认情况下总是假设目标表不存在，如果目标表已经存在，则不可选择此选项。
- "删除目标表中的行"选项表示在从源表复制数据前将目标表中的所有行删除，但仍保留目标表上的约束和索引，使用该选项的前提是目标表必须存在。

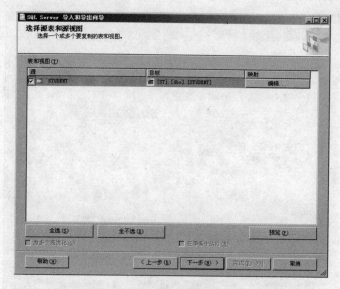

图 4.23 "选择源表和源视图"页面

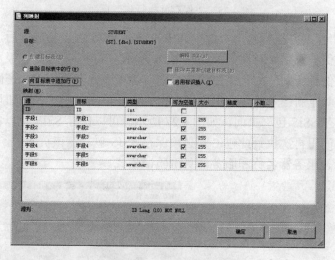

图 4.24 "列映射"页面

- "向目标表中追加行"选项表示把所有源表中的数据添加到目标表中,目标表中的数据、索引、约束仍然保留。但是数据不一定追加到目标表的表尾,例如,目标表上如果有聚簇索引,则按照该聚簇索引来决定将数据插入何处。
- "删除并重新创建目标表"选项表示如果目标表存在,则在从源表传递数据前将目标表、表中的所有数据、索引等删除后重新创建新目标表。
- "启用标识插入"选项表示允许向表的标识列中插入新值。单击"确定"按钮可完成列映射操作并返回到图 4.23 所示的页面中。

⑤ 在"选择源表和源视图"页面中单击"下一步"按钮,则会出现"保存并执行包"页面,如图 4.25 所示。在该页面中,可以指定是否希望保存 SSIS(SQL Server Integration Services,SQL Server 集成服务)包。"立即执行"选项表示立即复制数据。

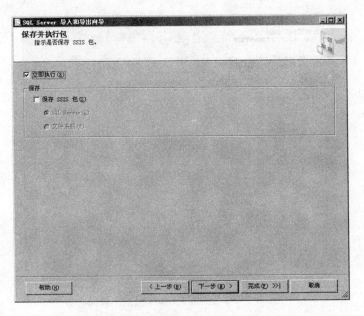

图 4.25 "保存并执行包"页面

⑥ 在图 4.25 "保存并执行包"页面中选中"保存 SSIS 包"复选框后，单击"下一步"按钮，则出现"包保护级别"对话框，如图 4.26 所示。其中，"包保护级别"选项可设定是否保护敏感数据及保护级别。如果"包保护级别"选项中含有要求输入密码的选择，则可在下面的"密码"和"重新键入密码"框中设定密码值。单击"确定"按钮可完成包保护级别设定，并打开"保存 SSIS 包"页面，如图 4.27 所示。可以保存 SSIS 包以备后用，如果需要在以后的某一个时间里再次执行此包，则必须保存 SSIS 包。在该页面中，可设定 SSIS 包的名称、说明、目标、服务器名称和服务器身份验证模式。

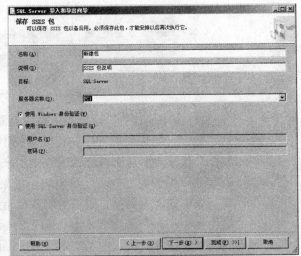

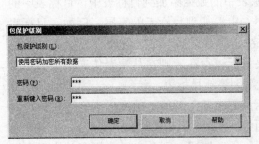

图 4.26 "包保护级别"对话框 　　　　　　　　图 4.27 "保存 SSIS 包"页面

⑦ 在"保存 SSIS 包"页面中单击"下一步"按钮，则出现"完成该向导"页面，如图 4.28 所示。其中显示了在该向导中进行的设置，如果确认前面的操作正确，单击"完成"

按钮后进行数据导入操作，否则，单击"上一步"按钮返回先前的设置页面进行修改。

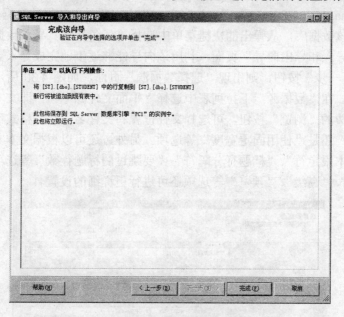

图 4.28　"完成该向导"页面

⑧ 如果在图 4.25"保存并执行包"页面中未选中"保存 SSIS 包"复选框，而是选中了"立即执行"复选框，单击窗口的"下一步"按钮，则会直接出现"完成该向导"页面。在该页面中单击"完成"按钮，在向导结束后，则会出现"执行成功"页面，如图 4.29 所示。该页面中会逐步显示执行向导中定义的复制操作，执行成功后可以回到数据库中查看相应的改动；如果某一步骤失败，则在弹出的页面中会显示出错的项目，可单击项目对应的"消息"列中的内容查看相应的错误消息。

图 4.29　"执行成功"页面

（2）导入文本文件数据库

① 打开 Management Studio 管理工具窗口，选定需要导入数据的数据库，这里以 ST 为例子，右键单击该数据库，从弹出的快捷菜单中选择"任务"→"导入数据"命令，则会出现"SQL Server 导入和导出向导"页面，利用该向导能够逐步地完成导入数据的操作。

② 单击"下一步"按钮，则出现"选择数据源"页面，如图 4.30 所示。当前显示的是"常规"选项页，在"数据源"下拉列表中选择"平面文件源"项，即文本文件。单击"文件名"文本框右边的"浏览"按钮，可选择文件位置和文件名。在"格式"下拉列表中，可选择"带分隔符"还是"使用固定宽度"等选项。另外，还可以根据文本文件数据库的相应设置来设定"文本限定符"、"标题行分隔符"、"要跳过的标题行数"等选项。单击页面左侧列表框中的"列"、"高级"、"预览"等选项还可进行更详细的设置。

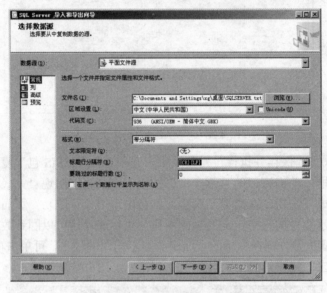

图 4.30　"选择数据源"页面

③ 在"选择数据源"页面中单击"下一步"按钮，就会出现"选择目标"页面，如图 4.31 所示。在 "目标"下拉列表中选择 "Microsoft OLE DB Provider for SQL Server"项。选定服务器名称和数据库名称后，单击"下一步"按钮，则出现"选择源表和源视图"页面，如图 4.32 所示。在该页面中可以选定需要复制的表或视图的名称，只需单击表格名称左边的复选框即可选定或取消该表格或视图的复制。单击映射"编辑"按钮，则出现"列映射"页面，如图 4.33 所示，单击"列映射"页面中的"确定"按钮保存所做的设置，将返回到如图 4.32 所示的页面中。

④ 在"选择源表和源视图"页面中单击"下一步"按钮，则出现"保存并执行包"页面，如图 4.34 所示。在该页面中可以设置"立即执行"和"保存 SSIS 包"以备以后执行。如果选中保存 SSIS 包，则接下来需要设定是否保护敏感数据及保护级别相应的信息。这里不选中"保存 SSIS 包"复选框。

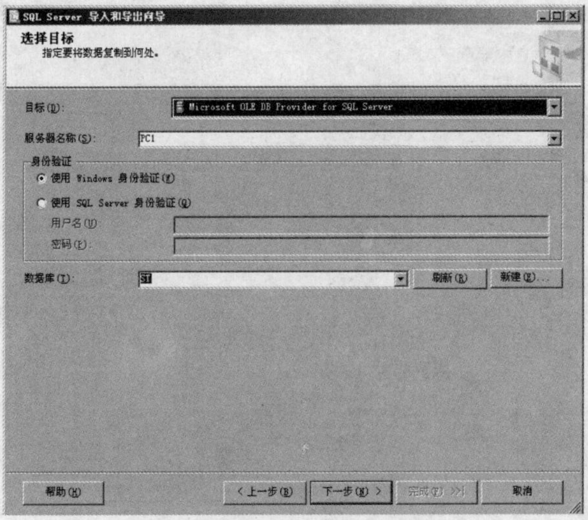

图 4.31　“选择目标”页面

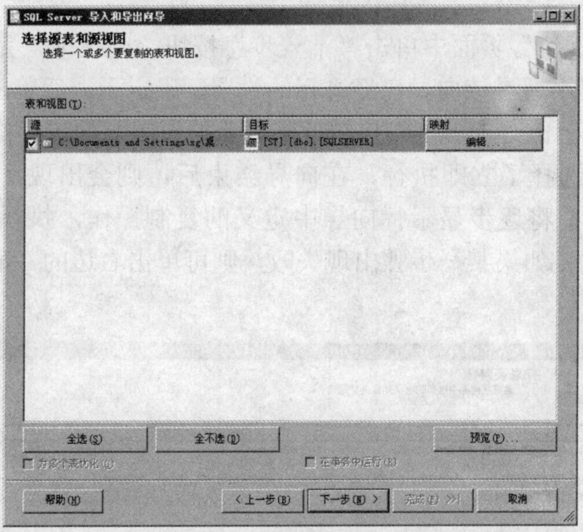

图 4.32　“选择源表和源视图”页面

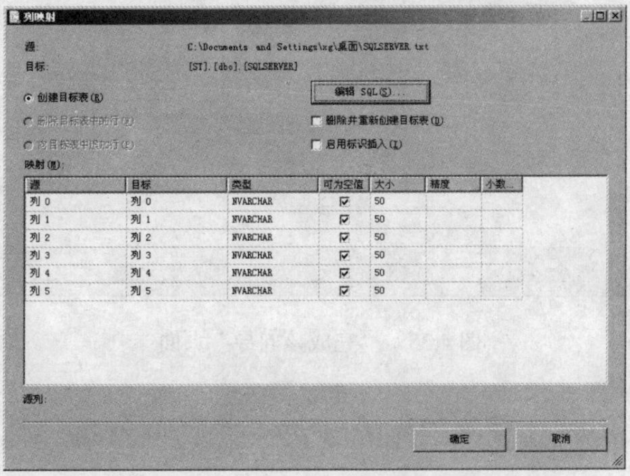

图 4.33　“列映射”页面

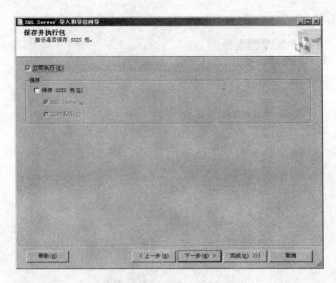

图 4.34 "保存并执行包"页面

⑤ 在"保存并执行包"页面中单击"下一步"按钮，则出现"完成该向导"页面，如图 4.35 所示。该页面显示通过该向导已经进行的设置，确定无误后单击"完成"按钮即可完成设置。如果有误，可单击"上一步"按钮返回之前的设置页面进行修改。

⑥ 如果在向导中选择了立即执行，在向导结束后，则会出现"执行成功"页面，如图 4.36 所示。该页面中将逐步显示行向导中定义的复制操作，执行成功之后可以回到数据库中查看相应的改动；如果某一步骤出现失败，则可单击右边的"消息"列中的内容查看相应的错误消息。

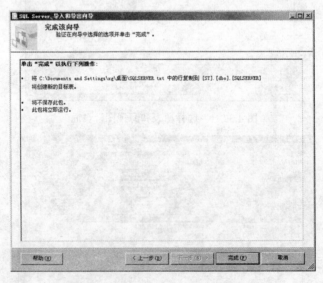

图 4.35 "完成该向导"页面

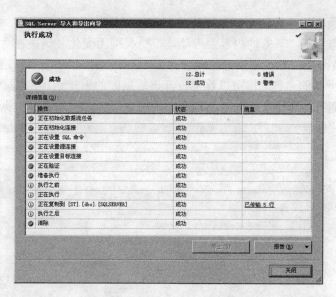

图 4.36 "执行成功"页面

2. 数据的导出

（1）导出数据库至 Access

① 打开 Management Studio 管理工具窗口，选定要被导出到 Access 的数据库，这里以 ST 数据库为例，右键单击该数据库，从弹出的快捷菜单中选择"任务"→"导出数据"命令，则会出现"SQL Server 导入和导出向导"页面，利用该向导能够逐步地完成导出数据的操作。

② 单击"下一步"按钮，就会出现"选择数据源"页面，如图 4.37 所示。这里在数据源下拉列表中选择"Microsoft OLE DB Provider for SQL Server"选项，然后选择身份验证模式及数据库的名称。

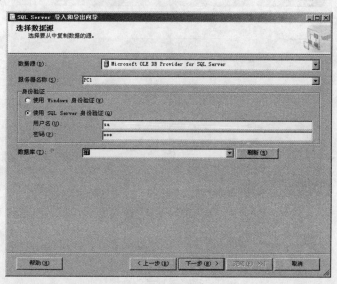

图 4.37 "选择数据源"页面

③ 在"选择数据源"页面中单击"下一步"按钮，则会出现"选择目标"页面，如

图 4.38 所示。该页面用于设定目标数据库的名称及目标数据库。需要在"目标"下拉列表中设定目标数据库的类型，下方的内容会自动地根据类型而变化。这里在"目标"下拉列表中选择"Microsoft Access"项，则下方的内容如图 4.38 所示。其中需要指定目标数据库的文件名，即 Access 数据库的名称。也可以设定打开该数据库的用户名和密码。单击文件名右边的"浏览"按钮，则出现选择文件的对话框，其中可以选择或输入目标数据库的文件名。

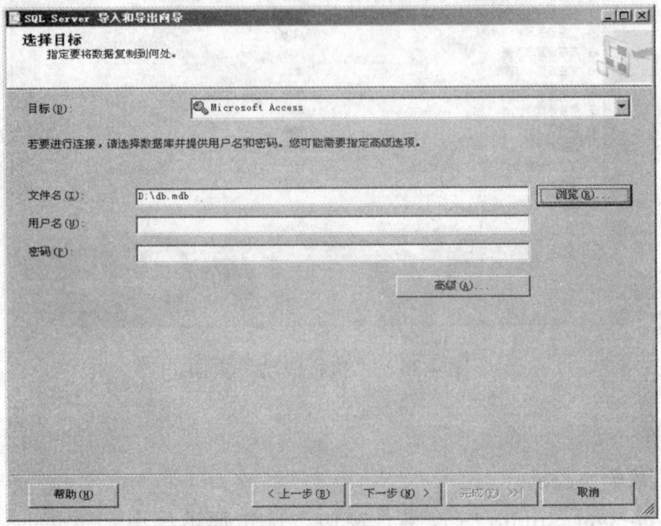

图 4.38 "选择目标"页面

④ 选定目标数据库后，在"选择目标"页面中单击"下一步"按钮，出现"指定表复制或查询"窗口，如图 4.39 所示。在该页面中可以选定将数据库中的表格或视图复制到目标数据库中，或者使用查询语句，将符合查询语句限制的数据记录复制到目标数据库中。

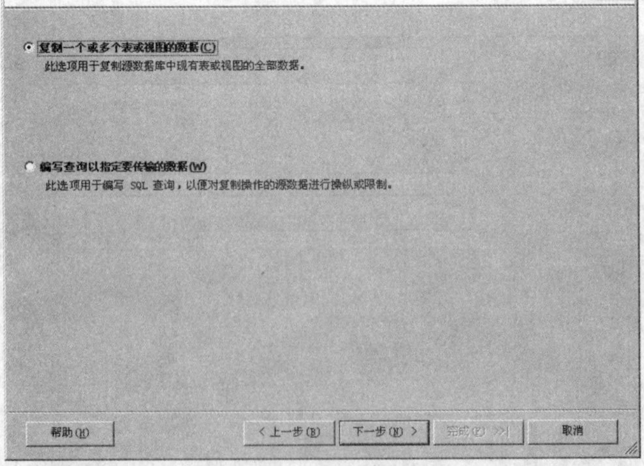

图 4.39 "指定表复制或查询"页面

⑤ 在"指定表复制或查询"页面中单击"下一步"按钮，则出现"选择源表和源视图"页面，如图 4.40 所示。在该页面中可以选定将源数据库中的哪些表格或视图复制到目标数据

库中，只需单击表格名称左边的复选框，即可选定或取消删除复制该表格或视图。单击"编辑"按钮，出现"列映射"页面，如图4.41所示。在该页面中，可以设定是否在数据复制过程中对数据进行转换，以及在源表格字段和目标字段之间建立何种映射。在图4.40中选定某个表格后，单击"预览"按钮，就会出现"预览数据"页面，如图4.42所示，在该页面中可以预览表格内的数据。

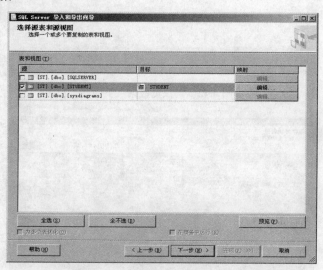

图 4.40　"选择源表和源视图"页面

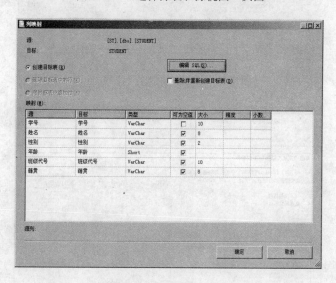

图 4.41　"列映射"页面

⑥ 在图4.40中，单击"下一步"按钮，则会出现"保存并执行包"页面，如图4.43所示。可以设置立即执行和保存SSIS包以备以后执行，如果选中"保存SSIS包"，则接下来需要设定是否保护敏感数据以及保护级别相应的信息。这里不选中"保存SSIS包"。

⑦ 单击"下一步"按钮，就会出现"完成该向导"页面，如图4.44所示。其中显示了在该向导中进行的设置，确认无误后，单击"完成"按钮；否则，可单击"上一步"按钮返回进行修改。

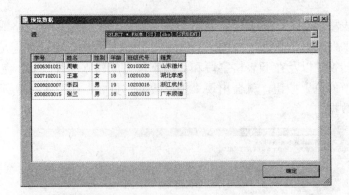

图 4.42 "预览数据"页面

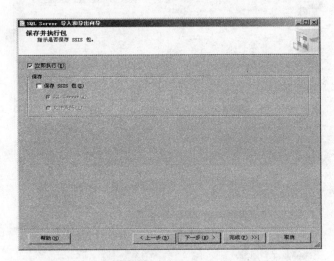

图 4.43 "保存并执行包"页面

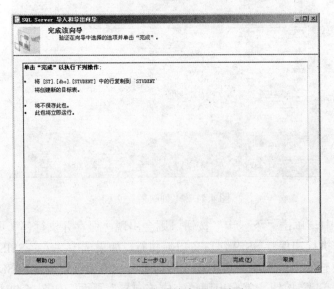

图 4.44 "完成该向导"页面

⑧ 如果在向导中选择了立即执行,则在向导结束后,会出现"执行成功"页面,如

图 4.45 所示。在该页面中将逐步显示执行向导中定义的复制操作，执行成功之后可以打开导出后形成的数据库查看相应的记录；如果某一步骤出现失败，则可单击右边的"消息"列中的内容查看相应的错误消息。

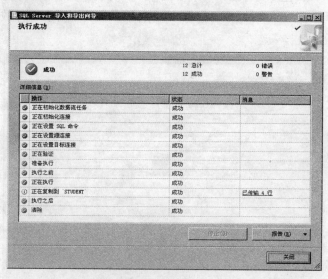

图 4.45　"执行成功"页面

（2）导出数据库至文本文件

① 打开 Management Studio，选定要导出的数据库，这里以 ST 为例，右键单击该数据库，从弹出的快捷菜单中选择"任务"→"导出数据"选项，则会出现"SQL Server 导入和导出向导"页面，利用该向导能够逐步地完成导出数据的操作。

② 单击"下一步"按钮，则会出现"选择数据源"页面，如图 4.46 所示。其中可以选定数据复制的源数据库类型，这里选择 Microsoft OLE DB Provider for SQL Server 项，然后还要选定导出的数据库名称。

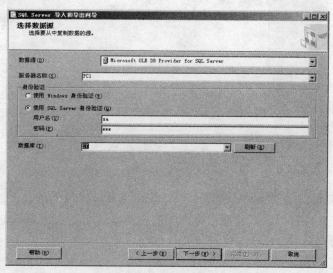

图 4.46　"选择数据源"页面

③ 在"选择数据源"页面中单击"下一步"按钮，就会出现"选择目标"页面，如图 4.47 所示。在其中可以选定目标类型。这里选定用文本文件，在"目标"下拉列表框中选择"平面文件目标"项。在"文件名"栏中可以输入目标文本文件的路径和文件名。单击"浏览"按钮，则会出现"打开"对话框，如图 4.48 所示，在其中可以选择数据导出到哪个文件夹的哪个文件中。

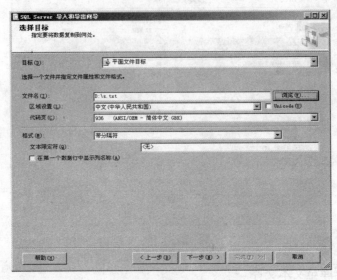

图 4.47　"选择目标"页面

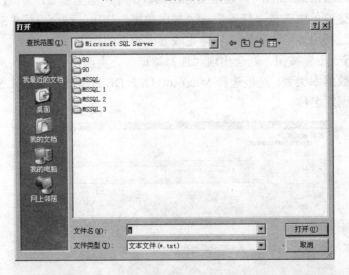

图 4.48　"打开"对话框

④ 在"选择目标"页面中单击"下一步"按钮，就会出现"指定表复制或查询"页面，如图 4.49 所示。在其中可以选择将源数据库中的表格或视图复制到文本文件，还是将满足查询条件的记录复制到文本文件。

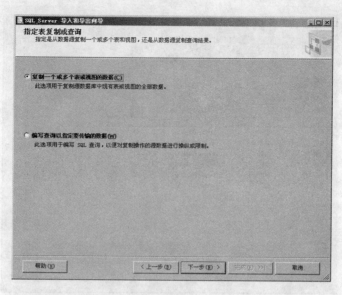

图 4.49   "指定表复制或查询"页面

⑤ 单击"下一步"按钮，则会出现"配置平面文件目标"页面，如图 4.50 所示。其中，可以在源表或视图中选定将数据库中的哪一个表格复制到文本文件中，还可以设置行分隔符和列分隔符。在该对话框中单击"编辑转换"按钮，则出现"列映射"页面，如图 4.51 所示，在该对话框中可以设定源字段至目标字段之间的字段映射。在如图 4.50 所示的页面中单击"预览"按钮，可查看要导出的表中的数据，如图 4.52 所示。

⑥ 在图 4.50 中，单击"下一步"按钮，则会出现"保存并执行包"页面，如图 4.53 所示。可以设置立即执行和保存 SSIS 包以备以后执行，如果选中"保存 SSIS 包"，则接下来需要设定是否保护敏感数据及保护级别相应的信息。这里不选中"保存 SSIS 包"复选框。

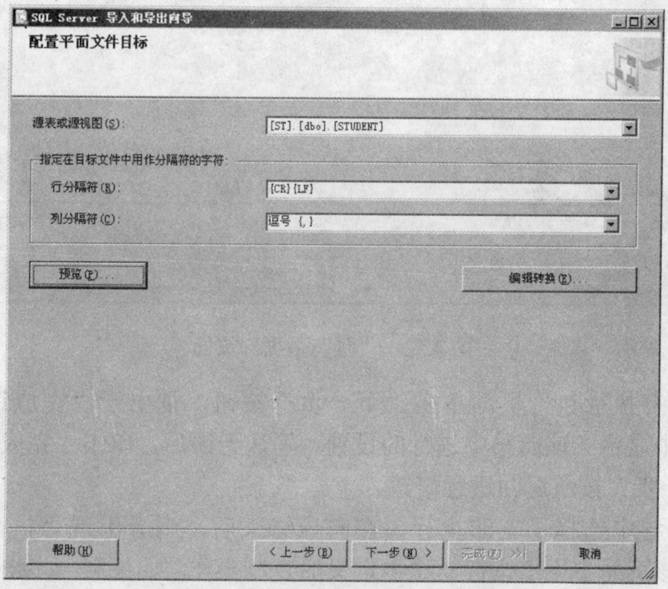

图 4.50   "配置平面文件目标"页面

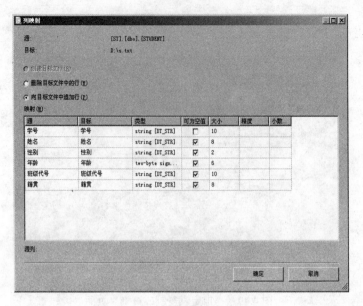

图 4.51　"列映射"页面

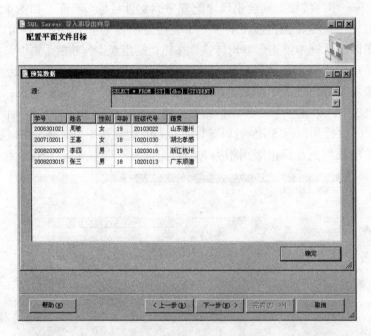

图 4.52　"预览数据"页面

⑦ 在"保存并执行包"页面单击"下一步"按钮，则出现"完成该向导"页面，如图 4.54 所示，其中显示了该向导中进行的设置。确认无误后，单击"完成"按钮，如果要修改，可单击"上一步"按钮返回进行修改。

⑧ 如果在向导中选择了立即执行，在向导结束后，则会出现"执行成功"页面，如图 4.55 所示。在该页面中逐步执行向导中定义的复制操作，如果某一步出现失败，则可单击旁边的"消息"项查看相应的错误消息。执行成功后可以在文本文件中看到导出的数据，如图 4.56 所示。

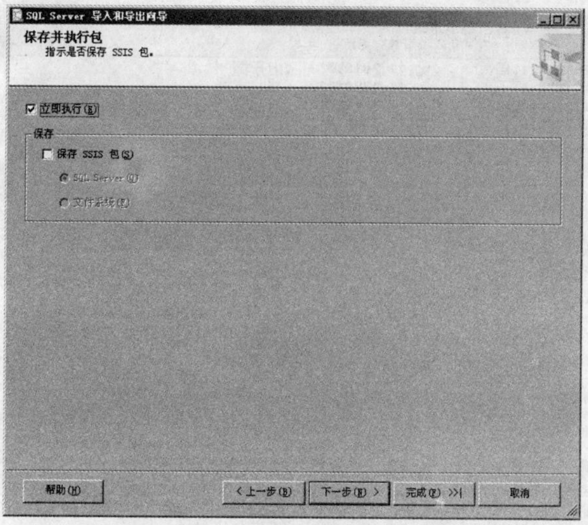

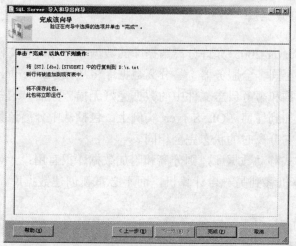

图 4.53　"保存并执行"页面

图 4.54　"完成该向导"页面

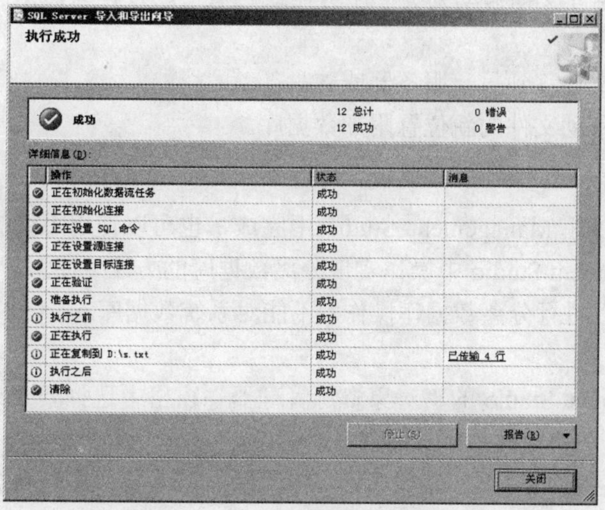

图 4.55　"执行成功"页面

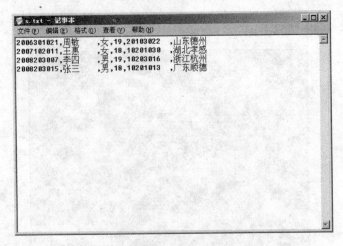

图 4.56 导出的文本文件中的数据

4.4.5 分离和附加数据库

Microsoft SQL Server 2005 允许分离数据库的数据和事务日志文件，然后将其重新附加到另一台服务器，甚至同一台服务器上。分离数据库将从 SQL Server 删除某个数据库，但是组成该数据库的数据和事务日志文件中的数据完好无损。然后，这些数据和事务日志文件可以用来将数据库附加到任何 SQL Server 实例上，包括从中分离该数据库的服务器。这使数据库的使用状态与它分离时的状态完全相同。

如果想按以下方式移动数据库，则分离和附加数据库很有用：

（1）从一台计算机移到另一台计算机，而不必重新创建数据库，然后手动附加数据库备份；

（2）移到另一物理磁盘上，例如，当包含该数据库文件的磁盘空间已用完，希望扩充现有的文件而又不愿将新文件添加到其他磁盘上的数据库。

将数据库或数据库文件移动到另一服务器或磁盘上的过程为：

（1）分离数据库；

（2）将数据库文件移到另一服务器或磁盘；

（3）通过指定移动文件的新位置附加数据库。

1. 分离数据库

分离数据库可以在 Management Studio 中完成，也可以使用系统提供的存储过程完成。这里介绍在 Management Studio 中操作实现分离数据库的方法。注意，只有 sysadmin 固定服务器角色成员才可以进行分离数据库操作。不能对系统数据库 master，model 和 tempdb 进行分离。

① 在 Management Studio 的"对象资源管理器"窗格中选择要分离的数据库。

② 单击右键，从快捷菜单中选择"任务"→"分离"命令。

③ 出现"分离数据库"窗口，如图 4.57 所示。在"要分离的数据库"区域列出了所选的数据库及相关选项。其中：

- "删除连接"表示是否断开与指定数据库的连接；
- "更新统计信息"表示在分离数据库之前是否更新过时的优化统计信息；
- "保留全文目录"表示是否保留与数据库相关联的所有全文目录；
- "状态"表示数据库的状态是"就绪"还是"未就绪"；
- "消息"显示在"未就绪"状态时数据库的超链接信息或活动链接信息。

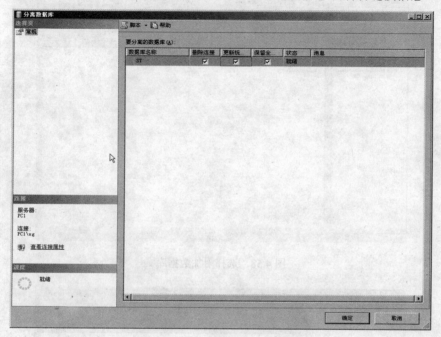

图 4.57 "分离数据库"窗口

④ 在"分离数据库"窗口中选定相关选项后，单击窗口右下角的"确定"按钮，完成数据库的分离。

2. 附加数据库

在使用附加数据库之前，应先将要附加的数据库所包含的全部数据文件和日志文件复制到指定的服务器上。注意，正在被使用的数据库是不允许复制其数据库文件和日志文件的，除非数据库已被分离。

如果将数据库附加到的服务器不是该数据库从中分离的服务器，并且事先已经分离了数据库用于复制，则应运行 sp_remove dbreplication 命令从数据库中删除副本。或者，可以在分离数据库之后从数据库中删除副本。

附加数据库可以在 Management Studio 管理工具中实现，也可以使用系统提供的存储过程实现。这里主要介绍在 Management Studio 中附加数据库的操作方法。

① 在 Management Studio 中的"对象资源管理器"窗格中选择"数据库"项。

② 右键单击"数据库"项，在弹出的快捷菜单中选择"附加"→"附加数据库"命令，如图 4.58 所示。弹出如图 4.59 所示的"附加数据库"窗口。

③ 在"附加数据库"窗口中单击"添加"按钮，出现"定位数据库文件"窗口，如图 4.60 所示。从中选择要附加的数据库的主要数据文件，再单击"确定"按钮，返回"附加数据库"窗口，如图 4.61 所示。

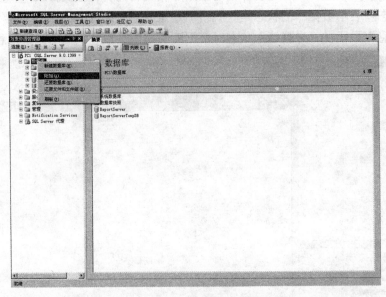

图 4.58 选择附加数据库

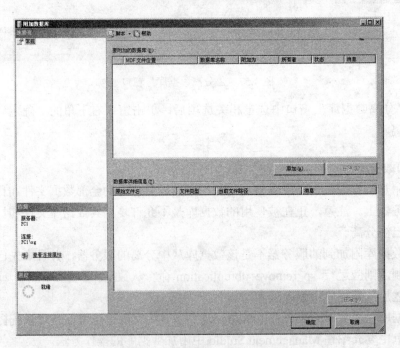

图 4.59 "附加数据库"窗口的"常规"选项页

图 4.60   "定位数据库文件"窗口

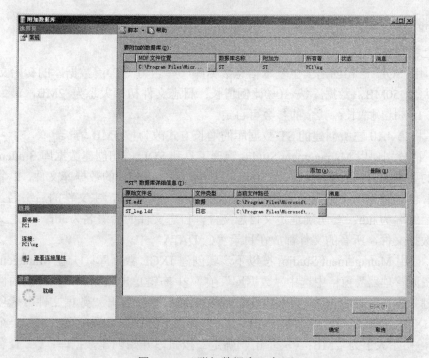

图 4.61   "附加数据库"窗口

④ 在"要添加的数据库"区域和"数据库详细信息"区域会显示相关信息。确定无误后，单击"确定"按钮，即可把所选数据库加到当前 SQL Server 实例上。在"定位数据库文

件"窗口的"文件名"文本框中可以指定附加后的数据库名。这个名字可以和原来分离的数据库名相同，也可以不同。

习 题 4

一、填空题

4.1 在 SQL Server 2005 中，可以把数据库分为_____、_____、_____类型。

4.2 在 SQL Server 2005 中，系统数据库是_____、_____、_____、_____和_____。

4.3 在 SQL Server 2005 中，文件分为三大类，它们是_____、_____和_____；文件组可分为两类，它们分别是_____和_____。

4.4 默认情况下，SQL Server 2005 数据库的默认文件组是_____，用户可以更新定义默认文件组，但只能有_____个文件组是默认文件组。

二、简答题

4.5 简述 SQL Server 2005 中各个系统数据库的用途。

4.6 SQL Server 2005 的数据库由哪些文件组成？

4.7 对数据库进行备份和还原的作用是什么？

4.8 什么是分离数据库，分离数据库时应注意些什么？附加数据库和分离数据库的意义是什么？

4.9 将数据文件和日志文件分开存放在不同的磁盘上有什么好处？

三、上机操作题

4.10 用 SQL 语句创建学生基本信息数据库（库名为 ST）：数据库的初始文件大小为 5MB，最大为 50MB，数据库按 10%比例增长；日志文件初始大小为 2MB，最大可增长到 10MB，按 10%比例增长；其余的参数可自定。

4.11 将第 4.10 题所创建的 ST 数据库的增长方式改为按 5MB 增长。

4.12 请分别使用 Management Studio 管理工具和 SQL 语句创建数据库 Student，要创建的数据库的要求如下：数据库名称为 Student，包含 3 个 20MB 的数据库文件，2 个 10MB 的日志文件，创建使用一个自定义文件组，主文件为第一个文件，主文件的后缀名为.mdf，次要文件的后缀名为.ndf；要明确地定义日志文件，日志文件的后缀名为.ldf；自定义文件组包含后两个数据文件，所有的文件都放在目录"C:\DATA"中。

4.13 使用 Management Studio，按以下步骤创建 JXGL 数据库：① 在 Management Studio 的"对象资源管理器"窗格中选中"数据库"项。② 右键单击数据库，从弹出的快捷菜单中选择"新建数据库"命令；③ 输入数据库名称 JXGL；④ 打开"数据文件"选项页，增加一个文件 JXGL_Data，初始大小为 2MB；⑤ 打开"事务日志"选项页，增加一个日志文件 JXGL_log，初始大小为 2MB；⑥ 单击"确定"按钮，开始创建数据库；⑦ 查看创建后的 JXGL 数据库，查看 JXGL_Data.mdf 和 JXGL_log.ldf 这两个数据库文件所处的子目录；⑧ 删除该数据库，然后使用 Transact-SQL 语句再建立相同要求的数据库。

第 5 章　SQL Server 2005 数据库表的创建和管理

本章内容主要包括表的创建、修改和管理。要求了解表的列的属性，掌握使用 Management Studio 和 Transact-SQL 语句两种方法创建和管理表。建立完数据库后，就可以创建数据库表了。表是属于数据库对象的其中的一种，是数据储存的基本单元，它包含了所有的数据内容。在本章中，将主要介绍如何使用 Management Studio 管理工具和 Transact-SQL 语句创建、修改和约束表，以及如何向表中添加数据。

5.1　表的概述

1. 表的基础知识

表是包含 SQL Server 2005 数据库中的所有形式数据的数据库对象。每个表代表一类对其用户有意义的对象。表定义是一个列集合。数据在表中的组织方式与在电子表格中相似，都是按行和列的格式组织的。每一行代表一个唯一的记录，每一列代表记录中的一个字段。例如，在包含公司雇员数据的表中，每一行代表一名雇员，各列分别代表该雇员的信息，如雇员编号、姓名、地址、职位及家庭电话号码等。

如图 5.1 所示，显示了某个数据库实例中的 Department 表。

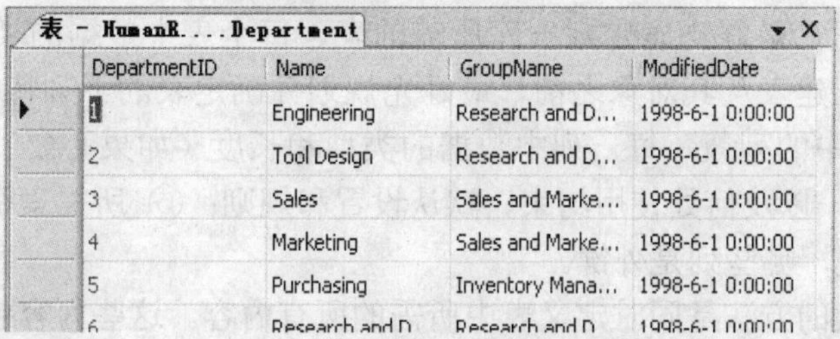

DepartmentID	Name	GroupName	ModifiedDate
1	Engineering	Research and D...	1998-6-1 0:00:00
2	Tool Design	Research and D...	1998-6-1 0:00:00
3	Sales	Sales and Marke...	1998-6-1 0:00:00
4	Marketing	Sales and Marke...	1998-6-1 0:00:00
5	Purchasing	Inventory Mana...	1998-6-1 0:00:00
6	Research and D...	Research and D...	1998-6-1 0:00:00

图 5.1　Department 表数据

2. 数据完整性基础知识

指定表域的第一步是确定列数据类型。域是列中允许的值的集合。域不仅包括强制数据类型的概念，还包括列中允许的值。列可以接受空值，也可以拒绝空值。在数据库中，NULL是一个特殊值，表示未知值的概念。表列中除了具有数据类型和大小属性之外，还有其他属性。其他属性是保证数据库中数据完整性和表的引用完整性的重要部分。它们是：约束、规则、默认值和DML触发器等。

3. 表的分类

SQL Server 2005 的表可分为：用户基本表、已分区表、临时表与系统表四类。

（1）用户基本表：是存放用户数据的标准表，是数据库中最基本、最主要的对象。

（2）已分区表：是将数据水平划分为多个单元的表，这些单元可以分布到数据库中的多个文件组中。在维护整个集合的完整性时，使用分区可以快速而有效地访问或管理数据子集，从而使大型表或索引更易于管理。在分区方案下，将数据从 OLTP 加载到 OLAP 系统中这样的操作只需几秒钟，而不是像在早期版本中那样需要几分钟或几小时。对数据子集执行的维护操作也将更有效，因为它们的目标只是所需的数据，而不是整个表。已分区表支持所有与设计和查询标准表关联的属性和功能，包括约束、默认值、标识和时间戳值、触发器和索引。

（3）临时表：临时表有两种类型：本地临时表和全局临时表。在与首次创建或引用表时的 SQL Server 实例连接期间，本地临时表只对于创建者是可见的。当用户与 SQL Server 实例断开连接后，将删除本地临时表。全局临时表在创建后对任何用户和任何连接都是可见的，当引用该表的所有用户都与 SQL Server 实例断开连接后，将删除全局临时表。

（4）系统表：SQL Server 将定义服务器配置及其定义所有表的数据存储在一组特殊的表中，这组表称为系统表。除非以数据库系统管理员身份登录，否则用户无法直接查询或更新系统表。也可以通过目录视图查看系统表中的信息。

重要提示：SQL Server 2005 系统表已作为只读视图实现，目的是为了保证 SQL Server 2005 中的向后兼容性。无法直接使用这些系统表中的数据。建议通过使用目录视图访问 SQL Server 元数据。

5.2　表的设计

1．设计表

在设计数据库时，必须先确定数据库所需的表、每个表中数据的类型，以及可以访问每个表的用户。在创建表及其对象之前，最好先规划并确定表的下列特征：① 表要包含的数据的类型；② 表中的列数，每一列中数据的类型和长度（如果必要）；③ 哪些列允许空值；④ 是否要使用，以及何处使用约束、默认设置和规则；⑤ 所需索引的类型，哪里需要索引，哪些列是主键，哪些列是外键。

创建表的最有效的方法是同时定义表中所需的所有内容。这些内容包括表的数据限制和其他组件。在创建和操作表后，将对表进行更为细致的设计。

2．表的列数据类型

设计表时首先要执行的操作之一是为每个列指定数据类型。数据类型定义了各列允许使用的数据值。通过下列方法之一可以为列指定数据类型：① 使用 SQL Server 2005 系统数据类型；② 创建基于系统数据类型的别名数据类型；③ 从在.NET Framework 公共语言运行时中创建的类型中创建用户定义类型。

例如，如果希望列中只含有名称，则可以将一种字符数据类型指定给列。同样，如果希望列中只包含数字，则可以指定一种 numeric 数据类型。SQL Server 2005 还支持几种基本数据类型的 SQL-92 同义词，如 character(n)与 char(n)、dec 与 decimal、integer 与 int、national char(n)与 nchar(n)等分别同义。

SQL Server 2005 实行强制数据完整性，系统、别名和用户定义类型可用于强制数据完整性，输入或更改的数据必须符合原始 CREATE TABLE 语句中指定的类型。例如，无法在定义为 datetime 的列中存储姓氏，因为 datetime 列只接受有效日期。

3．自动编号列和全局唯一标识符列

对于每个表，均可创建一个包含系统生成的序号值的标识符列，该序号值以唯一方式标识表中的每一行。每个表中也可创建一个全局唯一标识符列，该列中包含在全球连网的所有计算机中不重复的值。当必须合并来自多个数据库系统的相似数据时（例如，在一个客户账单系统中，其数据位于世界各地的分公司），通常需要保证列包含全局唯一值。当数据被汇集到中心以进行合并和制作报表时，使用全局唯一值可防止不同国家/地区的客户具有相同的账单号或客户 ID。SQL Server 2005 使用 GUID 列进行合并复制和事务复制，同时更新订阅，以确保表的多个副本中的各行是唯一标识的。全局唯一标识符列的一般定义为：

列名 [unique identifier] RowGuidCol   NULL   DEFAULT(new id())

4．计算列

计算列由可以使用同一表中的其他列的表达式计算得来。该表达式可以是非计算列的列名、常量、函数、变量，也可以是用一个或多个运算符连接的这些元素的任意组合。表达式不能为子查询。

5．强制数据完整性

在计划和创建表时要求确定列的有效值，并确定强制列中数据完整性的方式。SQL Server 2005 提供了下列机制来强制列中数据的完整性：PRIMARY KEY 约束、FOREIGN KEY 约束、UNIQUE 约束、CHECK 约束、DEFAULT 定义、允许空值。

5.3　表的创建

设计完数据库后就可以在数据库中创建存储数据的表。数据通常存储于永久表中，不过您也可以创建临时表。表存储于数据库文件中，任何拥有所需权限的用户都可以对其进行操作，除非已将其删除。

5.3.1　使用 Management Studio 创建表

【例 5.1】　在 ST 数据库中创建一个学生基本情况表，表名为 STUDENT，表结构见表 5.1。

表 5.1　STUDENT 表结构

字　段　名	数 据 类 型	长　　度	允　许　空
学号	char	10	
姓名	char	8	√
性别	char	2	√
年龄	smallint	2	√
班级代号	char	10	√
籍贯	char	8	√

具体操作步骤如下。

图 5.2　选择"新建表"命令

① 在 Management Studio 中，在要创建表的数据库 ST 中选择"表"文件夹后，单击右键，从快捷菜单中选择"新建表"命令，如图 5.2 所示。

② 显示"新建表"窗格，如图 5.3 所示，可以设定表的列名、数据类型、精度、默认值等属性。

③ 在图 5.3 中，在表中增加 6 个字段：学号、姓名、性别、年龄、班级代号和籍贯，其数据类型和长度如图 5.3 所示。由于每个用户必须有唯一标识的 ID，所以学号字段不允许为空值。在"学号"字段上单击右键，选择"设置主键"命令，将学号字段设置为主键。

④ 在完成表的设计之后，单击工具栏上的"保存"按钮，弹出如图 5.4 所示的"选择名称"对话框，输入表名 STUDENT，单击"确定"按钮，STUDENT 表就创建好了，结果如图 5.5 所示。

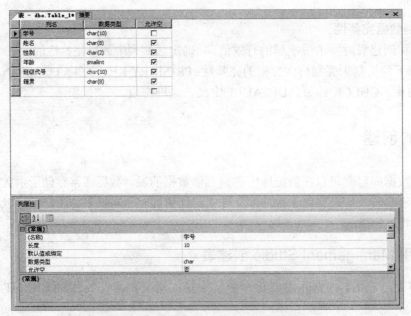

图 5.3　"新建表"窗格

图 5.4　"选择名称"对话框

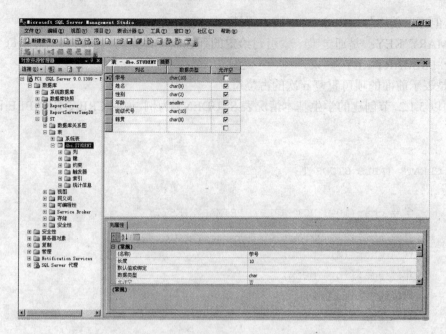

图 5.5　新创建的表 STUDENT

5.3.2　使用 CREATE TABLE 命令创建表

使用 CREATE TABLE 命令创建表，其语法格式如下：

```
CREATE TABLE
[ database_name..] table_name          /*指定要在其中创建表的数据库名、新建表名*/
(| column_name data_type               /*指定字段名、数据类型*/
|[ IDENTITY [ ( seed , increment )     /*标识新列初始值、增值*/
|CONSTRAINT constraint_name            /*指定表的约束*/
|[ NULL | NOT NULL ]                    /*指定列是否为空*/
|[ PRIMARY KEY ] [ ,...n ]             /*指定主键列*/
```

下面说明各主要参数与子句的含义。

database_name：是用来创建表所在的数据库的名称的。当然，此数据库必须要存在，不可以将一个不存在的数据库名称来作为指定的数据库名称，否则会发生错误消息。

table_name：用来指定添加表的名称。表名必须遵循 SQL 标识符命名规则。

column_name：用来指定在新表中的字段名称。

data_type：指定字段的数据类型。

IDENTITY：表示新列是标识列。标识列通常与 PRIMARY KEY 约束一起用做表的唯一行标识符。必须同时指定初始值和增量，或者二者都不指定。如果二者都未指定，则取默认值 (1,1)。

seed：是给表的第一行所指定的初始值。

increment：是添加到前一行的标识值的增量值。

NULL | NOT NULL：是确定列中是否允许空值的关键字。从严格意义上讲，NULL 不

是约束，但可以使用与指定 NOT NULL 同样的方法指定。

PRIMARY KEY：是通过唯一索引对给定的列强制实体完整性的约束。对于每个表只能创建一个 PRIMARY KEY 约束。

n：是表示前面的项可重复 n 次的占位符。

下面以 5.1.2 节创建的学生基本情况表 STUDENT 为例，说明 CREATE TABLE 语句的使用方法。

```
USE ST
CREATE TABLE STUDENT
(
    学号 char(10) NOT NULL PRIMARY KEY,
    姓名 char(8) NULL ,
    性别 char (2) NULL,
    年龄 smallint NULL,
    班级代号 char (10),
    籍贯 char(8)
)
GO
```

5.4 表结构的修改

一个创建好的表在使用了一段时间后，可能需要将之前所规划设计的表结构、约束或其他字段的属性进行修改，以符合目前所使用的实际状况。在 SQL Server 2005 中，通过 SQL Sever Management Studio 及 SQL 语句来更改表的属性设置。

图 5.6 列编辑操作列表

1. 使用 Management Studio 修改表

① 在 Management Studio 中选择要进行修改的表，单击右键，从弹出的快捷菜单中选择"修改"命令，则会出现如图 5.5 所示的修改表结构工作界面，可以在其中修改字段的数据类型、名称等属性或添加、删除字段，也可以指定表的主关键字约束。

② 右键单击要修改的表中的某列，出现如图 5.6 所示的列编辑操作列表。可以选择其中某项来编辑列的各种属性。

2. 使用 ALTER TABLE 命令修改表

使用 SQL 语句中的 ALTER TABLE 命令修改表，具体语法格式如下所示：

```
ALTER TABLE table_name
{[ALTER COLUMN column_name
{new_data_type
```

```
[NULL|NOT NULL]
    }]
|ADD{[ column_name]}[,…n]
|DROP{[CONSTRATINT]constraint_name|COLUMN column_name }[,…n]}
```

下面说明主要参数与子句的含义。

table_name：指定要修改的表的名称。

ALTER COLUMN 子句：指定要进行修改表中的字段的属性。要修改的字段名由 column_name 给出。

new_data_type：是被修改字段的新的数据类型。

NULL|NOT NULL：指定其字段是否为空值。

ADD 子句：向表中增加新字段。新字段的定义方法与 **CREATE TABLE** 语句中定义字段的方法相同。

DROP 子句：从表中删除字段或约束。**COLUMN** 是指定被删除的字段名，constraint_name 是指定被删除的约束名。

说明：**ALTER TABLE** 语句一般不能修改 text，ntext，image 或 timeStamp 字段；不能修改计算可复制字段；不能修改计算的字段、约束、默认值或索引中引用的字段。另外，不能修改有 **RowGuidCol**（全局唯一标识符）属性的字段的类型、大小或可空性。

下面通过例子说明 **ALTER TABLE** 语句的使用。

【例 5.2】 在学生基本情况表 STUDENT 中增加一个新字段"联系电话"，并将"姓名"字段的长度值由原来的 8 改为 10。

```
USE ST
ALTER TABLE STUDENT
ALTER COLUMN 姓名 char(10)
GO
ALTER TABLE STUDENT
ADD  联系电话 char(12)
GO
```

5.5 表的删除

1. 使用 Management Studio 删除表结构

在 Management Studio 中，展开包含要删除表的数据库，在其"表"结点的展开列表中，右键单击要删除的表，从快捷菜单中选择"删除"命令，则会出现如图 5.7 所示的"删除对象"窗口，在窗口的"常规"选项页中，显示了要删除的表的信息，单击窗口右下角"确定"按钮即可以删除表，单击"显示依赖关系"按钮即会出现如图 5.8 所示的对话框，在其中分别列出依赖于表的对象和表所依赖的对象，当有对象依赖于表时就不能删除表。

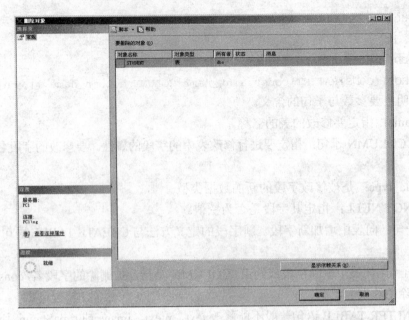

图 5.7 "删除对象"窗口

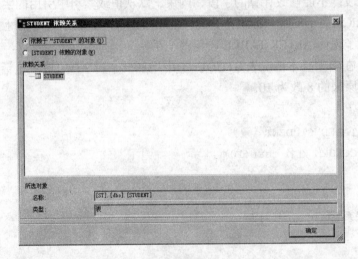

图 5.8 "表的依赖关系"对话框

2. 使用 DROP TABLE 命令删除表结构

使用 DROP TABLE 命令可以删除一个表和表中的数据，以及与表有关的所有索引、触发器、约束等（与表相关的视图和存储过程，需要用 DROP VIEW 和 DROP PROCEDURE 命令来删除）。

DROP TABLE 命令的语法如下：

```
DROP TABLE table_name
```

要删除的表如果不在当前数据库中，则应在 table_name 中指明其所属数据库。在删除一个表之前要先删除与此表相关联的表中的外关键字约束。当删除表后，绑定的规则或默认值会自动松绑。

【例 5.3】 删除 ST 数据库中的表 STUDENT。

```
Use ST
DROP TABLE STUDENT
```

5.6　添加数据

创建数据库和表之后，数据库的数据时常需要改变，用户经常需要添加数据。可以通过 Management Studio 管理工具或 SQL 语句来进行数据的添加。本节将介绍用这两种方式来添加数据的操作方法。

5.6.1　使用 Management Studio 添加数据

（1）在 Management Studio 中，展开需要添加数据的表所在的数据库，右键单击要操作的表，在弹出的快捷菜单中选择"打开表"命令，如图 5.9 所示，显示表数据窗格。

（2）在该窗格中可以查看表中的所有数据行，此时可向表中添加数据，也可删除和修改数据。

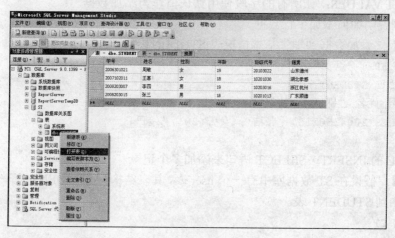

图 5.9　表数据窗格

（3）将光标定位到当前表尾的下一行，然后逐字段输入字段的值。输完一字段的值，按回车键即可。新添加的记录将加在表尾。

5.6.2　使用 INSERT 命令添加数据

在 Management Studio 中添加数据的方式不能应付添加大量的数据的情况，在这种情况下就需要使用 SQL 语句提供的 INSERT 命令。INSERT 命令通常有两种形式：一种是添加一个记录；另一种是添加子查询的结果，可以一次添加多个记录。

INSERT 命令语法格式如下：

```
INSERT [INTO]
{ table_name
  | view_name
    { [(column_list)]
```

```
{ VALUES ( { DEFAULT | NULL | expression }[,...n] )
| derived_table
    | execute_statement } }
| DEFAULT VALUES
```

下面说明主要参数与子句的含义。

INTO：用在 INSERT 关键字和目标表之间的可选关键字。

table_name：指定目标数据表的表名。

view_name：指定视图名称。

column_list：指定要添加数据的字段，字段之间用逗号隔开。SQL Server 可以为 IDENTITY 字段、TIMESTAMP 字段、有默认值的字段或允许 NULL 值的字段自动生成一个值。

VALUES：指定对应于 column_list 的值。

DEFAULT：指定 SQL Server 使用为此字段指定的默认值。

expression：指定一个常数、变量或表达式，表达式中不能含有 SELECT 或 EXECUTE 语句。

derived_table：指定一个返回数据行的 SELECT 语句。

DEFAULT VALUES：让所有的字段使用默认值作为添加数据。

以下举例说明如何添加单行数据。

【例 5.4】 添加数据到学生基本情况表 STUDENT 中。

```
USE ST
INSERT STUDENT
(学号,姓名,性别,年龄,班级)
VALUES(2004356213, '张洁','女','20','2 班')
GO
```

使用 SQL 的 INSERT…SELECT 语句来添加多个记录。

【例 5.5】 假设在 ST 数据库中有一个 user 表，其表结构与 STUDENT 表一样，将表 user 中的数据添加到 STUDENT 表。

```
USE ST
INSERT STUDENT
(学号,姓名,性别,年龄,班级)
SELECT * FROM user
GO
```

5.7　对已有数据进行管理

5.7.1　修改数据

在 SQL Server 2005 中，提供了 SQL 语句中的 UPDATE 命令来修改表中的数据。UPDATE 语句的语法声明如下：

```
UPDATE
{ table_name [...n]}
    | view_name
```

```
SET
  {column_name = {expression | DEFAULT | NULL}
[,...n]
{[FROM {<table_source>} [,...n] ]
[WHERE <search_condition>] }
```

其中主要参数说明如下。

table_name：用来指定要进行修改记录的表名。

WHERE：用来设置筛选要进行修改记录的条件表达式。

SET 子句：指定要修改的列，即用表达式的新值取代相应的字段的值，如果省略 WHERE 子句，那么表中的所有数据均会受到影响。在 FROM 子句中指定的表或字段的别名不能用于 SET 子句中。

FROM：用来指定提供修改作业条件的表名。

column_name：指定要更新数据的字段。IDENTITY 字段不能被更新。

expression：可以是常量、变量、表达式或返回单个值的子查询。

DEFAULT：指定使用已经定义的默认值作为字段的值。

NULL：指定使用 NULL 值作为字段的值。

以下举例说明如何使用 UPDATE 命令修改数据：

【例 5.6】　将 STUDENT 表内的性别字段内容，都改为"男"。

```
USE ST
UPDATE  STUDENT
SET 性别='男'
WHERE 性别='女'
GO
```

5.7.2　删除数据

在 SQL 语句中，提供了 DELETE 和 TRUNCATE TABLE 命令来删除表中的数据。DELETE 命令的语法声明如下：

```
DELETE [FROM ]
{ table_name
  | view_name
  |[ FROM {<table_source>} [,...n] ]
[WHERE <search_condition>]
```

其中主要参数说明如下。

FROM：此参数为可选选项，用于连接 DELETE 关键字和要删除数据的对象名称。

table_name：指定要删除数据的表名。

view_name：指定用于删除数据的视图。

FROM <table_source>：指定一个额外的 FROM 子句。这是 DELETE 命令在 SQL 语言中的扩展，它允许同时删除多个表中的数据。

WHERE：指定限制数据删除的条件。如果不指定 WHERE 子句，就会删除表中的所有数据。在 WHERE 子句中指定两种形式的删除操作：一种是搜索删除，即使用搜索条件来限定要删除的数据行；另一种是定位删除，即使用 CURRENT OF 子句来指定一个游标，删除操作会在游标的当前位置产生定位删除，比搜索删除更精确。

以下举例说明如何使用 DELETE 命令删除数据。

【例 5.7】 删除 STUDENT 表中学号为 2002256117 的记录。

```
USE ST
DELETE
FROM  STUDENT
WHERE  学号= '2002256117'
GO
```

【例 5.8】 删除 STUDENT 表中所有用户的信息记录。

```
USE ST
DELETE
FROM STUDENT
GO
```

注意：用 DELETE 命令从表中清除全部数据之后，该表仍然存在，它只是一个空表。使用在 5.3 节讨论的 DROP TABLE 命令可以从系统表中删除一个表。

在 SQL 语句中，提供的 TRUNCATE TABLE 命令可以快速清除表中数据。如果要删除表中的所有数据，那么使用 TRUNCATE TABLE 命令比用 DELETE 命令快得多。因为 DELETE 命令除了删除数据外，还会对所删除的数据在事务处理日志中做记录，以防止删除失败时可以使用事务处理日志来恢复数据。而 TRUNCATE TABLE 则只做删除与表有关的所有数据页的操作。TRUNCATE TABLE 命令功能上相当于使用不带 WHERE 子句的 DELETE 命令，但是 TRUNCATE TABLE 命令不能用于被别的表的外关键字依赖的表。

TRUNCATE TABLE 命令语法格式如下：

```
TRUNCATE TABLE table_name
```

【例 5.9】 删除 STUDENT 表中所有用户的信息记录。

```
USE ST
TRUNCATE TABLE STUDENT
GO
```

5.8 表的约束

约束（Constraint）是 SQL Server 提供的自动保持数据库完整性的一种方法，定义了可输入表或表的单个字段中的数据的限制条件。在 SQL Server 中创建一个表时，有 5 种约束类型，分别是主关键字约束（Primary Key Constraint）、外关键字约束（Foreign Key Constraint）、唯一性约束（Unique Constraint）、检查约束（Check Constraint）和默认约束（default Constraint）。

1. 主关键字约束

主关键字约束也称主键约束，指定表的一个字段或几个字段的组合的值在表中具有唯一性，即能唯一地指定一行记录。主键最多可以有 16 个字段，每一个主键字段的定义不允许为

NULL 属性。对于一个有主键约束的表，SQL Server 禁止插入或修改一行，以免在同一个表中两行的主键字段有相同的值。一个表的定义只能有一个主键约束，且 IMAGE 和 TEXT 类型的字段不能被指定为主关键字。

（1）创建表定义主关键字约束

定义主关键字约束的语法如下：

```
ALTER TABLE table_name
      ADD CONSTRAINT constraint_name
        PRIMARY KEY [CLUSTERED | NONCLUSTERED]
          column_name1[, column_name2,…,column_name16]
```

各参数说明如下。

constraint_name：指定约束的名称。约束的名称在数据库中应是唯一的，如果不指定，则系统会自动生成一个约束名。

CLUSTERED|NONCLUSTERED：指定索引类别（簇索引或非簇索引），CLUSTERED 为默认值。

column_name：指定组成主关键字的字段名，主关键字最多由 16 个字段组成。

【例 5.10】 在 ST 数据库中，为学生表 STUDENT 创建主键约束，以学号为主关键字。

```
USE ST
ALTER TABLE STUDENT
      ADD CONSTAINT pk_id
        PRIMARY KEY (学号)
GO
```

2．外关键字约束

外关键字约束也称外键约束，外关键字约束定义了表之间的关系。当一个表中的一个字段或多个字段的组合和其他表中的主关键字定义相同时，就可以将这些字段或字段的组合定义为外关键字。并设定它适合和哪个表中哪些字段相关联，这样，当在定义主关键字约束的表中更新字段值时，其他表中有与之相关联的外关键字约束的外关键字字段也将被相应地做相同的更新。外关键字约束的作用还体现在：当向含有外关键字的表插入数据时，如果与之相关联的表的字段中与插入的外关键字字段值不相同时，系统会拒绝插入数据。不能使用一个定义为 TEXT 或 IMAGE 数据类型的字段创建外关键字，外关键字最多由 16 个字段组成。

（1）在创建表时定义外键约束

定义外关键字约束的语法如下：

```
CREATE TABLE table_name
  CONSTRAINT constraint_name
  FOREIGN KEY column_name1[, column_name2,…,column_name16]
    REFERENCES ref_table [ ref_column1[,ref_column2,…, ref_column16] ]
```

各参数说明如下。

constraint_name：指定要创建的约束的名称。约束名在数据库内必须是唯一的。

REFERENCES：指定要建立关联的表的信息。

ref_table：指定要建立关联的表的名称。

ref_column：指定要建立关联的表中的相关字段的名称。

【例 5.11】 创建一个学生成绩表 S_C，与前面创建的 STUDENT 表相关联。

```
USE ST
CREATE TABLE S_C
(
    学号 char(10)  NOT NULL  PRIMARY KEY,
    CONSTRAINT fk_id
    FOREIGN KEY(学号)  REFERENCES  STUDENT(学号),
    课程号 char(6),
    成绩  smallint
)
GO
```

（2）在已创建表上定义外键约束

定义外关键字约束的语法如下：

```
ALTER TABLE table_name
  ADD CONSTRAINT constraint_name
    FOREIGN KEY column_name1[, column_name2,…,column_name16]
      REFERENCES ref_table [ ref_column1[,ref_column2,…, ref_column16] ]
```

各参数说明如下。

REFERENCES：指定要建立关联的表的信息。

ref_table：指定要建立关联的表的名称。

ref_column：指定要建立关联的表中的相关字段的名称。

【例 5.12】 为学生成绩表 S_C，创建外键约束。

```
USE ST
ALTER TABLE S_C
  ADD CONSTRAINT fk_id
    FOREIGN KEY(学号) REFERENCES STUDENT(学号)
GO
```

3. 唯一性约束

唯一性约束指定一个或多个字段的组合的值具有唯一性，以防止在字段中输入重复的值。唯一性约束指定的字段可以有 NULL 属性。由于主关键字值是具有唯一性的，因此主关键字字段不能再设定唯一性约束。唯一性约束最多由 16 个字段组成，并且一个表最多可有 250 个唯一性约束。

（1）在创建表时定义唯一性约束

定义唯一性约束的语法如下：

```
CREATE TABLE table_name
  CONSTRAINT constraint_name
    UNIQUE [CLUSTERED | NONCLUSTERED]
      column_name1[, column_name2,…,column_name16]
```

（2）在已创建表上定义外键约束

【例 5.13】 为 STUDENT 表创建一个唯一性约束，其中学生的联系电话具有唯一性。

```
USE ST
ALTER TABLE  STUDENT
ADD CONSTRAINT uk_phone UNIQUE (联系电话)
GO
```

4．检查约束

检查约束对输入字段或整个表中的值设置检查条件，以限制输入值，保证数据库的数据完整性。可以对每个字段设置符合检查。

（1）在创建表时定义检查约束

定义检查约束的语法如下：

```
CREATE TABLE table_name
    CONSTRAINT constraint_name
        CHECK(logical_expression)
```

参数 logical_expression 用来指定逻辑条件表达式，返回值为 TRUE 或 FALSE。

【例 5.14】 创建 CLASS 表，其中班级名称的长度必须小于等于 40。

```
USE ST
CREATE TABLE CLASS
( 班级代号 int NOT NULL ,
  所属院系 varchar(50),
  班级名称 varchar(50)
  CONSTRAINT chk_name CHECK (DATALENGTH(班级名称)<=40),
)
GO
```

（2）在已创建表上定义检查约束

【例 5.15】 为 S_C 表定义检查约束，要求成绩必须不大于 100。

```
USE ST
ALTER TABLE S_C
ADD CONSTRAINT chk_SC CHECK ((成绩)<=100)
GO
```

5．默认约束

默认约束通过定义字段的默认值或使用数据库的默认值对象绑定表的字段，来指定字段的默认值。SQL Server 推荐使用默认约束，而不使用定义默认值的方式来指定字段的默认值。

（1）在创建表时定义默认约束

定义默认约束的语法如下：

```
CREATE TABLE table_name
  CONSTRAINT constraint_name
    DEFAULT constant_expression [FOR column_name]
```

（2）在已创建表上定义默认约束

定义默认约束的语法如下：

```
ALTER TABLE table_name
  ADD CONSTRAINT constraint_name
    DEFAULT constant_expression [FOR column_name]
```

【例5.16】 为 CLASS 表定义默认约束，要求学生的班级名称默认为信管。如果某个学生没有注明班级信息，则写入默认值"信管"。

```
USE ST
ALTER TABLE  CLASS
ADD CONSTRAINT df_class DEFAULT '信管' FOR 班级名称
GO
```

习　题　5

5.1　简述数据库表的构成，数据库表中的行有次序吗？

5.2　创建表的过程要注意哪些？

5.3　SQL Server 2005 中有几种类型的表？请简单说明。

5.4　表的约束类型有哪几种？如何对表进行约束？

5.5　创建学生基本信息数据库（数据库名为 ST）及 STUDENT 表和 COURSE 表，并使用 SQL 语句添加数据。表结构见表 5.2、表 5.3。

表 5.2　STUDENT 表

字 段 名	数据类型	长 度	允 许 空	说 明
学号	char	10		设为主码
姓名	char	8	√	
性别	char	2	√	
年龄	smallint	2	√	
班级代号	char	10	√	

表 5.3　COURSE 表

字 段 名	数据类型	长 度	允 许 空	说 明
课程号	char	6		
课程名	varchar	50	√	
学时数	smallint	2	√	
学分	smallint	2	√	

5.6　使用 SQL 语句对 STUDENT 数据表的学生信息的进行管理：增加新学生、删除某学生记录、修改某学生记录。

5.7　在 Management Studio 管理工具中分别实现如下操作：

（1）为 COURSE 表添加主码约束，其主码列为表中的课程号；

（2）在 STUDENT 表中创建一个新列，列名为联系电话，数据类型为 char(12)。

第3部分

Transact-SQL 语言和数据库编程

第6章 Transact-SQL 语言

本章内容主要包括 SQL 简介，SQL 函数介绍，SELECT 语句的使用，WHERE 子句的使用，ORDER BY 子句的使用，数据汇总子句 GROUP BY，HAVING 等子句的使用，高级查询技巧等。要求熟练掌握 SELECT 语句及其 WHERE 子句、ORDER BY 子句的使用，熟悉数据汇总子句 GROUP BY，HAVING 等的使用，了解高级查询技巧。

通常在数据库中存在海量的数据，想要对这些数据进行灵活的使用和管理，必须要有一个强有力的数据操作工具。SQL Server 提供了 Transact-SQL 语言来对数据进行快速的、灵活的操纵和管理。

可以在 SQL Server 2005 的查询编辑器或各种编程语言（如 VB，C++，ASP 等）中使用 SQL 语言。本章在 SQL Server 2005 的查询编辑器（Query Editor）中介绍 Transact-SQL 语言的使用。要打开查询编辑器，只需单击 Management Studio 工具栏中的"新建查询"即可。

6.1 SQL 语言简介

SQL（Structured Query Language）意为结构化查询语言，是一种介于关系代数与关系演算之间的语言，其功能包括查询、操纵、定义和控制 4 个方面，是一个通用的、功能极强的关系数据库语言。

SQL 语言的主要功能就是同各种数据库建立联系，进行沟通。按照 ANSI（美国国家标准学会）的规定，SQL 被作为关系型数据库管理系统的标准语言。SQL 语句可以用来执行各种各样的操作，例如，更新数据库中的数据，从数据库中提取数据等。目前，绝大多数流行的关系型数据库管理系统，如 Oracle，Sybase，Microsoft SQL Server 等都采用了 SQL 语言标准。当前，最新的 SQL 语言是 ANSI SQL_99。

Transact-SQL 是微软公司在 SQL Server 数据库管理系统中的 ANSI SQL_99 实现。在 SQL Server 数据库中，Transact-SQL 语言由以下几部分组成。

（1）数据定义语言

数据定义语言（DDL，Data Definition Language），用来建立数据库、数据库对象和定义其列，大部分是以 CREATE 开头的命令，如 CREATE TABLE，CREATE VIEW，DROP TABLE 等。

（2）数据操纵语言

数据操纵语言（DML，Data Manipulation Language），用来操纵数据库中的数据的命令，如 SELECT，INSERT，UPDATE，DELETE，CURSOR 等。

（3）数据控制语言

数据控制语言（DCL，Data Control Language），用来控制数据库组件的存取许可，存取权限等的命令，如 GRANT，REVOKE 等。

（4）流程控制语言

流程控制语言（FCL，Flow Control Language），用于设计应用程序的语句，如 IF，WHILE，CASE 等。

（5）其他语言要素

其他语言要素（ADE，Additional Language Elements），这些语言要素包括变量、运算符、函数和注解等。

6.2　函数

在 Transact-SQL 语言中，函数被用来执行一些特殊的运算以支持 SQL Server 的标准命令。函数的主要作用是用来帮助用户获得系统的有关信息、执行数学计算和统计功能、实现数据类型转换等操作。Transact-SQL 编程语言提供了 3 种函数：

（1）集合函数。集合函数用于对一组值执行计算，并返回一个单一的值。

（2）行集函数。行集函数可以在 Transact-SQL 语句中当做表引用。

（3）数量函数。数量函数用于对传递给它的一个或多个参数值进行处理和计算，并返回一个单一的值。

本节主要介绍集合函数和数量函数。

6.2.1　集合函数

集合函数对一个集合值进行操作，返回单个的数值，例如，求一个结果集合的最大值、平均值等。它经常与 SELECT 语句（SELECT 语句在本章后面介绍）中的 GROUP BY 子句一起使用。常用的集合函数如下。

1．SUM 和 AVG

SUM 和 AVG 函数分别用于求表达式中所有值项的总和与平均值。其语法格式为：

```
SUM/AVG ([ALL | DISTINCT] <expression>)
```

其中，expression 是列名，可以是常量、列、函数或表达式，其数据类型只能是：int，smallint，tinyint，bigint，decimal，numeric，float，real，money 和 smallmoney。All 表示对所有值进行运算，DISTINCT 表示去除重复值，默认为 ALL。SUM/AVG 忽略 NULL 值。

【例 6.1】　求 ST 样例数据库的 S_C 表中所有成绩的平均值。

```
USE ST
SELECT AVG(成绩) AS 平均成绩
FROM S_C
```

运行结果：

```
平均成绩
-----------
72
```

（所影响的行数为 1 行）

【例 6.2】　求 ST 样例数据库的 COURSE 表中所有课程的总学分。

```
USE ST
SELECT SUM(学分) AS 总学分
```

```
FROM COURSE
```
运行结果：
```
总学分
-----------
22
```
（所影响的行数为 1 行）

2. MAX 和 MIN

MAX 和 MIN 分别用于求表达式中所有值项的最大值与最小值。其语法格式为：

```
MAX/MIN([ALL | DISTINCT] <expression>)
```

其中，expression 是列名，可以是常量、列、函数或表达式，其数据类型可以是数值型、字符型和日期型。All 表示对所有值进行运算，DISTINCT 表示去除重复值，默认为 ALL。MAX/MIN 忽略 NULL 值。

【例 6.3】 求 ST 样例数据库的 S_C 表中的最高成绩和最低成绩。

```
USE ST
SELECT MAX(成绩) AS 最高成绩,MIN(成绩) AS 最低成绩
FROM S_C
```

运行结果：
```
最高成绩    最低成绩
---------  ----------
90         49
```
（所影响的行数为 1 行）

3. COUNT

COUNT 函数用于统计组中满足条件的行数或总行数。其语法格式如下：

```
COUNT ([ALL | DISTINCT] <expression>|*)
```

其中，expression 是表达式，其数据类型是除 uniqueidentifier, text, image 或 ntext 之外的任何类型。All 表示对所有值进行运算，DISTINCT 表示去除重复值，默认为 ALL。选择*时将统计总行数。COUNT 忽略 NULL 值。

【例 6.4】 求 ST 样例数据库的 COURSE 表中的课程总数。

```
USE ST
SELECT COUNT(*) AS 课程总数
FROM COURSE
```

运行结果：
```
课程总数
-----------
10
```
（所影响的行数为 1 行）

6.2.2 数量函数

常用的数量函数包括数值函数、日期时间函数、字符串函数、文本图像函数和系统函数。

1. 数值函数

数值函数用于对数字表达式进行数学运算并返回运算结果。数值函数可以对 SQL Server 提供的数字数据（decimal，integer，float，real，money，smallmoney，smallint 和 tinyint）进行处理。在此举出几个例子说明数值函数的使用。

（1）ABS

ABS 函数返回给定数字表达式的绝对值。语法格式为：

```
ABS（numeric_expression）
```

【例 6.5】 显示 ABS 函数对三个数字 8.0，−5.0 和 0.3 的不同效果。

```
SELECT ABS(8.0),ABS(-5.0),ABS(0.3)
```

运行结果：

```
---- ---- ----
8.0  5.0  .3
```

（所影响的行数为 1 行）

（2）RAND

RAND 函数返回 0~1 之间的一个随机值。语法格式为：

```
RAND（[seed]）
```

其中，参数 seed 为整型表达式，返回值类型为 float。

2. 字符串函数

字符串函数可以对二进制数据、字符串和表达式执行不同的运算，大多数字符串函数只能用于 char 和 varchar 数据类型，以及明确转换成 char 和 varchar 的数据类型，少数几个字符串函数也可以用于 binary 和 varbinary 数据类型。此外，某些字符串函数还能够处理 text，ntext，image 数据类型的数据。

基本字符串函数：UPPER，LOWER，SPACE，REPLACE，REPLICATE，STUFF，REVERSE，LTRIM，RTRIM。

字符串查找函数：CHARINDEX，PATINDEX。

长度和分析函数：DATALENGTH，SUBSTRING，RIGHT。

转换函数：ASCⅡ，CHAR，STR，SOUNDEX，DIFFERENCE。

下面给出几个例子说明字符串函数的使用。

（1）CHARINDEX

CHARINDEX 函数返回字符串中某个指定的子串出现的开始位置。其语法格式如下：

```
CHARINDEX (substring_expression, expression)
```

其中，substring _expression 是所要查找的字符表达式，expression 可为字符串也可为列名表达式。如果没有发现子串，则返回零值。此函数不能用于 TEXT 和 IMAGE 数据类型。

（2）REPLICATE

REPLICATE 函数返回一个重复 integer_expression 指定次数的字符串。其语法格式如下：

```
REPLICATE (character_expression, integer_expression)
```
如果 integer_expression 值为负值，则 REPLICATE 函数返回 NULL 串。

【例6.6】 以下程序通过 REPLICATE 函数返回字符串的值。
```
SELECT REPLICATE('cde',3), REPLICATE('cde',-2)
```
运行结果：
```
--------- --------
cdecdecde  NULL
```
（所影响的行数为 1 行）

（3）REVERSE

REVERSE 函数将指定的字符串的字符排列顺序颠倒。其语法格式如下：
```
REVERSE(character_expression)
```
其中，character_expression 可以是字符串、常数或一个列的值。

【例6.7】 以下程序通过 REVERSE 函数返回字符串的值。
```
SELECT REVERSE(456), REVERSE('北京')
```
运行结果：
```
------------ ----
654          京北
```
（所影响的行数为 1 行）

（4）REPLACE

REPLACE 函数返回被替换了指定子串的字符串。其语法格式如下：
```
REPLACE (string_expression1,string_expression2,string_expression3)
```
REPLACE 函数用 string_expression3 替换 string_expression1 中的子串 string_expression2。

【例6.8】 以下程序通过 REPLACE 函数返回字符串的值。
```
SELECT REPLACE ('abc123g','123','def')
```
运行结果：
```
-----------------------
abcdefg
```
（所影响的行数为 1 行）

（5）SPACE

SPACE 函数返回一个有指定长度的空白字符串。其语法格式如下：
```
SPACE(integer_expression)
```
如果 integer_expression 值为负值，则 SPACE 函数返回 NULL 串。

3．日期和时间函数

日期和时间函数用于对日期和时间数据进行各种不同的处理和运算，用于处理 datetime 和 smalldatetime 类型的数据，并返回一个字符串、数字值或日期和时间值。在 SQL Server 2005 中，日期和时间函数的类型见表 6.1。

表 6.1　日期和时间函数的类型

函　　数	参　　数
DATEADD	(datepart, number, date)
DATEDIFF	(datepart, date1, date2)
DATENAME	(datepart, date)
DATEPART	(datepart , date)
DAY	(date)
GETDATE	( )
MONTH	(date)
YEAR	(date)

（1）DAY

DAY 函数返回 date_expression 中的日期值，语法格式如下：

```
DAY (date_expression)
```

date_expression 为 datetime 或 small datetime 类型的表达式。

（2）MONTH

MONTH 返回 date_expression 中的月份值，函数语法格式如下：

```
MONTH(date_expression)
```

（3）YEAR

YEAR 函数返回 date_expression 中的年份值，语法格式如下：

```
YEAR(date_expression)
```

（4）DATEDIFF

DATEDIFF 函数语法格式如下：

```
DATEDIFF(datepart,date1,date2)
```

DATEDIFF 函数返回两个指定日期在 datepart 方面的不同之处。即 date2 超过 date1 的差距值，其结果值是一个带有正负号的整数值。针对不同的 datepart，DATEDIFF 函数所允许的最大差距值不一样，例如，datepart 为 second 时，DATEDIFF 函数所允许的最大差距值为 68 年；datepart 为 millisecond 时，DATEDIFF 函数所允许的最大差距值为 24 天 20 小时 30 分 23 秒 647 毫秒。

（5）DATENAME

DATENAME 函数语法格式如下：

```
DATENAME(datepart,date)
```

DATENAME 函数以字符串的形式返回日期的指定部分，此部分由 datepart 来指定。

（6）DATEPART

DATEPART 函数语法格式如下：

```
DATEPART(datepart,date)
```

DATEPART 函数以整数值的形式返回日期的指定部分，此部分由 datepart 来指定。

（7）GETDATE

GETDATE 函数语法格式如下：

```
GETDATE()
```

GETDATE 函数以 DATETIME 的默认格式返回系统当前的日期和时间，它常作为其他函数或命令的参数使用。

（8）DATEADD

DATEADD 函数语法格式如下：

```
DATEADD(datepart,number,date)
```

DATEADD 函数返回指定日期 date 加上指定的额外日期间隔 number 产生的新日期。参数 datepart 在日期函数中经常被使用，它用来指定构成日期类型数据的各组件，如年、季、月、日、星期等。

4．文本和图像函数

（1）TEXTPTR

TEXTPTR 函数语法格式如下：

```
TEXTPTR(column)
```

TEXTPTR 函数返回一个指向存储文本的第一个数据库页的指针，其返回值是一个 VARBINARY 类型的二进制字符串。如果数据类型为 TEXTNTEXT 或 IMAGE 的列没有赋予初值，则 TEXTPTR 函数返回一个 NULL 指针。

（2）TEXTVALID

TEXTVALID 函数语法格式如下：

```
TEXTVALID (table.column,text_ pointer)
```

TEXTVALID 函数用于检查指定的文本指针是否有效。如果有效，则返回 1；无效，则返回 0；如果列未赋予初值，则返回 NULL 值。

5．系统函数

系统函数对 SQL Server 服务器和数据库项进行操作，并返回有关 SQL Serve 系统、用户、数据库和数据库对象的数值等信息。系统函数可以让用户在得到信息后，使用条件语句，根据返回的信息进行不同的操作。与其他函数一样，可以在 SELECT 语句的 SELECT 和 WHERE 子句，以及表达式中使用系统函数。

在此举例说明一些重要的系统函数的应用。

（1）APP_NAME

APP_NAME 函数语法格式如下：

```
APP_NAME()
```

APP_NAME 函数返回当前执行的应用程序的名称，其返回值类型为 nvarchar。

【例6.9】 查看当前运行的应用程序。

```
SELECT APP_NAME()
```

运行结果：

（2）COALESCE

COALESCE 函数语法格式如下：

```
COALESCE(expression [ ...n])
```

COALESCE 函数返回众多表达式中第一个非 NULL 表达式的值。如果所有的表达式均为 NULL，则 COALESCE 函数返回 NULL 值。

（3）COL_LENGTH

COL_LENGTH 函数语法格式如下：

```
COL_LENGTH (table_name, column_name)
```

COL_LENGTH 函数返回表中指定列的长度值，其返回值为 int 类型。

（4）COL_NAME

COL_NAME 函数语法格式如下：

```
COL_NAME(table_id, column_id)
```

COL_NAME 函数返回表中指定列的名称，即列名。其返回值为 SYSNAME 类型，其中 table_id 和 column_id 都是 int 类型的数据，函数用 table_id 和 column_id 参数来生成列名字符串。

6.3 使用 SELECT 语句

6.3.1 SELECT 语句的基本介绍

SELECT 语句是最经常使用的 SQL 命令，是查询数据的基本方法。SELECT 语句可以从数据库中查询行，并允许从一个或多个表中选择一个或多个行或列。SELECT 语句的 SQL 语法是直观的、结构化的。使用 SELECT 语句可以对数据库进行精确的查找，当然，SELECT 语句也可以执行模糊查询。

虽然 SELECT 语句的完整语法较复杂，但是其主要子句格式可归纳如下：

```
SELECT [DISTINCT][TOP n] select_list
[INTO new_table]
[FROM table_source]
[WHERE search_condition]
[GROUP BY group_by_expression]
[HAVING search_condition]
[ORDER BY order_expression [ASC|DESC]]
[COMPUTE expression]
```

其中，[ ]表示可选项。

注意：SELECT 子句是必选的，其他子句都是可选的。例如，要查看整张表，就不需要使用规则来限制数据，所以可以不用 WHERE 子句。

SELECT 语句中各子句的作用如下：

① SELECT 子句，指定由查询返回的列。

② INTO 子句，创建新表并将结果行从查询插入新表中。

③ FROM 子句，指定从其中查询行的表。

④ WHERE 子句，指定用于限制返回的行的搜索条件。

⑤ GROUP BY 子句，指定查询结果的分组条件。

⑥ HAVING 子句，指定组或聚合的搜索条件。

⑦ ORDER BY 子句，指定结果集的排序方式。

⑧ COMPUTE 子句，在结果集的末尾生成一个汇总数据行。

部分子句的用法会在本章后面部分详细介绍。由于 SELECT 语句本身的复杂性，限于篇幅，本书只介绍其常用的一些子句和选项。

6.3.2 查询特定列的信息

从表中查询特定列的信息的 SELECT 语句主要的用法是：

```
SELECT [DISTINCT][TOP n] {*|{column_name|expression}[[AS] column_alias]}
[ ,...n ]
FROM table_source
```

其中，[ ]表示可选项；{ }表示必选项；| 表示只能选一项；[,...n]表示前面的项可重复 n 次。

参数说明：

① *表示表中所有的列。

② column_name 为列名。

③ expression（表达式）是列名、常量、函数，以及由运算符连接的列名、常量和函数的任意组合，或者是子查询。

④ AS column_alias 是为列名取一个别名。显示查询结果时，别名将代替列名。

⑤ table_source 指定要查询的表（包括视图、派生表和连接表）。

⑥ DISTINCT 指定在查询结果集中只能显示唯一行。

⑦ TOP n 指定只从查询结果集中输出前 n 行。

（1）查询表中所有列

【例 6.10】 从 ST 样例数据库的 STUDENT 表中查询所有列。

```
USE ST
SELECT * FROM STUDENT
```

运行结果：

学号	姓名	性别	年龄	班级代号	籍贯
2002256117	王一	男	22	0102020101	广东澄海
2002356131	刘江	男	22	0101020101	广东新会
...					
2005356107	钟红	女	19	0101050101	辽宁海城

（所影响的行数为 10 行）

该查询语句执行的结果是显示表 STUDENT 的所有列的信息。

（2）查询指定表中指定的列

【例 6.11】 从 ST 样例数据库的 STUDENT 表中查询姓名、年龄列的信息。

```
USE ST
SELECT 姓名,年龄 FROM STUDENT
```

运行结果：

```
姓名        年龄

--------- ------

王一        22

刘江        22

...

钟红        19
```

（所影响的行数为 10 行）

该查询语句执行的结果是显示表 STUDENT 的姓名、年龄列的信息。

（3）为列取别名，并只返回前 n 个记录

【例 6.12】 从 ST 样例数据库的 STUDENT 表中查询姓名、年龄列的信息，为这些列取别名，并只返回前两个记录。

```
USE ST
SELECT TOP 2 姓名 AS 'Student Name',年龄 AS Age FROM STUDENT
```

运行结果：

```
Student Name  Age

------------ ------

王一            22

刘江            22
```

（所影响的行数为 2 行）

该查询语句执行的结果是表 STUDENT 的姓名、年龄列分别显示为 Student Name 和 Age，并且只返回前两个记录。

6.3.3 使用算术运算符和函数

在 SELECT 语句中，在列出现的位置上，可以使用 expression，expression 是列名、常量、函数，以及由运算符连接的列名、常量和函数的任意组合。所以，可以使用算术运算符操纵列，对查询结果进行计算。这些算术运算符包括：+（加）、−（减）、*（乘）、/（除）和%（取模）。

对数字型的列可以使用数学函数（如 ABS，CEILING，DEGREES，FLOOR，POWER，RADIANS，ROUND 和 SIGN 等）；对于字符型的列，可以使用字符串函数（如 LEFT，RIGHT，LOWER 和 UPPER 等）；对于日期型的列，可以使用日期型函数（如 DAY，MONTH 和 YEAR 等）；还有一些其他函数（如 CONVERT，STR 等），这里就不一一列举了。

【例 6.13】 从 ST 样例数据库的 S_C 表中查询学号、课程号及成绩换算成 150 分制后的新成绩。

```
USE ST
SELECT 学号,课程号,成绩*1.5 AS '新成绩'
FROM S_C
```

运行结果：

```
学号          课程号 新成绩
---------- ------ ----------
2002256117 250128 135.0
2002256117 250221 127.5
...
2005356107 250231 93.0
```

（所影响的行数为 10 行）

该查询语句执行的结果是显示表 S_C 的学号、课程号及换算后的新成绩。但新成绩精确到小数点后 1 位。如果要求取整数该怎么办？

【例 6.14】 从 ST 样例数据库的 S_C 表中查询学号、课程号及成绩换算成 150 分制后的新成绩，新成绩取整数。

```
USE ST
SELECT 学号,课程号,convert(smallint,round(成绩*1.5,0)) AS '新成绩'
FROM S_C
```

运行结果：

```
学号          课程号 新成绩
---------- ------ ------
2002256117 250128 135
2002256117 250221 128
...
2005356107 250231 93
```

（所影响的行数为 10 行）

该查询语句中先使用了数学函数 round，将新成绩四舍五入，然后使用 convert 函数将数据类型转换为 smallint。执行的结果是显示表 S_C 的学号、课程号及换算后的新成绩，并且新成绩取整数。

6.4 使用 WHERE 子句

使用 SELECT 语句查询数据，一般都不是针对表中所有行的，而只是从表中筛选出想要的数据，这就要用到 WHERE 子句。带 WHERE 子句的 SELECT 语句的主要用法如下：

```
SELECT select_list
FROM table_source
WHERE search_condition
```

其中，search_condition 指定筛选数据行的条件，search_condition 是由表达式及逻辑运算符等组成的。

search_condition 支持的运算符见表 6.2。

表 6.2　WHERE 子句筛选条件支持的运算符

操 作 符	作 用
=、>、〈、〉=、〈=、〈〉、!=、!〈、!〉	比较运算符
BETWEEN，NOT BETWEEN	值是否在范围之内
IN，NOT IN	值是否属于列表值之一
LIKE，NOT LIKE	字符串匹配运算符
IS NULL，IS NOT NULL	值是否为 NULL
AND，OR	组合两个表达式的运算结果
NOT	取反

部分运算符的具体用法将在本节后面介绍。

6.4.1　比较运算符

在 WHERE 子句中，可以使用=, >, <, >=, <=, <>, !=, !<, !>等比较运算符对两个表达式进行比较，并以比较结果作为筛选的条件。用法是：

```
SELECT select_list
FROM table_source
WHERE expression OPERATOR expression
```

其中，OPERATOR 为比较运算符。

【例6.15】　从 ST 样例数据库的 COURSE 表中查询学时数大于 40 的所有课程。

```
USE ST
SELECT 课程名,学时数
FROM COURSE
WHERE 学时数>40
```

运行结果：

```
课程名                           学时数
----------------------------- ------
数据结构                         60
大学计算机基础                   60
数据库原理与应用                 60
    （所影响的行数为 3 行）
```

查询结果显示了 COURSE 表中学时数大于 40 的所有课程。

【例6.16】　从 ST 样例数据库的 STUDENT 表中查询性别为男的所有学生。

```
USE ST
SELECT 姓名,性别
FROM STUDENT
```

```
WHERE 性别='男'
```

运行结果：

```
姓名          性别
————————  ————

王一          男

刘江          男

...

许东          男
```

（所影响的行数为 6 行）

查询结果显示了 STUDENT 表中性别为男的所有学生。

6.4.2 BETWEEN 关键字

在 WHERE 子句中，可以使用 BETWEEN，NOT BETWEEN 两个运算符来确定表达式的取值是否在范围之内，并以此作为筛选的条件。用法如下：

```
SELECT select_list

FROM table_source

WHERE expression [NOT] BETWEEN expression AND expression
```

其中，[ ]表示可选项。

【例 6.17】 从 ST 样例数据库的 COURSE 表中查询学时数在 30 和 60 之间的所有课程。

```
USE ST

SELECT 课程名,学时数

FROM COURSE

WHERE 学时数 BETWEEN 30 AND 60
```

运行结果：

```
课程名                              学时数
————————————————————————————————  ———————

电子商务技术                         40

数据结构                             60

...

软件工程                             40
```

（所影响的行数为 9 行）

查询结果显示了 COURSE 表中学时数在 30 和 60 之间的所有课程。

【例 6.18】 从 ST 样例数据库的 COURSE 表中查询学时数不在 30 和 60 之间的所有课程。

```
USE ST

SELECT 课程名,学时数

FROM COURSE

WHERE 学时数 NOT BETWEEN 30 AND 60
```

运行结果：

课程名   学时数

-------------------------------- ------

文献检索   20

（所影响的行数为 1 行）

查询结果显示了 COURSE 表中学时数不在 30 和 60 之间的所有课程。

6.4.3　IN 关键字

在 WHERE 子句中，可以使用 IN，NOT IN 两个运算符来确定表达式的取值是否属于列表值之一，并以此作为筛选的条件。用法如下：

```
SELECT select_list
FROM table_source
WHERE expression [NOT] IN (value_list)
```

其中，[ ]表示可选项；value_list 表示值列表，若有多个值，值之间用逗号分隔。

【例 6.19】　从 ST 样例数据库的 TEACHER 表中查询职称为教授和副教授的所有教师。

```
USE ST
SELECT 姓名，职称
FROM TEACHER
WHERE 职称 IN ('教授', '副教授')
```

运行结果：

姓名　　　职称

-------- ----------

张黎民　　副教授

赵伯瑞　　教授

雷天乐　　教授

王军琴　　副教授

（所影响的行数为 4 行）

查询结果显示了 TEACHER 表中职称为教授和副教授的所有教师。

【例 6.20】　从 ST 样例数据库的 TEACHER 表中查询职称不为教授和副教授的所有教师。

```
USE ST
SELECT 姓名，职称
FROM TEACHER
WHERE 职称 NOT IN ('教授', '副教授')
```

运行结果：

姓名　　　职称

-------- ----------

钟信纯　　讲师

王秋芳　　讲师

   ...

   张伟杰   讲师

   （所影响的行数为 6 行）

查询结果显示了 TEACHER 表中职称不为教授和副教授的所有教师。

6.4.4　LIKE 关键字

在 WHERE 子句中，可以使用 LIKE，NOT LIKE 两个运算符来把表达式与字符串进行比较，并以此作为筛选的条件。用法如下：

```
SELECT select_list

FROM table_source

WHERE expression [NOT] LIKE 'string'
```

其中，[ ]表示可选项；string 表示用来进行比较的字符串。

在 string 中，可以使用通配符，以实现对字符串的模糊匹配。SQL Server 提供了 4 种通配符：% 代表任意多个字符；_（下划线）代表单个字符；[ ] 指定范围内的单个字符；[^] 不在指定范围内的单个字符。

含通配符的字符串须用单引号引起来，例如，'S%'表示以 S 开头的任意字符串；'S_'表示以 S 开头，第 2 个字符是任意字符的 2 个字符长度的字符串；'S[ui]'表示以 S 开头，第 2 个字符是 u 或 i 的 2 个字符长度的字符串；'S[^ui]'表示以 S 开头，第 2 个字符不是 u 或 i 的 2 个字符长度的字符串。

【例 6.21】　从 ST 样例数据库的 COURSE 表中查询课程名以"数据"开头的所有课程。

```
USE ST

SELECT 课程名,学时数

FROM COURSE

WHERE 课程名 LIKE '数据%'
```

运行结果：

课程名	学时数
数据结构	60
数据库原理与应用	60

   （所影响的行数为 2 行）

查询结果显示了 COURSE 表中课程名以"数据"开头的所有课程。

【例 6.22】　从 ST 样例数据库的 COURSE 表中查询课程名含有"原理"的所有课程。

```
USE ST

SELECT 课程名,学时数

FROM COURSE

WHERE 课程名 LIKE '%原理%'
```

运行结果：

课程名	学时数

数据库原理与应用   60

（所影响的行数为 1 行）

查询结果显示了 COURSE 表中课程名含有"原理"的所有课程。

【例 6.23】 从 ST 样例数据库的 COURSE 表中查询课程名第一个字为"数"，第三个字为"结"的所有课程。

```
USE ST
SELECT 课程名,学时数
FROM COURSE
WHERE 课程名 LIKE '数_结%'
```

运行结果：

```
课程名              学时数
---------------- -------
数据结构           60
```

（所影响的行数为 1 行）

查询结果显示了 COURSE 表中课程名第一个字为"数"，第三个字为"结"的所有课程。

【例 6.24】 从 ST 样例数据库的 COURSE 表中查询课程名不含"原理"的所有课程。

```
USE ST
SELECT 课程名,学时数
FROM COURSE
WHERE 课程名 NOT LIKE '%原理%'
```

运行结果：

```
课程名                    学时数
------------------------ -------
电子商务技术               40
计算机网络技术             40
...
软件工程                   40
```

（所影响的行数为 9 行）

查询结果显示了 COURSE 表中课程名不含"原理"的所有课程。

6.4.5 多条件查询

对表进行查询时，有时不仅仅包含一个查询条件，可能要有多个查询条件，这需要用到逻辑运算符 AND 和 OR 来组合多个查询条件，用法如下：

```
SELECT select_list
FROM table_source
WHERE search_condition [{AND|OR} <search_condition>][,…n]
```

其中，[ ]表示可选项；{ }表示必选项；| 表示选择其中一项；[,...n]表示前面的项可重复 n 次。

【例 6.25】 从 ST 样例数据库的 TEACHER 表中查询女性的讲师。

```
USE ST
```

```
SELECT 职工号,姓名,性别,职称
FROM TEACHER
WHERE 性别 = '女' AND 职称 = '讲师'
```

运行结果：

```
职工号      姓名        性别    职称
────────  ────────   ────  ────────
10004782  钟信纯       女     讲师
10005634  王秋芳       女     讲师
10007234  陈加敏       女     讲师
```

（所影响的行数为 3 行）

查询结果显示了 TEACHER 表中女性的讲师。

【例 6.26】 从 ST 样例数据库的 TEACHER 表中查询女性的讲师和女性的副教授。

```
USE ST
SELECT 职工号,姓名,性别,职称
FROM TEACHER
WHERE 性别 = '女' AND (职称 = '讲师' OR 职称 = '副教授')
```

运行结果：

```
职工号      姓名        性别    职称
────────  ────────   ────  ──────────
10004692  王军琴       女     副教授
10004782  钟信纯       女     讲师
10005634  王秋芳       女     讲师
10007234  陈加敏       女     讲师
```
（所影响的行数为 4 行）

查询结果显示了 TEACHER 表中女性的讲师和女性的副教授。

6.5 使用 ORDER BY 子句

通常对查询的数据，希望能够按照某种顺序显示，以方便浏览。使用 ORDER BY 子句，可以对查询的结果进行排序。带 ORDER BY 子句的 SELECT 语句的主要用法如下：

```
SELECT select_list
FROM table_source
ORDER BY {expression [DESC]}[,...n]
```

其中，[ ]表示可选项；{ }表示必选项；[,...n]表示前面的项可重复 n 次；expression 指定要排序的列，可以是列名或列的别名和表达式；DESC 表示降序。

【例 6.27】 从 ST 样例数据库的 STUDENT 表中查询所有学生，并按年龄排序。

```
USE ST
SELECT *
```

```
FROM STUDENT
ORDER BY 年龄
```
运行结果：

学号	姓名	性别	年龄	班级代号	籍贯
2003251126	王莎	女	19	0101030201	四川乐至
2004356225	许东	男	19	0101040102	江西吉安
2005251106	陈明	女	19	0101050201	福建南安
2005356107	钟红	女	19	0101050101	辽宁海城
2003256228	林欣	女	20	0102030102	重庆开县
2003251210	张今	男	20	0101030202	山西五台
2003256220	马元	男	20	0102030102	浙江苍南
2003251113	李文	男	20	0101030201	广东梅县
2002256117	王一	男	22	0102020101	广东澄海
2002356131	刘江	男	22	0101020101	广东新会

（所影响的行数为 10 行）

查询结果显示了 STUDENT 表中所有的学生，并按年龄的升序排序。默认情况下，ORDER BY 按升序排序，若要按降序排序，需使用 DESC 关键字。

【例 6.28】 从 ST 样例数据库的 STUDENT 表中查询所有学生，并先按年龄的降序排序，再按姓名的升序排序。

```
USE ST
SELECT *
FROM STUDENT
ORDER BY 年龄 DESC, 姓名
```
运行结果：

学号	姓名	性别	年龄	班级代号	籍贯
2002356131	刘江	男	22	0101020101	广东新会
2002256117	王一	男	22	0102020101	广东澄海
2003251113	李文	男	20	0101030201	广东梅县
2003256228	林欣	女	20	0102030102	重庆开县
2003256220	马元	男	20	0102030102	浙江苍南
2003251210	张今	男	20	0101030202	山西五台
2005251106	陈明	女	19	0101050201	福建南安
2003251126	王莎	女	19	0101030201	四川乐至
2004356225	许东	男	19	0101040102	江西吉安
2005356107	钟红	女	19	0101050101	辽宁海城

（所影响的行数为 10 行）

查询结果显示了 STUDENT 表中所有的学生，并先按年龄的降序排序，再按姓名的升序排序。

6.6 汇总数据

用于汇总数据的集合函数（见 6.1 节）会将某个特定的一组数值进行计算并将结果以单一值来返回。除了 count 函数之外，其余的集合函数会忽略所有 NULL 的值。一般来说，集合函数会与 SELECT 语句中的 GROUP BY 子句一起使用。

6.6.1 GROUP BY 子句

GROUP BY 子句通常用于对某一个数据集的子集或其中的一组数据进行合计运算，而不是对整个数据集中的数据进行合计运算。例如，如果想按工作名称查询下星期的薪水单，可以在前面的查询语句中加入 GROUP BY 子句，就能按工作名称分组统计。

GROUP BY 子句的语法格式如下：

```
[ GROUP BY group_by_expression [ ,...n ]]
```

参数 group_by_expression 指定分组的表达式；group_by_expression 也称为分组列；group_by_expression 可以是列或引用列的非集合表达式。

在 GROUP BY 子句中，必须指定表或视图列的名称，而不是使用 AS 子句指派的结果集列的名称。

指定 GROUP BY 时，SELECT 子句的<select list>列表中任一非集合表达式内的所有列都应包含在 GROUP BY 列表中，或者 GROUP BY 表达式必须与选择列表表达式完全匹配。

GROUP BY 子句用来为结果集中的每一行产生集合值。如果集合函数没有使用 GROUP BY 子句，则只为 SELECT 语句报告一个集合值。

【例 6.29】 从 ST 样例数据库的 S_C 表中查询所有课程的平均分。

```
USE ST
SELECT 课程号,AVG(成绩) AS 平均分
FROM S_C
GROUP BY 课程号
```

运行结果：

课程号	平均分
250128	80
250170	89
250221	67
250231	62
394852	52

（所影响的行数为 5 行）

查询结果显示了 S_C 表中所有课程的平均分。

6.6.2　HAVING 子句

HAVING 子句指定组或集合的搜索条件，HAVING 通常与 GROUP BY 一起使用。如果不使用 GROUP BY 子句，HAVING 的行为与 WHERE 子句一样。

HAVING 子句的语法格式如下：

```
[HAVING<search_condition>]
```

参数 search_condition 指定组或集合应满足的搜索条件。

HAVING 子句与 WHERE 子句类似，但只应用于作为一个整体的组（即应用于在结果集中表示组的行），而 WHERE 子句应用于个别的行。

【例 6.30】　从 ST 样例数据库的 S_C 表中查询平均分大于 70 的所有课程。

```
USE ST
SELECT 课程号,avg(成绩) AS 平均分
FROM S_C
GROUP BY 课程号
HAVING AVG(成绩)>70
```

运行结果：

课程号	平均分
250128	80
250170	89

（所影响的行数为 2 行）

查询结果显示了 S_C 表中平均分大于 70 的所有课程。

6.7　高级查询技巧

6.7.1　联合查询

联合查询就是使用 UNION 子句将来自不同查询的结果合并成为一个结果，UNION 会自动将重复的数据行删除。

带 UNION 子句的 SELECT 语句的主要用法如下：

```
SELECT select_list FROM table_source [WHERE search_condition]
{UNION
SELECT select_list FROM table_source [WHERE search_condition] }
[ ,...n ]
ORDER BY {order_by_expression [DESC]}[,...n]
```

其中，[ ]表示可选项；{ }表示必选项；[,...n]表示前面的项可重复 n 次。

【例 6.31】　从 ST 样例数据库的 STUDENT 表中查询姓名以"王"开头的学生的姓名，并增加一个列名为"类型"的列，列的内容为"学生"；从 ST 样例数据库的 TEACHER 表中

查询姓名以"王"开头的教师的姓名，并增加一个列，列的内容为"教师"；最后将两个查询的结果合并在一起。

```
USE ST
SELECT 姓名, '学生' as 类型 FROM STUDENT WHERE 姓名 LIKE '王%'
UNION
SELECT 姓名, '教师' FROM TEACHER WHERE 姓名 LIKE '王%'
```

运行结果：

```
姓名      类型
-------- ----
王军琴    教师
王秋芳    教师
王莎      学生
王一      学生
```

（所影响的行数为 4 行）

可以看到，此例中 UNION 子句将两个查询语句的查询结果合并在了一起。

使用 UNION 时，请注意以下几点：

① 各 SELECT 语句的选择列表必须有相同列数、相似的数据类型和相同的出现顺序；

② 合并后的结果集的列名来自第一个查询 SELECT 语句；

③ 若包含 ORDER BY 子句，则对整个结果集排序，ORDER BY 必须放在最后一个 SELECT 语句后面；

④ 在合并结果集时，将从结果集中删除重复行。

6.7.2　连接查询

在进行一个查询时，用户往往需要从多个表中查询相关数据，这就需要用到连接查询。可以在 FROM 或 WHERE 子句中指定连接，建议在 FROM 子句中指定连接，因为这样可以将指定的连接条件与 WHERE 子句中可能指定的搜索条件分开。连接查询的主要用法如下：

```
SELECT  select_list  FROM  first_table  join_type  second_table  [ON
(join_condition)]
[WHERE search_condition]
[ORDER BY order_expression [DESC]]
```

其中，join_type 指定所执行的连接类型；join_condition 指定连接条件。

连接类型可分为内连接（INNER JOIN）、外连接（OUTER JOIN）和交叉连接（CROSS JOIN）三类。

1．内连接（INNER JOIN）

内连接是最常见的连接操作。内连接使用比较运算符，根据每个表共有的列的值匹配两个表中的行。它所使用比较算符有=，>，<，>=，<=，!=，<>，!>，!<等。

【例6.32】　在 ST 样例数据库中查询籍贯相同的教师和学生。

```
USE ST
SELECT p.姓名 AS 教师姓名, p.籍贯, a.姓名 AS 学生姓名
```

```
FROM TEACHER AS p INNER JOIN STUDENT AS a ON p.籍贯 = a.籍贯
ORDER BY p.籍贯
```

运行结果：

教师姓名	籍贯	学生姓名
王军琴	福建南安	陈明
张黎民	广东梅县	李文
林郁明	广东梅县	李文
赵伯瑞	浙江苍南	马元
黄思源	重庆开县	林欣

（所影响的行数为 5 行）

此例中，教师信息与学生信息在两个不同的表中，要查询籍贯相同的教师和学生信息，需从两个表中查询数据，这里使用了内连接查询到了所需的数据。从查询结果来看，不符合连接条件的记录都被丢弃了，只留下 5 个符合条件的记录。在内连接中，连接的结果是从两个表的组合中挑选出符合连接条件的数据，如果数据无法满足连接条件则将其丢弃。此例中，在连接条件中使用了"="运算符，当然还可以使用前面提到的其他运算符。

内连接除了表与其他表之间的连接外，表还可以与自身连接，这种连接叫自连接。

【例 6.33】 在 ST 样例数据库中查询籍贯相同的教师。

```
USE ST
SELECT a1.姓名 AS 教师姓名, a1.籍贯
FROM TEACHER AS a1 INNER JOIN TEACHER AS a2 ON a1.籍贯 = a2.籍贯
WHERE a1.职工号<>a2.职工号
ORDER BY a1.籍贯
```

运行结果：

教师姓名	籍贯
张黎民	广东梅县
林郁明	广东梅县

（所影响的行数为 2 行）

此例属于自连接查询，此查询涉及 TEACHER 表与其自身的连接，因此 TEACHER 表以两种角色来显示。要区分这两个角色，必须在 FROM 子句中为 TEACHER 表提供两个不同的别名（a1 和 a2）。"WHERE a1.职工号<>a2.职工号"子句是为了防止教师与自身匹配，而在查询结果中出现相同的行。

2．外连接（OUTER JOIN）

外部连接中，参与连接的表有主从之分，以主表的每行数据去匹配从表的数据行，符合连接条件的数据将直接返回到查询结果中。如果主表的行在从表中没有相匹配的行，与内连接丢弃不匹配行的做法不同，主表的行不会被丢弃，而是也返回到查询结果中，相对应的从表的行的列位置将被填上 NULL 值后再返回到结果集中。

外连接又可分为左连接（LEFT OUTER JOIN）、右连接（RIGHT OUTER JOIN）和完全

连接（FULL OUTER JOIN）。

（1）左外连接（LEFT OUTER JOIN）

以连接左边的表作为主表。

【例 6.34】 在 ST 样例数据库中，对表 TEACHER 和 STUDENT 以籍贯列值相等为条件做左外连接查询。

```
USE ST
SELECT p.姓名 AS 教师姓名, p.籍贯, a.姓名 AS 学生姓名
FROM TEACHER AS p LEFT OUTER JOIN STUDENT AS a ON p.籍贯 = a.籍贯
ORDER BY a.姓名 DESC
```

运行结果：

教师姓名	籍贯	学生姓名
赵伯瑞	浙江苍南	马元
黄思源	重庆开县	林欣
张黎民	广东梅县	李文
林郁明	广东梅县	李文
王军琴	福建南安	陈明
雷天乐	江西南昌	NULL
陈加敏	湖北黄冈	NULL
...		
张伟杰	湖南湘潭	NULL

（所影响的行数为 10 行）

此例中，使用了左外连接查询，所以连接左边的 TEACHER 表的所有记录都显示出来了，尽管 TEACHER 表有些记录在从表中没与连接条件匹配的项。不匹配的行相对应的从表的行的列位置被填上 NULL 值。

（2）右外连接（RIGHT OUTER JOIN）

以连接右边的表作为主表。

【例 6.35】 在 ST 样例数据库中，对表 TEACHER 和 STUDENT 以籍贯列值相等为条件做右外连接查询。

```
USE ST
SELECT p.姓名 AS 教师姓名, p.籍贯, a.姓名 AS 学生姓名
FROM TEACHER AS p RIGHT OUTER JOIN STUDENT AS a ON p.籍贯 = a.籍贯
ORDER BY p.姓名 DESC
```

运行结果：

教师姓名	籍贯	学生姓名
赵伯瑞	浙江苍南	马元
张黎民	广东梅县	李文
王军琴	福建南安	陈明

林郁明	广东梅县	李文
黄思源	重庆开县	林欣
NULL	NULL	王莎
NULL	NULL	张今
...		
NULL	NULL	钟红

（所影响的行数为 11 行）

此例中，使用了右外连接查询，所以连接右边的 STUDENT 表的所有记录都显示出来了，尽管 STUDENT 表中有些记录在从表中没与连接条件匹配的项。不匹配的行相对应的从表的行的列位置被填上 NULL 值。

（3）全连接（FULL OUTER JOIN）

不管另一边的表是否有匹配行，查询结果显示两表中所有的行。

【例 6.36】 在 ST 样例数据库中，对表 TEACHER 和 STUDENT 以籍贯列值相等为条件做全连接查询。

```
USE ST
SELECT p.姓名 AS 教师姓名, p.籍贯, a.姓名 AS 学生姓名
FROM TEACHER AS p FULL OUTER JOIN STUDENT AS a ON p.籍贯 = a.籍贯
ORDER BY p.姓名 DESC
```

运行结果：

教师姓名	籍贯	学生姓名
钟信纯	浙江金华	NULL
赵伯瑞	浙江苍南	马元
...		
陈加敏	湖北黄冈	NULL
NULL	NULL	钟红
...		
NULL	NULL	刘江

（所影响的行数为 16 行）

此例中，使用了全外连接查询，所以连接两边 TEACHER 和 STUDENT 表的所有记录都显示出来了，尽管 TEACHER 和 STUDENT 表中有些记录在另一个表中没与连接条件匹配的项。不匹配的行相对应的另一个表的行的列位置被填上 NULL 值。

3. 交叉连接（CROSS JOIN）

交叉连接产生的查询结果的行数为第一个表的行数乘以第二个表的行数，即笛卡儿积。

【例 6.37】 在 ST 样例数据库中，对表 TEACHER 和 STUDENT 做交叉查询。

```
USE ST
SELECT p.姓名 AS 教师姓名, p.籍贯, a.姓名 AS 学生姓名
FROM TEACHER AS p CROSS JOIN STUDENT AS a
ORDER BY p.姓名 DESC
```

查询结果包含 100 行，即 TEACHER 表的行数 10 乘以 STUDENT 表的行数 10。其查询结果是 TEACHER 表的每一行与 STUDENT 表的每一行匹配。

注： 如果交叉连接带有 WHERE 子句，则交叉连接的作用将同内连接一样。

4．组合多个表的数据

每个 JOIN 操作组合两个表。但是，可以在一个查询内使用多个 JOIN 操作组合多个表中的数据。由于每个 JOIN 操作的结果实际上是一个表，所以可以将该结果作为操作数用在后面的连接操作中。

【例 6.38】 在 ST 样例数据库中，查询学生课程成绩，显示学号、姓名、课程名和成绩。

```
USE ST
SELECT a.学号,a.姓名, c.课程名, b.成绩
FROM STUDENT AS a
    INNER JOIN S_C AS b ON a.学号 = b.学号
        INNER JOIN COURSE AS c ON b.课程号 = c.课程号
```

运行结果：

学号	姓名	课程名	成绩
2002256117	王一	数据结构	90
2002256117	王一	数据库原理与应用	85
...			
2005356107	钟红	企业资源计划	62

（所影响的行数为 10 行）

此例中，学号、姓名、课程名和成绩信息分散在 STUDENT，S_C 和 COURS 三个表中，需要使用两个 JOIN 操作组合此三个表的信息。

6.7.3 子查询

子查询是一条包含在另一条 SELECT 语句里的 SELECT 语句。外层的 SELECT 语句叫外部查询，内层的 SELECT 语句叫内部查询（或子查询）。通常，任何允许使用表达式的地方都可以使用子查询。

包括子查询的 SELECT 语句主要采用以下格式中的一种：

① WHERE expression [NOT] IN (subquery)

② WHERE expression comparison_operator [ANY | ALL] (subquery)

③ WHERE [NOT] EXISTS (subquery)

1．使用 IN 的子查询

使用 IN（或 NOT IN）引入的子查询返回的查询结果是一列零值或更多值。子查询返回结果之后，外部查询可以使用这些结果。其格式为：

```
WHERE expression [NOT] IN (subquery)
```

【例 6.39】 在 ST 样例数据库中，查询获得课程号为"250221"的课程成绩的学生。

```
USE ST
```

```
SELECT 学号,姓名 FROM STUDENT
WHERE 学号 IN
    (SELECT 学号 FROM S_C
    WHERE 课程号 = '250221' AND 成绩 IS NOT NULL)
ORDER BY 学号
```
运行结果：

学号	姓名
2002256117	王一
2003256220	马元
2005251106	陈明

（所影响的行数为 3 行）

此例中，首先，"SELECT 学号 FROM S_C WHERE 课程号 = '250221' AND 成绩 IS NOT NULL"子查询从 S_C 表中返回了 2002256117，2003256220，20052511061389 三个学号，然后外部查询"SELECT * FROM STUDENT WHERE 学号 IN (2002256117, 2003256220, 2005251106138)"语句查询出最后结果。

2. 使用比较运算符的子查询

子查询可由一个比较运算符引入。比较运算符可以是=，<>，>，>=，<，!>，!< 或 <= 等。其格式为：

```
WHERE expression comparison_operator [ANY | ALL] (subquery)
```

其中，comparison_operator 为比较运算符；ALL 表示子查询 subquery 返回的查询结果中的每一个值；ANY 表示子查询中的任意一个值。

【例 6.40】 在 ST 样例数据库中，查询籍贯与职工号为"10001001"的教师一样的学生。

```
SELECT 学号,姓名 FROM STUDENT
WHERE 籍贯 =
    (SELECT 籍贯 FROM TEACHER WHERE 职工号 = '10001001')
```
运行结果：

学号	姓名
2003251113	李文

（所影响的行数为 1 行）

此例中，首先，"SELECT 籍贯 FROM TEACHER WHERE 职工号 = '10001001'"子查询从 TEACHER 表中返回了职工号为"10001001"的教师的籍贯"广东梅县"，然后外部查询"SELECT 学号,姓名 FROM STUDENT WHERE 籍贯 = '广东梅县'"语句查询出最后结果。此例中，使用"="运算符，当然还可以使用其他运算符引入子查询。

【例 6.41】 在 ST 样例数据库中，查询年龄大于学号为"2003256228"的学生的学生。

```
SELECT 学号,姓名,年龄 FROM STUDENT
WHERE 年龄 >
```

```
        (SELECT 年龄 FROM STUDENT WHERE 学号 = '2003256228')
    ORDER BY 学号
```
运行结果：
```
    学号          姓名      年龄
    ---------- -------- --------
    2002256117  王一      22
    2002356131  刘江      22
```
（所影响的行数为 2 行）

此例中，首先，"SELECT 年龄 FROM STUDENT WHERE 学号 = '2003256228'" 子查询返回了学号为 "2003256228" 的学生的年龄 "20"，然后外部查询 "SELECT 学号，姓名，年龄 FROM STUDENT WHERE 年龄 > 20" 语句查询出最后结果。

3. 使用 EXISTS 的子查询

使用 EXISTS（或 NOT EXISTS）关键字引入一个子查询时，就相当于进行一次存在测试。外部查询的 WHERE 子句测试子查询返回的行是否存在。子查询实际上不产生任何数据，它只返回 TRUE 或 FALSE 值。

其格式如下：
```
WHERE [NOT] EXISTS (subquery)
```
【例 6.42】 在 ST 样例数据库中，查询获得课程号为 "250221" 的课程成绩的学生。
```
USE ST
SELECT 学号,姓名 FROM STUDENT
WHERE EXISTS
    (SELECT * FROM S_C
 WHERE 学号 = STUDENT.学号 AND 课程号 = '250221' AND 成绩 IS NOT NULL)
ORDER BY 学号
```
运行结果：
```
    学号          姓名
    ---------- --------
    2002256117  王一
    2003256220  马元
    2005251106  陈明
```
（所影响的行数为 3 行）

此例中，首先，EXISTS (SELECT * FROM S_C WHERE 学号 = STUDENT.学号 AND 课程号 = '250221' AND 成绩 IS NOT NULL)子查询测试是否存在获得课程号为 "250221" 的课程成绩的学生，如果存在，则外部查询从 STUDENT 表中查询出该学生的信息。

6.7.4 基于查询生成新表

有时候可能需要将查询结果保存下来，使用 INTO 子句可以生成一个新表并将查询结果保存在这个新表中。其主要用法是：

```
SELECT select_list
INTO new_table
FROM table_source [WHERE search_condition]
```

其中，new_table 为要新建的表的名称。

【例 6.43】 在 ST 样例数据库的 STUDENT 表中，查询来自"广东梅县"的学生，并将查询结果保存在新表 GDMX_STUDENT 中。

```
USE ST
SELECT * INTO GDMX_STUDENT FROM STUDENT WHERE 籍贯 = '广东梅县'
```

执行结果是在数据库 ST 中新建一张 GDMX_STUDENT 表，并将查询结果保存这个表中。可以使用下面语句来查证结果：

```
USE ST
SELECT * FROM GDMX_STUDENT
```

运行结果：

学号	姓名	性别	年龄	班级代号	籍贯
2003251113	李文	男	20	0101030201	广东梅县

（所影响的行数为 1 行）

习　题　6

6.1　试说明集合函数和数量函数的特点。

6.2　SELECT 语句的作用是什么？

6.3　FROM 子句有什么作用？

6.4　使用哪个子句可以对查询结果进行排序？

6.5　与 LIKE 关键字一起用的通配符有哪些？

6.6　在 SELECT 语句中用什么关键字能消除查询结果中的重复行？

6.7　GROUP BY 子句有什么用途？

6.8　查看两个连接的表中互相匹配的行，应使用什么类型的连接？

6.9　什么子句可以创建一个基于查询结果的新表？

6.10　UNION 子句有什么用途？

6.11　写一个 SELECT 语句，查询 ST 样例数据库 TEACHER 表中的教师的职工号和姓名，教师姓名的第 1 个字符是"王"、第 3 个字符是"芳"或"琴"，并且按教师的职工号的降序排序。

6.12　写一条 SELECT 语句查询 ST 样例数据库 STUDENT 表和 CLASS 表中的学生信息，要求显示学生的学号、姓名、所属院系和班级名称，并按学生姓名的升序排序。

6.13　请编写一条 SQL 语句，从试题库中查询数学课（math）的选择题（choose）。试题库表（Questions）的结构见表 6.3。

表 6.3 试题库表的结构

列 名	数据类型	长 度	说 明	备 注
id	int	4	试题编号	主键，标识
subject	varchar	20	科目	
type	varchar	16	题目类型	
difficulty	varchar	10	难度	
content	varchar	1000	题目内容	

6.14 请编写一条 SQL 语句，从论坛的文章信息库中查询标题为"SQL Server 简介"的文章。论坛的文章信息库的表（Articles）结构见表 6.4。

表 6.4 文章信息库的表结构

列 名	数据类型	长 度	说 明	备 注
article_id	bigint	8	文章编号	主键，标识
title	varchar	50	文章标题	
content	varchar	6000	文章内容	
username	varchar	20	发表文章的用户名	外键
board_id	int	4	文章所在版面编号	外键
post_time	datetime	8	发表文章的时间	
reply_to	bigint	8	被回复文章的编号	
read_count	varint	4	文章被阅读的次数	
reply_count	int	4	回复的文章数	

6.15 请编写一条 SQL 语句，检查用户表（users）中是否存在用户名为 manager,密码为 123456 的用户。users 表结构见表 6.5。

表 6.5 users 表结构

列 名	数据类型	长 度	说 明	备 注
username	varchar	20	用户名	主键
password	varchar	20	密码	

第7章 索引与视图

本章内容主要包括索引的定义与类型，索引的创建，视图的基本概念及作用，视图的创建、修改、删除，以及通过视图修改数据库信息等内容。

要求了解索引和视图的定义，掌握使用 Management Studio 和 Transact-SQL 语句两种方法创建索引和视图。

在数据库中，为了从大量的数据中迅速找到需要的内容，采用了索引技术。索引就是可以加快数据检索的一种数据库结构，使数据查询时不必扫描整个数据库就能迅速查到想要的数据。而视图是查看数据的一种方法，对于数据库用户来说很重要。本章将具体介绍索引的定义与类型、索引的创建，以及视图的概念和创建等内容。

7.1 索引的定义与类型

7.1.1 索引的定义

当查阅书中某一特定主题时，为了提高查阅速度，并不是从书的第一页开始，按顺序查找，而是首先查看该书的目录索引，找到该主题所在的页码，然后根据这一页码直接找到需要的主题。在数据库中，为了从大量的数据中迅速找到需要的内容，采用了类似于书本目录这样的索引技术，可以帮助寻找特定行的信息，而不必翻阅整个表格。

在 SQL Server 2005 中，表存放于数据文件中，每个数据文件由多个 64KB 的范围（Extent）组成。每个范围由 8 个 8KB 的页（Page）组成，如图 7.1 所示。

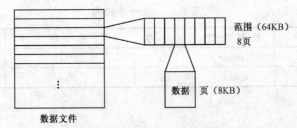

图 7.1 数据文件、范围和页

表格数据最终存放在页中，如果一个表没有创建索引，则数据行不按任何特定的顺序存储，这种结构称为堆（Heap）。图 7.2 显示了 ST 数据库中 STUDENT 表，数据存放在 Page10，Page11，Page12 和 Page13 四个页面中，图中标出的是"姓名"列，例如，进行下列查询：

```
SELECT * FROM STUDENT WHERE 姓名='莫秋琳'
```

SQL Server 将扫描整个表，读取所有数据页，寻找所需行。即使在第一页就找到了所需行，SQL Server 也不知道只有一个"莫秋琳"值，将扫描整个表。

图 7.2　没建立索引时的 STUDENT 表堆

在 SQL Server 2005 中，索引存放成平衡树（也称 B 树），如图 7.3 所示的是在 STUDENT 表的"姓名"列建立了索引。在索引的叶层，包含索引键值及指向数据所在页和行的指针，图 7.3 中通过 ID 提供引用，格式如下：file number:page number:row location。如 ID 1:10:5 表示文件 1 的第 10 页第 5 个记录。索引的第一层是索引根，索引根页包含叶层中每页的第一个关键字。此时要查找"莫秋琳"的信息时，只要依次查找索引根 Page 30、索引叶层的 Page 21、数据页 Page10 就可以迅速查到。

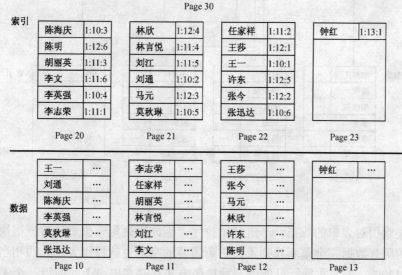

图 7.3　平衡树索引

综上所述，索引是一个单独的、物理的数据库结构。它是根据表中一列或若干列按照一定顺序建立的列值与记录行之间的对应关系表。

索引是依赖于表建立的，它包含索引键值及指向数据所在页和行的指针。一个表的存储是由两部分组成的，一部分用来存放表的数据页面，另一部分存放索引页面，索引就存放在索引页面上。通常，索引页面相对于数据页面来说小得多。当进行数据检索时，系统先搜索索引页面，从中找到所需数据的指针，再直接通过指针从数据页面中读取数据。

在数据库中建立索引主要有以下作用：可以用于加速数据的检索，强制唯一性限制，实现表与表之间的参照完整性，在使用 ORDER BY，GROUP BY 子句时，利用索引可以减少排序和分组的时间。但是，不应该在每一个列上都创建索引，首先，构造一个索引需要占用大量磁盘和内存空间。每次生成索引时，都要按升序或降序排列，用许多层存放索引关键字。其次，会使插入减慢，更新和删除也可能减慢。

7.1.2 索引的类型

在 SQL Server 2005 的数据库中按存储结构的不同将索引分为两类：聚集索引（Clustered Index）和非聚集索引（Nonclustered Index）。

1. 聚集索引

聚集在此处的意思是索引与表混合，即表属于索引，或索引属于表。如图 7.4 所示的是在 ST 数据库 STUDENT 表的"姓名"列生成的聚集索引，数据按索引关键字排序和存储，索引的叶层存放了表的实际数据，因此表属于索引。

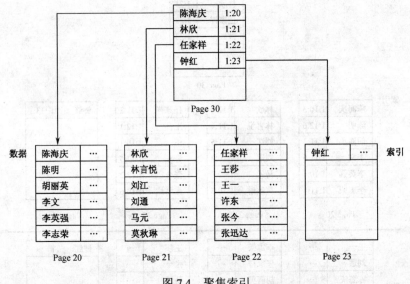

图 7.4　聚集索引

由于聚集索引对表中的数据一一进行了排序，因此用聚集索引查找数据很快。但由于聚集索引将表的所有数据完全重新排列了，它所需要的空间也就特别大，大约相当于表中数据所占空间的 120%。表的数据行只能以一种排序方式存储在磁盘上，所以一个表只能有一个聚集索引。

2. 非聚集索引

非聚集索引具有完全独立于数据行的结构，SQL Server 2005 非聚集索引的 B 树叶层中不存放实际表数据，只存储组成非聚集索引的键值和行定位器（从索引行指向数据行的指针称为行定位器）。行定位器的结构和存储内容取决于数据的存储方式，如果数据表上建立了聚集索引，则行定位器中存储的是聚集索引的索引键，假设在 STDUENT 表的"姓名"列上建立了如图 7.4 所示的族索引，如果对"班级"列生成非聚集索引，则结果如图 7.5 所示。如果数据不是以聚集索引方式存储的，这种方式又称为堆存储方式（Heap Structure），则行定位器存储的是指向数据行的指针，图 7.3 所示的就是一个在堆上建立的非聚集索引。非聚集索引将行定位器按键值用一定的方式排序，这个顺序与表的行在数据页中的排序是不匹配的。

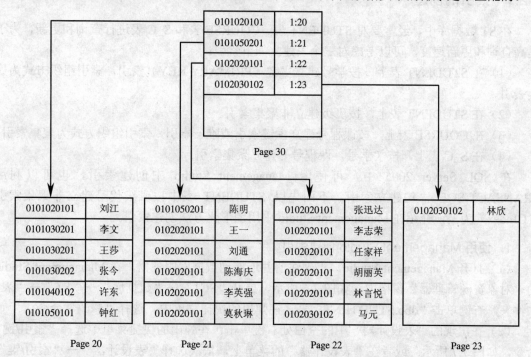

图 7.5　在聚集索引表上建立的非聚集索引

由于非聚集索引使用索引页存储，因此它比聚集索引需要更多的存储空间，且检索效率较低。但一个表只能建一个聚集索引，当用户需要建立多个索引时，就需要使用非聚集索引了。从理论上讲，一个表最多可以建 248 个非聚集索引。

根据索引键的组成，可把索引分为唯一索引和复合索引。

1. 唯一索引

唯一索引可以保证实体完整性，当然实体完整性还可以用唯一（IDENTITY）或主关键字（PRIMARY KEY）。唯一索引保证索引列中的每一个值唯一，或复合索引列中的每个值组唯一。当然索引也可以不是唯一的，即多个行可以共享同一键值。

2. 复合索引

所谓的复合索引指的是在一个表中，通过连接或附接两个或多个列值而创建的索引。例如，在 ST 数据库的 S_T 表建立（学号，课程号）复合索引。值得注意的是（学号，课程号）复合索引不同于（课程号，学号）复合索引。

7.2 索引的创建与删除

7.2.1 索引的创建

在 ST 数据库中,经常要对 STUDENT 表、COURSE 表和 S_C 表进行查询和更新,为了提高查询和更新速度,可以考虑对三个表建立如下索引:

(1)在 STUDENT 表上,按学号建立主键(PRIMARY KEY)索引,索引组织方式为聚集索引。

(2)在 STUDENT 表上,按班级建立非聚集索引。

(3)在 COURSE 表上,按课程号建立主键索引或唯一索引,索引组织方式为聚集索引。

(4)在 S_C 表上,按(学号,课程号)建立聚集索引。

在 SQL Server 2005 中,可使用 Management Studio 中创建索引,也可以利用 TRANSACT-SQL 语句建立索引。下面先以 STUDENT 表中按班级代号建立非聚集索引(CIndex)为例,介绍在 Management Studio 中用图形化方法创建索引。

1. 使用 Management Studio 创建索引

(1)打开 Management Studio,正确注册并连接到数据库服务器,在 Management Studio 的"对象资源管理器"窗格中,如图 7.6 所示,展开"PC1"→"数据库"→"ST"→"表"文件夹,右键单击"dbo.STUDTENT"表,在弹出的快捷菜单中,选择"修改"命令。

(2)在出现的"表设计器"中的空白处右键单击,在弹出的快捷菜单中选择"索引/键"命令,如图 7.7 所示。或者在"表设计器"的菜单上,依次选择"表设计器"→"索引/键"菜单命令,弹出"索引/键"对话框。

图 7.6 修改表

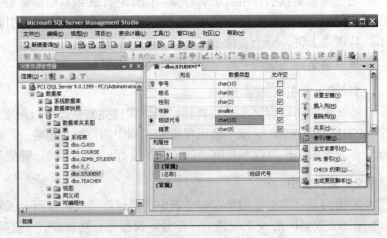
图 7.7 表设计器上的快捷菜单

(3)在弹出的如图 7.8 所示"索引/键"对话框中,单击左下角的"添加"按钮,出现如图 7.9 所示对话框,在"标识"属性处,将修改索引名改为 CIndex。单击"列"属性后面的浏览按钮。

（4）在出现的如图 7.10 所示"索引列"对话框，选择索引列为班级代号，排序顺序为"升序"。设置完成后，单击"索引列"对话框中的"确定"按钮，返回到图 7.8"索引/键"对话框，单击"关闭"按钮，完成索引的创建。

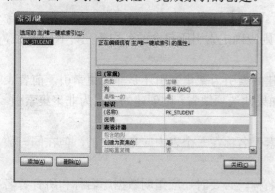

图 7.8 "索引/键"对话框

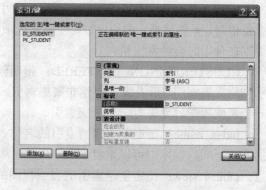

图 7.9 新建索引对话框

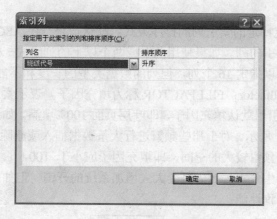

图 7.10 "索引列"对话框

2. 利用查询编辑器建立索引

利用查询编辑器建立索引有两种方法：模板和 SQL 语句。但这两种方法都要用到 CREATE INDEX 命令的语法，先来了解 CREATE INDEX 的语法格式，如下：

```
CREATE [UNIQUE]
[CLUSTERED | NONCLUSTERED]
INDEX index_name
ON {table | view } (column [ ASC | DESC ] [,...n])
[WITH  <index_option>[,...n]]
[ON filegroup]

<index_option>::=
{ FILLFACTOR = fillfactor
  | PAD_INDEX
  | IGNORE_DUP_KEY
```

```
        | DROP_EXISTING
    }
```

各参数说明如下。

UNIQUE：表示为表或视图创建唯一索引，即不允许存在索引值相同的两行。在列包含重复值时，不能建唯一索引。如要使用此选项，则应确定索引所包含的列均不允许 NULL 值，否则在使用时会经常出错。

CLUSTERED|NONCLUSTERED：指明创建的索引为聚集索引还是非聚集索引，前者表示创建聚集索引，后者表示创建非聚集索引。如果此选项缺省，则创建的索引为非聚集索引。一个表或视图只允许有一个聚集索引。

index_name：指定所创建的索引的名称。索引名称在一个表中应是唯一的，但在同一数据库或不同数据库中可以重复。

table | view：指定创建索引的表或视图的名称。必要时还应指明数据库名称和所有者名称。必须是使用 SCHEMABINDING 选项定义视图才能在视图上创建索引。其具体信息请参见 7.3 节。

ASC | DESC：指定特定的索引列的排序方式。默认值是升序 ASC。

column：指定被索引的列。如果使用两个或两个以上的列组成一个索引，则称为复合索引。一个索引中最多可以指定 16 个列，但列的数据类型的长度和不能超过 800 个字节。

FILLFACTOR = fillfactor：FILLFACTOR 称为填充因子。表示索引叶层可以实际占满的百分比。图 7.4 所示索引用默认填充因子，即叶层页面 100%填满。如果把这个索引的填充因子改为 50，则如图 7.11 所示。对于那些频繁进行大量数据插入或删除的表，在建索引时应该为将来生成的索引数据预留较大的空间，即填充因子应小于 100，否则，索引页会因数据的插入而很快填满，并产生分页，而分页会大大增加系统的开销。但如果设得过小，会浪费大量的磁盘空间，降低查询性能。

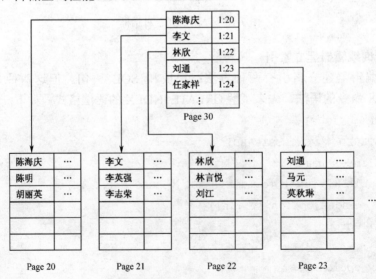

图 7.11 填充因子为 50 的索引

填充因子只在叶层使用，如果要在索引的非叶层也采用相同填充因子，则要用

PAD_INDEX 选项与填充因子一起使用。

IGNORE_DUP_KEY：该选项只在索引中定义了 UNIQUE 时才生效。如果将索引设置为 UNIQUE，那么不管怎样尝试都无法添加一个在该列中包含重复值的新行。如在进行多行插入的时候，如果指定了 IGNORE_DUP_KEY 选项，那么即使在插入的行中存在和唯一索引相冲突的内容，系统也不会生成错误信息，而只是生成一个警告信息。那个与现在唯一索引冲突的行则不会被插入，而其他的行则能够插入成功。当没选择此选项时，SQL Server 不仅会返回一个警告信息还会回滚整个 INSERT 语句。

DROP_EXISTING：指定删除已存在的同名聚集索引或非聚集索引。

ON filegroup：指定存放索引的文件组。

说明：数据类型为 TEXT，NTEXT，IMAGE 或 BIT 的列不能作为索引的列。由于索引的宽度不能超过 800 个字节，因此数据类型为 CHAR，VARCHAR，BINARY 和 VARBINARY 的列的列宽度超过了 800 字节，或数据类型为 NCHAR，NVARCHAR 的列的列宽度超过了 450 个字节时也不能作为索引的列。

【例 7.1】为 ST 数据库 S_C 表的学号列和课程号列创建复合索引。

```
USE ST
CREATE INDEX ISc ON S_C(学号,课程号)
```

本例在查询编辑器中用 SQL 语句来创建索引，其方法如下：

打开 Management Studio，在 Management Studio 的 "标准" 工具栏中，单击 新建查询(N) 按钮，在打开的空白查询编辑器中，输入上面的代码，单击工具栏中的 ✔ 按钮检查其语法，如无语法错误，按下 F5 功能键或 Ctrl+E 组合键，或单击工具栏中的 ! 执行(x) 按钮，运行代码即可。

【例 7.2】 为 ST 数据库 TEACHER 表的 "职工号" 列创建聚集索引（其索引名为 ITeacher）。

```
USE ST
CREATE UNIQUE CLUSTERED INDEX ITeacher ON TEACHER(职工号)
```

本例用查询编辑器中的模板来创建索引，其方法如下。

（1）在 Management Studio 中，选择 "视图" → "模板资源管理器" 命令，在模板资源管理器中，定位到 "Index" 项，并展开它，选择 "Create Index Basic" 项，如图 7.12 所示。

（2）在图 7.12 中双击 "Create Index Basic" 项，会打开一个新的编辑器窗口，其中包含如图 7.13 所示的代码。

```
-- =============================================
-- Create index basic template
-- =============================================
USE <database_name, sysname, AdventureWorks>
GO

CREATE INDEX <index_name, sysname, ind_test>
ON <schema_name, sysname, Person>.<table_name, sysname, Address>
(
    <column_name1, sysname, PostalCode>
)
GO
```

图 7.12　模板资源管理器　　　　　　　　　图 7.13　"Create Index Basic" 的模板代码

（3）要修改模板生成的代码，可以通过直接改变编辑器中的代码，也可以通过使用"指定模板参数"选项，后者可以让索引的创建变得容易一些。其方法是单击 SQL 编辑器工具栏中的 <img> 按钮。

（4）在弹出的"指定模板参数的值"的对话框中，更改相关的参数，如图 7.14 所示。

（5）在图 7.14 中单击确定，就得到如图 7.15 所示的代码。按下 F5 功能键或 Ctrl+E 组合键，或单击工具栏中的 <img> 执行(X) 按钮，运行代码即可。

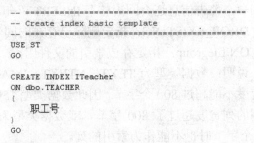

```
-- ======================================
-- Create index basic template
-- ======================================
USE ST
GO


CREATE INDEX ITeacher
ON dbo.TEACHER
(
    职工号
)
GO
```

图 7.14　"指定模板参数的值"对话框　　　　　图 7.15　指定参数后的创建索引代码

7.2.2　索引的删除

索引的删除既可以通过 Management Studio 界面删除，也可以通过执行 SQL 命令进行删除。

1. 使用 Management Studio 删除索引

如要删除 STUDENT 表上名为 CIndex 的索引，则可以采用如下的步骤。

（1）启动 Management Studio，在 Management Studio 的"对象资源管理器"窗格中，展开"PC1"→"数据库"→"ST"→"表"→"dbo.STUDTENT"→"索引"项，在出现的"CIndex"项上右键单击，在如图 7.16 所示的快捷菜单中选择"删除"命令。

（2）在弹出的"删除对象"对话框中，选择"确定"按钮即可。

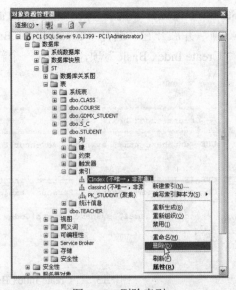

图 7.16　删除索引

2. 利用 SQL 命令删除索引

通过 SQL 命令删除索引的语法格式如下：

```
DROP INDEX 'table.index | view.index' [ ,...n ]
```

【例 7.3】 删除例 7.1 创建的复合索引 ISc，则可以用以下的代码实现。

```
USE ST
DROP INDEX S_C.ISc
```

7.3 视图的基本概念及作用

7.3.1 视图的概念

视图是从一个或几个基本表（或视图）中导出的表，如图 7.17 所示，和基本表一样，视图也是由若干个列和一些记录组成。与基本表不同的是，视图是一个虚表，数据库中只存放视图的定义，而不存放视图包含的数据，这些数据仍存放在原来的基本表中。所以基本表中的数据如果发生变化，从视图中查询出的数据也随之变化。从这个意义上讲，视图就像是一个窗口，透过它可以看到用户自己感兴趣的数据。

视图被定义后，就可以和基本表一样被查询、被删除，但更新操作将有一定的限制。

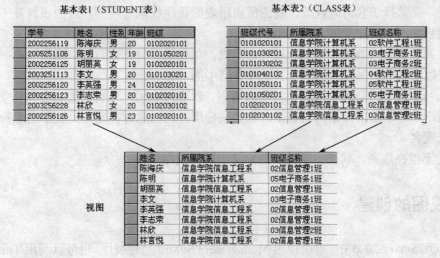

图 7.17 视图概念示意图

7.3.2 视图的作用

视图可以用来访问一个整表、部分表或组合表。由于在视图中定义了访问表的部分，可以不用重复地使用查询语句，可用视图来简化数据库访问。如果创建了使用多个子句的复杂视图，在视图中完成 SELECT 语句就和简单视图一样容易。使用视图有以下几点作用。

1. 集中数据

为用户集中数据，简化用户的数据查询与处理。有时用户所需要的数据分散在多个表中，定义视图可将它们集中在一起，从而方便用户的数据查询与处理。

2．简化数据的查询操作

使用视图可以大大简化用户对数据的查询操作。如果在定义视图时，视图本身就是一个复杂查询的结果集，这样在每一次执行相同的查询时，不必重新写这些复杂的查询语句，只要一条简单的查询视图语句即可。可见视图向用户隐藏了表与表之间的复杂的连接操作，使用户在操作过程中不必了解复杂的数据库中的表结构。

3．使用户能从多角度共享数据

视图能够实现让不同的用户以不同的方式看到不同或相同的数据集。因此，当有许多不同水平的用户共用同一数据库时，不必都定义和存储各自所需的数据，可共享数据库的数据。

4．合并分割数据

在有些情况下，由于表中数据量太大，需要在表的设计时将表进行水平分割或垂直分割。但表结构的变化却会对应用程序产生不良的影响。如果使用视图就可以重新保持原有的结构关系，原有的应用程序仍可以通过视图来重载数据。

5．提高安全性

视图可以作为一种安全机制。通过只允许用户查看和修改视图中所定义的数据，而其他数据库或表既不可见也不可以访问，从而提高了数据的安全性。如果某一用户想要访问视图的结果集，必须授予其访问权限，视图所引用表的访问权限与视图权限的设置互不影响。

使用视图时，要注意以下几点事项：

（1）只能在当前数据库中创建视图。不过，如使用了分布式查询，则新视图所引用的表和视图可以是其他数据库，甚至是其他服务器中的。

（2）视图的名称必须符合标识符命名规则。对于每个用户来说视图名必须是唯一的，即对不同用户，即使是定义相同的视图，也必须使用不同的名称。另外，视图的名称不能与该用户的表重名。

（3）不能在规则、默认、触发器的定义中引用视图。

7.4　视图的创建

在 SQL Server 2005 中，可以使用 Management Studio 创建视图，也可以利用 Transact-SQL 语句的 CREATE VIEW 命令来创建视图。

1．使用 Management Studio 创建视图

在 SQL Server 2005 中使用 Management Studio 创建视图的步骤如下。

（1）启动 Management Studio，在 Management Studio 的"对象资源管理器"窗格中，展开"PC1"→"数据库"→"ST"→"视图"项，在"视图"项上单击右键，在弹出菜单中选择"新建视图"命令，如图 7.18 所示。

（2）在弹出的"添加表"对话框中，如图 7.19 所示，选择要添加到视图中对象类型选项页。选择包含想添加到视图的数据表或其他对象（如添加 STUDENT 表和 CLASS 表），然后单击"添加"按钮。添加后，单击"添加表"对话框中的"关闭"按钮，结果如图 7.20 所示。

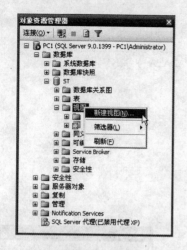

图 7.18　新建视图

图 7.19　"添加表"表话框

（3）如果要在视图中显示某张表的某个列，只需要单击其列前的复选框即可，同时在窗口的中间窗格中会显示该列，在代码区中会看到具体实现的代码。添加列后的效果如图 7.21所示。

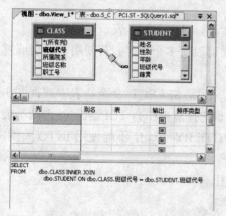

图 7.20　添加表后的效果

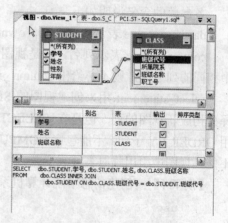

图 7.21　添加列后的效果

（4）如果要查看视图，单击视图设计器工具栏中的 ▮ 按钮，就可以看到视图的数据显示，如图 7.22 所示。

（5）在创建视图中还可以为列添加列的别名、对列进行排序和添加筛选条件等。

（6）单击常用工具栏中的保存按钮，弹出保存视图提示对话框，如图 7.23 所示，在对话框输入想要创建的视图名，然后单击"确定"按钮，便完成了视图的创建。

2．利用 SQL 语句创建视图

使用 Transact-SQL 语句中的 **CREATE VIEW** 命令创建视图，其语法格式为：

```
CREATE VIEW [<database_name>.][<owner>.]view_name[(column_name[,...n])]
    [ WITH < view_attribute > [ ,...n ] ]
        AS  select_statement
    [ WITH CHECK OPTION ]
```

```
< view_attribute > ::=
{ ENCRYPTION | SCHEMABINDING | VIEW_METADATA }
```

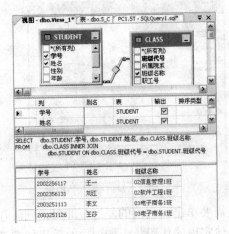

图 7.22 查看视图   图 7.23 保存视图提示

各参数的含义说明如下。

database_name 表示数据库名，owner 表示所有者名，view_name 表示视图名称。

column _name 表示列名，它是视图中包含的列，可以有多个列名。若使用与源表或视图中相同的列名时，则不必给出 column _name。

select_statement 用来创建视图的 SELECT 语句。利用 SELECT 命令从表中或视图中选择列构成新视图的列。但是在 SELECT 语句中，除非选择清单中有 TOP 从句，否则不能使用 ORDER BY 子句；不能包含 COMPUTE 或 COMPUTE BY 子句；不能使用 INTO 关键字；不能在视图中引用临时表或表变量。

【例 7.4】 创建信息学院计算机系班级信息视图。

```
use ST
go
CREATE VIEW CSVIEW
AS
SELECT * FROM CLASS
WHERE 所属院系='信息学院计算机系'
```

WITH CHECK OPTION：指出在视图上对数据所进行的修改都要符合 select_statement 所指定的限制条件，这样可以确保数据修改后，仍可以通过视图看到修改的数据。

【例 7.5】 建立年龄在 18～20 岁（含 18 岁和 20 岁）之间的学生信息视图，并要求通过此视图修改学生信息时，仍能看到这些 18 到 20 岁的学生的信息。

```
use ST
go
CREATE VIEW AGE_VIEW
AS
```

```
SELECT * FROM STUDENT
WHERE 年龄 BETWEEN 18 AND 20
WITH CHECK OPTION
```

通过此视图查询男生的信息：

```
SELECT * FROM AGE_VIEW
  WHERE 性别='男'
```

如果要通过此视图将学号为 2003256220 学生的年龄改为 21 岁，执行下述修改语句：

```
UPDATE AGE_VIEW SET 年龄=21 WHERE 学号='2003256220'
```

则系统会返回出错信息，上述修改不成功。这就是 WITH CHECK OPTION 选项的作用，因为修改后，2003256220 学生的年龄为 21 岁，不符合定义视图时的：WHERE 年龄 BETWEEN 18 AND 20 的条件，因此修改失败。

WITH view_attribute：指出视图的属性。view_attribute 可以取以下的值。

（1）ENCRYPTION：表示对视图文本进行加密。这样当查看系统表 syscomments 时，所见的 txt 列值只是一些乱码。

【例 7.6】 创建名为 gradeVIEW 的视图，用来查看数据结构课程的成绩。并对创建视图的代码用 ENCRYPTION 选项进行加密。

```
CREATE VIEW gradeVIEW
WITH ENCRYPTION
AS
SELECT S_C.学号, S_C.成绩, COURSE.课程名
FROM COURSE INNER JOIN  S_C
ON COURSE.课程号 =S_C.课程号
  WHERE 课程名='数据结构'
```

例 7.6 中用 WITH ENCRYPTION 对生成视图的代码进行了加密，利用 sp_helptext gradeVIEW 命令或查询 syscomments 系统表无法看到生成视图的代码。如果例 7.6 中去掉 WITH ENCRYPTION 语句，就可利用 sp_helptext gradeVIEW 命令或查询 syscomments 系统表查看生成视图的代码，读者可以试试。

（2）SCHEMABINDING：该选项可以在基础表结构修改时保护视图定义。用 SCHEMABINDING 选项生成视图后，无法改变或删除影响视图定义的基础表。例如，可以在表中增加列，但无法删除视图中使用的列。SCHEMABINDING 选项强制要求在 CREATE VIEW 语句中如果包含表、视图或引用用户自定义函数，则表名、视图名或函数名前必须有所有者前缀，也就是说要使用两部分（owner.object）的名称。另外，在选择清单中定义每个列的名称，不能用 * 号，否则会遇到错误。

（3）VIEW_METADATA：表示如果某一查询中引用该视图且要求返回浏览模式的元数据时，那么 SQL Server 将向 DBLIB，ODBC 或 OLE DB API 返回有关视图的元数据信息，而不是返回给基本表或其他表。

7.5 视图修改和删除

7.5.1 视图修改

视图定义好之后，若要修改某个视图，可在 Management Studio 中完成，也可以通过 SQL 语句完成。

1．在 Management Studio 修改视图

在 Management Studio 修改视图的步骤如下。

（1）启动 Management Studio，在 Management Studio 的"对象资源管理器"窗格中，展开"PC1"→"数据库"→"ST"→"视图"项，就可以看到已存在的视图。

（2）选择要修改的视图（如 CSVIEW），单击右键，在弹出的快捷菜单中选择"修改"命令，如图 7.24 所示。

（3）在图 7.24 的右侧会出现表设计器，这样就可以直接修改视图了。

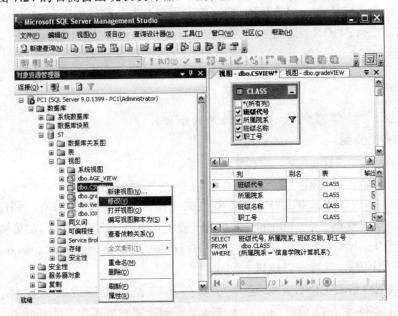

图 7.24　修改视图

2．使用 SQL 语句 ALTER VIEW 修改视图

语法格式：

```
ALTER VIEW [ < database_name > . ] [ < owner > . ] view_name [ ( column [ ,...n ] ) ]
[ WITH < view_attribute > [ ,...n ] ]
AS

    select_statement

[ WITH CHECK OPTION ]
```

```
< view_attribute > ::=
    { ENCRYPTION | SCHEMABINDING | VIEW_METADATA }
```

其中，view_name 是要更改的视图名，view_attribute，select_statement 等参数与 CREATE VIEW 语句中含义相同。

【例 7.7】 将已加密的 gradeVIEW 视图修改为课程名不限于数据结构，包含所有课程，并不再对视图定义语句加密。

```
ALTER VIEW gradeVIEW
AS
SELECT S_C.学号, S_C.成绩, COURSE.课程名
FROM COURSE INNER JOIN  S_C
ON COURSE.课程号 =S_C.课程号
```

7.5.2 视图的删除

视图删除也可以通过 Management Studio 和 SQL 语句两种方式来进行实现。

在 Management Studio 上删除视图的操作步骤如下。

（1）启动 Management Studio，在 Management Studio 的"对象资源管理器"窗格中，展开"PC1"→"数据库"→"ST"→"视图"项，就可以看到已存在的视图。

（2）选择要修改的视图（如 gradeVIEW），单击右键，在弹出的快捷菜单中选择"删除"命令。

（3）在弹出的如图 7.25 所示的"删除对象"对话框中，单击"确定"按钮就可以删除视图。

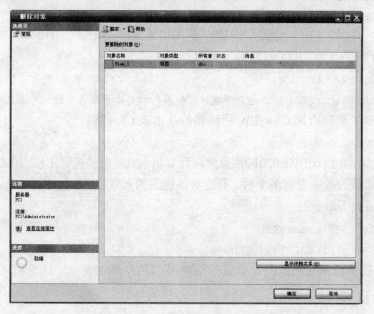

图 7.25 "删除对象删"对话框

用 SQL 语句删除视图的语法格式为：

```
DROP VIEW {view_name} [,…n]
```

其中，view_name 是视图名，使用 DROP VIEW 可一次删除多个视图。

7.6 通过视图修改数据

视图的功能除了可以浏览要查询的数据结果之外，也可以用来添加、修改或删除数据库中的数据。但是，如果要使用视图来更新数据时，最好是针对某一个表来做添加、修改或删除数据的操作，以确保所添加的数据能够正确地操作。

在视图内，不管是要添加数据，还是修改或删除数据，都可以通过使用 INSTEAD OF 的触发器，并配合 Transact-SQL 语句中的 INSERT，UPDATE 及 DELETE 命令即可。如果不想使用 INSTEAD OF 触发器，所创建的视图必须是可更新视图，一个可更新视图符合下列条件：

（1）在创建视图时的 SELECT 语句的 FROM 子句内必须至少要包含一个基本表才可以。

（2）在创建视图时，在 SELECT 语句中所列出的数据列，不可以包含任何的汇总函数值（如 AVG，COUNT，SUM，MAX，MIN 等），且没有 GROUP BY、UNION 子句、DISTINCT 关键字及 TOP 子句。

视图与表具有相似的结构，当在视图内更新数据时，实际上是对视图所引用的表执行数据更新。下面具体讲述如何通过视图来添加、修改和删除数据。

1．添加数据

通过视图添加数据时，使用 INSERT 语句来完成，添加的数据是存储在基本表内的。

INSERT 语句的语法格式如下：

```
INSERT INTO view_name(column1, column2,…)
VALUES(values1,values2,...)
```

【例 7.8】 向例 7.4 中创建的 CSVIEW 视图中添加一个记录：('0101060201','信息学院计算机系','06 电子商务 1 班','10008721')

```
INSERT INTO CSVIEW
VALUES('0101060201','信息学院计算机系','06 电子商务 1 班','10008721')
```

使用 SELECT 语句查询 CSVIEW 所依赖的基本表 CLASS：

```
SELECT * FROM CLASS
```

就会看到该表已添加了('0101060201','信息学院计算机系','06 电子商务 1 班','10008721')行。

当视图所依赖的基本表有多个时，不能向该视图插入数据，因为这样会影响多个基本表。例如，不能使用如下命令：

```
INSERT INTO gradeVIEW
VALUES('0101060201','数据结构',89)
```

向 gradeVIEW 视图插入数据，因为 gradeVIEW 依赖两个基本表：S_C 表和 COURSE 表。

2．修改数据

在视图内使用 Transact-SQL 中的 UPDATE 语句修改数据。UPDATE 语句的声明的语法格式如下：

```
UPDATE view_name
SET column_name = {expression | DEFAULT | NULL}
```

```
WHERE condition
```

【例 7.9】 将 CSVIEW 视图中班级名称为'02 软件工程 1 班'的记录修改为'02 软工 1 班'.

```
UPDATE CSVIEW
SET 班级名称='02 软工 1 班'
WHERE 班级名称='02 软件工程 1 班'
```

3. 删除数据

在视图内使用 DELETE 语句删除数据，其语句的声明语法格式如下：

```
DELETE FROM view_name
WHERR condition
```

在视图内删除数据时，必须要注意的是：在定义视图的 FROM 子句内，只能列出表名，这就表示在视图内一次只能针对一个表内的记录来删除。对于依赖于多个基本表的视图（不包括分区视图），不能使用 DELETE 语句。

【例 7.10】 删除 CSVIEW 视图中班级代号为'0101060201'的记录。

```
DELETE FROM CSVIEW
WHERE 班级代号='0101060201'
```

习 题 7

7.1 简述索引的概念。

7.2 试说明索引的优点和缺点。

7.3 说明聚集索引和非聚集索引的差别。

7.4 为什么在一个表上不能创建两个聚集索引？

7.5 说明视图的基本概念，以及如何使用两种方法创建视图。

7.6 使用视图有何优点？

7.7 如何通过视图来管理数据。

第8章 存储过程

本章内容主要包括存储过程概述、存储过程创建、执行及管理。

要求了解存储过程的作用及优点，熟练掌握存储过程的创建、执行与管理。

8.1 存储过程概述

SQL Server 存储过程主要分为两类，即系统存储过程和用户自定义存储过程。系统存储过程指由系统提供的存储过程，保存在 master 数据库中，并以 sp_为前缀。系统存储过程主要是从系统表中获取信息从而为系统管理员管理系统提供支持。尽管系统存储过程被存放在 master 数据库中，但仍可以在其他数据库中对其进行调用，而且当创建一个新数据库时,一些系统存储过程会在新数据库中被自动创建。用户自定义存储过程由用户创建并能完成某一特定功能，如查询用户所需数据的存储过程等。本章所涉及到的存储过程主要是指用户自定义存储过程。

1．存储过程的概念

存储过程是 SQL Server 服务器上一组预先定义并编译好的 Transact-SQL 语句,用于执行一些常用的数据库操作。存储过程在首次执行时进行语法检查与编译，处理好的版本被保存在高速缓冲存储器中，在需要执行同样操作时可再次调用。

2．存储过程的程序结构

存储过程的应用程序包括两部分：一个是存储过程的本身，它存放并运行在数据库服务器端；另一个是客户端应用程序，它运行在客户端，对存储过程进行调用。它们有不同的功能。

客户端应用程序的主要功能如下：

① 定义有关数据结构和主变量，分配并初始化存储空间；

② 连接数据库；

③ 调用存储过程；

④ 完成事务的提交和回滚；

⑤ 执行 CONNECT RESET 语句。

服务器端存储过程的主要功能如下：

① 接受客户端应用程序传送的信息；

② 作为与客户端应用程序相同的事务在数据库服务器上运行；

③ 向客户端应用程序返回服务器运行结果。

3. 存储过程的优点

使用存储过程应用程序具有以下的优点。

（1）存储过程能够提高程序的执行速度

存储过程是预编译的，在首次运行一个存储过程时，查询优化器对其进行分析优化，并给出最终被存在系统表中的执行计划，因此相对普通的 Transact-SQL 语句而言，存储过程的执行速度较快。

（2）存储过程能够减少网络流量

如果用户需要完成的某一数据库操作所涉及的 Transact-SQL 语句被组织成一个存储过程，那么当在客户计算机上调用该存储过程时，网络中需要传送的只是调用语句，而不是该操作本身包含的语句，因此大大降低了网络的传输量。

（3）存储过程使程序设计模块化

在开发项目过程中，可以把某些需要重复执行的功能抽取出来设计为存储过程，以便在必要时进行重复调用，这样有利于实现程序的模块化，提高了程序的可移植性，同时也减少了设计开发人员的重复劳动。

（4）存储过程能够增强系统的安全性

可以通过只授予用户执行存储过程的权限来限制用户对于底层数据库对象的直接访问，因此，存储过程的使用可作为一种控制用户访问的安全措施，在提高运行效率的同时也增强了系统的安全性。

8.2　存储过程的创建

8.2.1　创建存储过程的步骤

总的来说，创建存储过程有两种方法。

方法 1：

① 打开 Management Studio，正确注册并连接到数据库服务器，在 Management Studio 的"对象资源管理器"窗格中，如图 8.1 所示，依次展开"PC1"→"数据库"→要创建存储过程的数据库文件夹→"可编程性"项后，右键单击"存储过程"项，在弹出的快捷菜单中，选择"新建存储过程"。

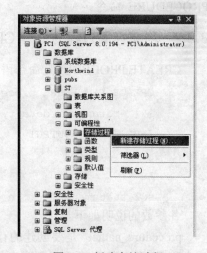

图 8.1　新建存储过程

② 在"对象资源管理器"的右边出现一个可编程窗口，如图 8.2 所示，在该窗口中已经给出了创建存储过程命令的语法框架，可按照具体需要填充和修改框架中的有关语句。

③ 在"查询"菜单中或工具栏上选择"分析"命令，如果没有语法错误，将提示"命令已成功完成"。

方法 2：

打开 Management Studio，正确注册并连接到数据库服务器，在工具栏上单击"新建查询"

按钮，弹出查询编辑器窗口，在该窗口中直接输入创建存储过程的命令。

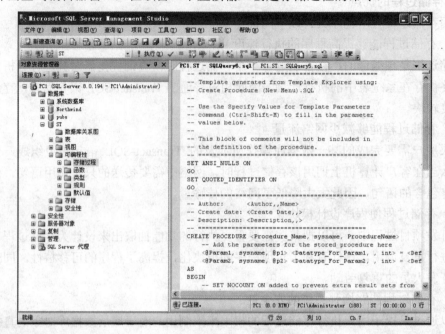

图 8.2 创建存储过程的窗口

实际上，无论哪种方法创建存储过程都必须掌握创建存储过程的命令，即 CREATE PROCEDURE 命令。

8.2.2 创建存储过程的命令 CREATE PROCEDURE

CREATE PROCEDURE 命令语法格式如下：

```
CREATE PROCEDURE procedure_name
[ { @parameter data_type (data_length) }
[=DEFAULT][ OUTPUT ]
] [ ,...n ]
AS
sql_statement [ ,...n ]
```

各参数的说明如下。

procedure_name：是要创建的存储过程的名称，存储过程的命名必须符合命名规则，在一个数据库中或对其所有者而言存储过程的名称必须唯一。

@parameter：是存储过程的参数。在 CREATE PROCEDURE 语句中，可以根据需要声明一个或多个参数，其中包括输入参数和输出参数，输入参数用于提供执行存储过程所必需的参量值，输出参数用于返回存储过程得到的结果值。

data_type：是参数的数据类型。

data_length：参数的长度。

DEFAULT：是参数的默认值。如果设置了默认值，则存储过程可以在没有指定输入参数的情况下执行。

OUTPUT：表明该参数是一个输出参数，用 OUTPUT 参数可以向调用者返回信息，Text 类型参数不能用做 OUTPUT 参数。

AS：指明该存储过程将要执行的动作。

sql_statement：是任何数量和类型的、包含在存储过程中的 SQL 语句。

8.2.3 应用举例

【例 8.1】 建立一个名为"Check_Student"的存储过程，用于检索 ST 数据库的 STUDENT 表中学号为 2002256117 的学生数据。

```
USE ST
IF EXISTS ( SELECT name FROM Sysobjects    //如果存储过程已经存在，则将其删除
WHERE name='Check_Student' AND type='P' )
DROP PROCEDURE Check_Student
GO
CREATE PROCEDURE Check_Student   //建立存储过程，不带参数
AS
SELECT 学号,姓名,性别,年龄,班级代号,籍贯
FROM STUDENT
WHERE  学号= '2002256117'
GO
```

【例 8.2】 建立一个名为"Check_Student"的存储过程，用于检索 ST 数据库的 STUDENT 表中指定学号的学生数据。

```
USE ST
IF EXISTS ( SELECT name FROM Sysobjects    //如果存储过程已经存在，则将其删除
WHERE name='Check_Student' AND type='P' )
DROP PROCEDURE Check_Student
GO
CREATE PROCEDURE Check_Student  //建立存储过程，带参数
@stu_no CHAR (10)
AS
SELECT 学号,姓名,性别,年龄,班级代号,籍贯
FROM STUDENT
WHERE 学号=@stu_no
GO
```

8.3 存储过程的执行

执行已创建的存储过程，使用 EXECUTE 命令，其语法格式如下：

```
[EXECUTE]
[@return_status=]
```

```
{procedure_name }
[[@parameter=] {value | @variable [OUTPUT] | [DEFAULT] } [ ,...n ]
```
各参数的含义如下。

EXECUTE：执行存储过程。该选项也可省略，即直接使用存储过程的名称执行存储过程，但此命令必须是批处理的第一条命令。

@return_status：是可选的整型变量，用来保存执行存储过程的状态值。使用该变量前必须先进行定义。

procedure_name：是要执行的存储过程的名称，该存储过程已存在于数据库中。

@parameter：创建存储过程时定义的参数名称，该项可缺省。

value：为创建存储过程时定义的输入参数提供参数值，当有多个参数且参数名称 @parameter 项缺省时，参数值的排列顺序要与存储过程创建语句中参数名称的排列顺序对应。

@variable：保存参数值的变量，一般用于接收输出参数的值，此时需要在变量后加上 OUTPUT 保留字以说明该变量用于保存输出的结果值。

DEFAULT：表示不提供实际的参数值，而是使用对应的默认值。

【例 8.3】 执行例 8.1 中所定义的存储过程。

```
EXECUTE Check_Student
```

【例 8.4】 执行例 8.2 中所定义的存储过程。

```
EXECUTE Check_Student '2002256117'
```

或

```
EXECUTE Check_Student @ stu_no ='2002256117'
```

【例 8.5】 使用存储过程计算指定学生（学号）平均成绩，并将该平均成绩通过参数输出。

```
CREATE PROCEDURE Avg_Score @stu_no char(10), @avgscore int OUTPUT
AS
SELECT @avgscore =AVG(成绩)
FROM S_C
WHERE 学号= @stu_no
GROUP BY 学号


DECLARE @avgscore int      //执行存储过程
EXECUTE Avg_Score '2002256117', @avgscore OUTPUT
SELECT '2002256117', @avgscore
```

说明：本例包含了存储过程的创建和执行，为了能够将平均成绩输出到参数，在创建存储过程时，定义保存平均成绩的参数 @avgscore 需要使用 OUTPUT 保留字；在执行存储过程时，首先要使用 DECLARE 语句对接收平均成绩的参数 @avgscore 进行声明，同时在 EXECUTE 语句中使用该参数时也要加上 OUTPUT 保留字。

8.4 存储过程的修改和删除

8.4.1 存储过程的修改

1. 修改存储过程的方法步骤

① 打开 Management Studio，正确注册并连接到数据库服务器，在 Management Studio 的"对象资源管理器"窗格中，如图 8.3 所示，依次展开"PC1"→"数据库"→要创建存储过程的数据库文件夹→"可编程性"→"存储过程"项，右键单击要修改的存储过程名，在弹出的快捷菜单中，选择"修改"命令。

② 在"对象资源管理器"的右边出现一个可编程窗口，如图 8.4 所示，在该窗口中已经给出了修改存储过程命令的语法框架，可按照具体需要填充和修改框架中的有关语句。

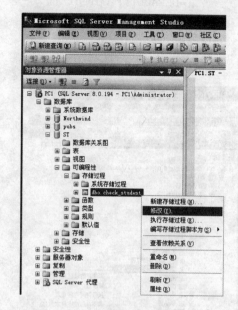

图 8.3 修改存储过程

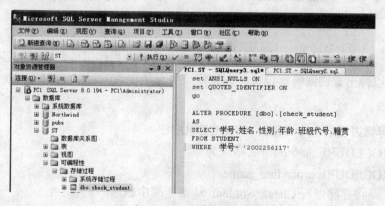

图 8.4 进行存储过程修改的窗口

③ 在"查询"菜单中或工具栏上选择"分析"命令，如果没有语法错误，将提示"命令已成功完成"。

或者，也可在打开 Management Studio 并正确注册和连接到数据库服务器后，在工具栏上选择"新建查询"按钮以弹出查询编辑器窗口，在该窗口中直接输入存储过程的修改命令。

实际上，无论哪种方法修改存储过程都必须掌握修改存储过程的命令，即 **ALTER PROCEDURE** 命令。

2. 修改存储过程的命令 ALTER PROCEDURE

ALTER PROCEDURE 命令语法格式如下：

```
ALTER PROCEDURE procedure_name
[ { @parameter data_type (data_length) }
```

```
[=DEFAULT][ OUTPUT ]
] [ ,...n ]
AS
sql_statement [ ,...n ]
```

图 8.5　删除存储过程

各参数的含义与 CREATE PROCEDURE 命令参数的含义相同。

8.4.2　存储过程的删除

1．删除存储过程的方法步骤

① 打开 Management Studio，正确注册并连接到数据库服务器，在 Management Studio 的"对象资源管理器"窗格中，如图 8.5 所示，依次展开"PC1"→"数据库"→要创建存储过程的数据库文件夹→"可编程性"→"存储过程"项，右键单击要删除的存储过程名，在弹出的快捷菜单中，选择"删除"命令。

② 在弹出的"删除对象"窗口中单击"确定"按钮，则存储过程即被删除。

或者，也可在打开 Management Studio 并正确注册和连接到数据库服务器后，在工具栏上单击"新建查询"按钮以弹出查询编辑器窗口，在该窗口中直接输入删除存储过程的命令，即 DROP PROCEDURE。

2．删除存储过程的命令 DROP PROCEDURE

DROP PROCEDURE 命令的语法格式为：

DROP PROCEDURE procedure_name

【例 8.6】　将存储过程 Check_Student 从数据库中删除。则执行：

```
DROP PROCEDURE Check_Student
GO
```

习　题　8

8.1　什么是存储过程？

8.2　存储过程有什么优点？

8.3　概述如何执行一个存储过程。

8.4　建立一个带参数的存储过程，能够在 STUDENT 表中根据学生的姓名进行查询并返回该学生的有关数据。

第9章 触 发 器

本章内容主要包括触发器的概念和分类、触发器的工作原理及触发器的创建。

要求熟悉触发器的概念和工作原理,掌握创建触发器的方法。

9.1 触发器概述

触发器是一组 Transact-SQL 语句的集合,当基于表或视图的某个特定事件发生时由 DBMS 自动执行。

在 SQL Server 2005 中,如果根据触发事件的不同,触发器可分为 DML 触发器和 DDL 触发器。其中 DDL 触发器是 SQL Server 2005 的新增功能,当服务器或数据库中发生数据定义语言(DDL)事件时将调用这些触发器,DDL 触发器主要用于防止和记录对于数据库架构的更改。而 DML 触发器的主要作用是保护表中数据,实现由主键和外键所不能保证的数据的完整性。可将用户对于数据库表增、删、改操作的有关要求定义为触发器,当有增、删、改操作发生时,触发器即自动执行并按照要求来修正或撤销相关操作。DML 触发器根据触发操作类型的不同,又可分为 INSERT 触发器、UPDATE 触发器和 DELETE 触发器,分别由基础表的插入、更新和删除操作触发执行。

SQL Server 2005 触发器如果根据执行情况的不同,还可分为 AFTER 触发器和 INSTEAD OF 触发器。INSTEAD OF 触发器表示并不执行其定义中的触发操作 INSERT、UPDATE 和 DELETE,而仅执行触发器本身,INSTEAD OF 触发器主要用于视图的更新等,DDL 触发器无法作为 INSTEAD OF 触发器使用;而 AFTER 触发器要求执行了其定义中的某一触发操作 INSERT、UPDATE、DELETE 或 CREATE TABLE 之后,才执行触发器本身的语句,AFTER 触发器只能基于表进行定义。如无特别说明,本章后续有关触发器的内容仅指 DML 触发器中 AFTER 触发器。

9.2 触发器的工作原理及过程

触发器的工作依赖于两个特殊的逻辑表:inserted 表和 deleted 表。当触发器执行时,系统自动创建 inserted 表和 deleted 表,其结构与该触发器基于的表结构相同。这两个表由系统进行管理,存储在内存中而不是数据库中,因此用户不能直接对其修改,但可以引用表中的数据。例如,可用如下语句检索 inserted, deleted 表中的所有记录:

```
SELECT * FROM inserted
SELECT * FROM deleted
```

当触发器工作完成,这两个表也被自动删除。下面具体介绍这两个表的内容和功能。

1．inserted 表

当向触发器基于的数据库表插入新记录时，INSERT 触发器触发执行，系统自动创建inserted 表，新的记录被同时插入到触发器表和 inserted 表中。也就是说，如果对一个定义了INSERT 触发器的表执行了插入操作，那么插入的新记录会有一个相应的副本存放到 inserted表中。

2．deleted 表

当对触发器基于的数据库表删除记录时，DELETE触发器触发执行，系统自动创建deleted表并将删除的记录存放到 deleted 表中。也就是说，如果对一个定义了 DELETE 触发器的表执行了删除记录操作，那么所有被删除的记录会存放至 deleted 表中。

需要强调的是，更新一个记录相当于插入一个新记录，同时删除旧记录。因此对定义了UPDATE 触发器的表进行记录的更新时，系统将自动创建 inserted 表和 deleted 表，deleted 表保存更新前的旧记录，inserted 表则保存更新后的新记录。

创建和使用 inserted 表和 deleted 表的目的是，如果对于触发器表的增、删、改操作不满足用户要求，则可以根据 inserted 表和 deleted 表中的内容对有关操作进行修正和撤销。

9.3 触发器的创建

在创建触发器以前必须考虑到以下几个方面。

（1）CREATE TRIGGER 语句必须是批处理的第一个语句。

（2）表的所有者具有创建触发器的默认权限，表的所有者不能把该权限传给其他用户。

（3）触发器是数据库对象，所以其命名必须符合命名规则。

（4）尽管在触发器的 SQL 语句中可以参照其他数据库中的对象。但是，触发器只能创建在当前数据库中。虽然触发器可以参照视图或临时表，但不能在视图或临时表上创建触发器，而只能在基表或在创建视图的表上创建触发器。

（5）一个触发器只能对应一个表，这是由触发器的机制决定的。由于 TRUNCATE TABLE语句没有被记入日志，所以该语句不能触发 DELETE 型触发器。WRITETEXT 语句不能触发 INSERT 或 UPDATE 型的触发器。

9.3.1 创建触发器的方法

总的来说，创建触发器有两种方法。

方法 1：

① 打开 Management Studio，正确注册并连接到数据库服务器，在 Management Studio的"对象资源管理器"窗格中，如图 9.1 所示，依次展开"PC1"→"数据库"→要创建触发器的数据库文件夹→"表"→触发器所基于的表，右键单击"触发器"项，在弹出的快捷菜单中，选择"新建触发器"命令。

② 在"对象资源管理器"的右边出现一个可编程窗口，如图9.2所示，在该窗口中已经给出了创建触发器命令的语法框架，可按照具体需要填充和修改框架中的有关语句。

③ 在"查询"菜单中或工具栏上选择"分析"命令，如果没有语法错误，将提示"命

令已成功完成"。

图 9.1　新建触发器

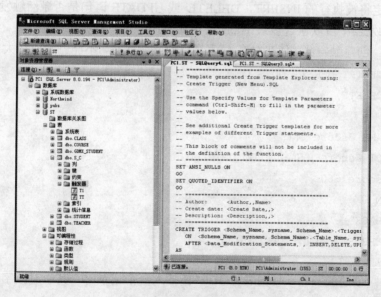

图 9.2　创建触发器的窗口

方法 2：

打开 Management Studio，正确注册并连接到数据库服务器，在工具栏上单击"新建查询"按钮，弹出查询编辑器窗口，在该窗口中直接输入创建触发器的命令。

实际上，无论用哪种方法创建触发器都必须掌握创建触发器的命令，即 CREATE TRIGGER 命令。

9.3.2 利用 CREATE TRIGGER 命令创建触发器

CREATE TRIGGER 的语法规则如下:

```
CREATE TRIGGER trigger_name ON {table }
FOR [AFTER] { [ DELETE ] [ , ] [ INSERT ] [ , ] [ UPDATE ] }
AS
sql_statement [...n ]
```

各参数的含义说明如下。

trigger_name:是用户要创建的触发器的名称。触发器名必须符合标识符的命名规则,且在当前数据库中必须是唯一的。

table:是用户创建的触发器所基于的数据库表的表名,并且该表已经存在。

AFTER:表示创建的是 AFTER 触发器,即在执行了指定的 INSERT,DELETE 或 UPDATE 操作之后,触发器才被激活。此项缺省时,也默认为创建 AFTER 触发器。

[DELETE] [,] [INSERT] [,] [UPDATE]:用来指定哪种数据操作将激活触发器,至少要给出一个选项。在触发器的定义中三者的顺序不受限制,且各选项要用逗号隔开。

sql_statement:是包含在触发器中的条件语句或处理语句。触发器的条件语句定义了另外的标准来决定将被执行的 INSERT,DELETE 或 UPDATE 语句是否激活触发器。

n:表示触发器中可以包含多条 Transact-SQL 语句。

【例 9.1】 创建触发器,使在对 S_C 表进行删除操作时,不能删除成绩大于 60 的记录。

```
CREATE TRIGGER T1 ON S_C
FOR DELETE
AS
DECLARE @score int
SELECT @score = 成绩 FROM deleted
IF @score >60
BEGIN
ROLLBACK
RAISERROR ('不允许删除',16,1)
END
```

【例 9.2】 创建触发器,使向表 COURSE 插入一个记录时,其学时数字段值取默认值(学分字段值乘以 20)。

```
CREATE TRIGGER T2 ON COURSE
FOR INSERT
AS
DECLARE @cred int
DECLARE @courseno char ( 6 )
SELECT @cred = 学分, @courseno = 课程号
FROM inserted
UPDATE COURSE
```

```
SET 学时数 = @cred * 20
WHERE 课程号 = @courseno
```

9.4 触发器的修改和删除

9.4.1 修改触发器

（1）通过 Management Studio 修改触发器

① 打开 Management Studio，正确注册并连接到数据库服务器，在 Management Studio 的"对象资源管理器"窗格中，如图 9.3 所示，依次单击展开"PC1"→"数据库"→要创建触发器的数据库文件夹→"表"→触发器所基于的表→"触发器"，右键单击要修改的触发器名，在弹出的快捷菜单中，选择"修改"命令。

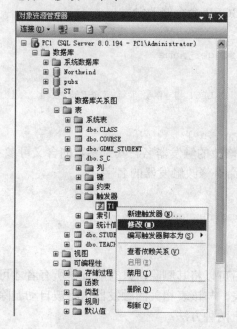

图 9.3　修改触发器

② 在"对象资源管理器"的右边出现一个可编程窗口，如图 9.4 所示，在该窗口中已给出了修改触发器命令的语法框架，可按照具体需要填充和修改框架中的有关语句。

③ 在"查询"菜单中或工具栏上选择"分析"命令，如果没有语法错误，将提示"命令已成功完成"。

或者，也可在打开 Management Studio 并正确注册和连接到数据库服务器后，在工具栏上单击"新建查询"按钮以弹出查询编辑器窗口，在该窗口中直接输入触发器的修改命令。

实际上，无论哪种方法修改触发器都必须掌握修改触发器的命令，即 ALTER TRIGGER 命令。

图 9.4　进行触发器修改的窗口

（2）利用 ALTER TRIGGER 命令修改触发器

其语法格式为：

```
ALTER TRIGGER trigger_name

ON  {table }

FOR [AFTER] { [ DELETE ] [ , ] [ INSERT ] [ , ] [ UPDATE ] }

AS

sql_statement [,...n ]
```

其中，trigger_name 指定要修改的触发器名。其余参数的含义可参考创建触发器命令部分。

（3）使用 sp_rename 命令修改触发器的名字

其语法格式为：

```
sp_rename oldname,newname
```

9.4.2　删除触发器

用户在使用完触发器后可以将其删除，只有触发器所有者才可以删除触发器。另外，如果删除了触发器所基于的表，与该表相关的触发器也将被自动删除。

删除已创建的触发器有两种方法：

（1）用系统命令 DROP TRIGGER 删除指定的触发器，其语法格式如下：

```
DROP TRIGGER { trigger_name }[,...n]
```

其中参数 trigger_name 指定要删除的触发器名称，包含触发器所有者名。

（2）进入如图 9.3 所示的界面，右键单击要删除的触发器名，在弹出的快捷菜单中，选择"删除"命令，然后在弹出的"删除对象"窗口中单击"确定"按钮，则触发器即被删除。

习　题　9

9.1　什么是触发器？SQL Server 2005 的触发器有哪些类型？

9.2　触发器与存储过程有何不同？

9.3　SQL Server 2005 触发器是怎样工作的？ inserted 表和 deleted 表分别有何作用？

9.4　编写触发器，使得在向 STUDENT 表中添加记录时，学生的年龄不得小于 14 岁。

第 10 章 事务处理与封锁

本章内容主要包括事务与封锁（锁定）的概念，以及如何使用事务与封锁功能来确保数据的完整性及正确性。

要求了解事务与封锁的基本概念，理解 4 种并行异常、3 种封锁协议、死锁和活锁，掌握事务隔离级别的设置。

日常工作中常常会遇到这样的情况，当正在存储数据到磁盘时，突然发生停电或用户中断，那么正在存储的数据应该要怎么处理呢？在 SQL Server 2005 所提供的事务与锁定功能就是用来解决这类的问题的。事务（Transaction）与锁定（Lock）可以确保数据在存储或修改过程中受到其他用户的中断时，能够正确地被存储、修改，而不会造成数据因被存储或修改到一半而导致数据不完整。本章主要介绍事务与锁定的概念，以及如何使用事务与锁定功能来确保数据的完整性及正确性。

10.1 事务的基本概念

10.1.1 事务的定义

从用户的角度来看，一些对数据的操作过程通常被认为是一个独立的单元。比如你要将 1 万元钱转到你的朋友的账户中，在你看来，这是一次简单的操作，但是在数据处理中，它至少是由两个步骤完成：首先从你的账户中减去 1 万元，然后再在你朋友的银行账户中存入 1 万元。很显然，这些操作要么都完成，要么全都不做，保证这一点非常重要。如果由于发生硬件故障、软件崩溃或网络通信故障而造成你的账户上的资金已转出，但没有存入对方账户中，你是不能接受的。

为了避免类似上述问题的发生，数据库提出了"事务"的概念。事务是数据库的逻辑控制单元，它是由用户定义的一组操作序列，序列中的操作要么全做，要么全不做。一个事务可以是一条 Transact-SQL 语句，也可以是一组 Transact-SQL 语句或整个程序。一般情况下，一个应用程序包含多个事务。事务满足 ACID 原则，ACID 指原子性（Atomicity）、一致性（Consistency）、隔离性（Isolation）与持久性（Durability）。

① 原子性：事务必须是不可部分完成的工作，事务中所包括的所有操作，要么全完成，要么全都不执行。原子性确保事务中包括的所有步骤都作为一个整体而成功完成，如果一个事务中的某个步骤失败，则其他已完成的步骤都应该撤销。正如前面的转账例子，不能只实现取款操作，不实现存款操作。如果存款操作失败，则取款操作应该撤销。

② 一致性：事务一致性是指事务执行的结果是使数据库从一个一致性状态变到另一个一致性状态。如前面所述的转账事务，当整个事务成功提交时，系统从开始前的一致性状态转到了事务结束后的一致性状态。如果只是从你的账户上减少 1 万元，没有在你朋友的账号

加 1 万元，那么从用户逻辑上来看，就少了 1 万元，这时数据就是处于一种不一致的状态。在事务处理中，如果存款操作没能成功执行，则系统会将取款操作撤销，使数据回到开始前的一致性状态。

③ 隔离性：事务的隔离性是指数据库中一个事务的执行不能被其他事务干扰。即一个事务内的操作及使用的数据对其他事务是隔离的，并行操作的各个事务之间不能有相互干扰。事务所看到的数据不是处于另一笔并行的事务修改数据之前的状态，就是处于第二笔事务完成后的状态，但是却看不到中间的状态。这称为序列化能力，因为这样可以生成重新加载起始数据并重新执行一系列的事务，以便让数据最终能够与原始事务执行后的状态相同的能力。

④ 持久性：当确定事务完成之后，其作用便永远保存在系统之中，即使系统出现系统故障，也无法再用回滚（ROLLBACK）来进行恢复。

事务的这种机制保证了一个事务或者提交后成功执行，或者提交后失败并回滚。也就是说，执行事务的结果或是将数据所要执行的操作全部完成，或是全部数据一点也不修改。

10.1.2 事务的状态

事务在执行过程中，处于以下状态之一。

① 活动状态：初始状态，事务执行时处于活动状态。

② 部分提交状态：当事务完成它的最后一条语句后，事务进入部分提交状态。此时，虽然事务中对数据的操作已经全部执行，实际输出还驻留在内存中，尚未写入磁盘，因为在事务成功完成之前还可能出现系统硬件故障，因此事务仍可能不得不终止。

③ 提交状态：当数据库中对数据的更改完全写入磁盘时，写入事务日志一条信息，标志着事务成功完成，这时事务就进入了提交状态。事务一旦提交，即使出现故障，事务所作用的更新也能在系统重启后重新创建。一个事务经历了活动状态、部分提交状态、提交状态才能够完成。这时称事务已提交。

④ 失败状态：如果事务不能正常执行，事务就进入了失败状态。这意味着事务没有达到预期的终点，因此数据可能处于不正确状态，这种事务必须回滚。回滚（Rollback）就是撤销事务已经做出的任何更改。一旦事务造成的所有更改被撤销，就说事务已经回滚。

⑤ 终止状态：事务已回滚且数据库已被恢复到事务开始执行前的状态。

10.1.3 事务的类型

SQL Server 的事务可分为两类：系统提供的事务和用户定义的事务。

系统提供的事务是指在执行某些 Transact-SQL 语句时，一条语句就构成了一个事务，如 ALTER TABLE，CREATE，DELETE，DROP，SELECT，INSERT，UPDATE，REVOKE，GRANT 等。

例如，执行创建表的语句：

```
CREATE TABLE  STUDENT
  (
  学号 char(10)  NOT NULL  PRIMARY KEY,
  姓名 char(8)  NULL ,
  性别 char (2)  NULL,
```

```
年龄 smallint  NULL,
班级代号 char (10),
籍贯 char(8)
        )
```

这条语句本身就构成了一个事务，它要么建立包含 6 列的表结构，要么对数据库没有任何影响。

在实际应用中，经常使用的是用户自定义的事务。事务的定义方法是：用 BEGIN TRANSACTION 命令来标识一个事务的开始，用 COMMIT TRANSACTION 或 ROLLBACK TRANSACTION 命令来标识事务的结束。这两个命令之间的所有语句被视为一体，只有执行到 COMMIT TRANSACTION 命令时，事务中对数据库的更新操作才算确认。更详细的描述见 10.1.4 节。

10.1.4 定义事务

SQL Server 定义事务的基本语句包括如下 3 个命令。

1. BEGIN TRANSACTION 语句

BEGIN TRANSACTION 语句定义事务的开始，其语法格式为：

```
BEGIN TRANSACTION [transaction_name] [WITH MARK['description']]
```

其中，transaction_name 参数指定事务的名称，必须遵循标识符规则，字符数不超过 32 个字符。

WITH MARK['description']参数指在日志中标记事务。description 是描述该标记的字符串。如果使用了 WITH MARK，则必须指定事务名。WITH MARK 允许将事务日志还原到命名标记。

事务执行 BEGIN TRANSACTION 之后的所有 Transact-SQL 语句，每个事务继续执行直到它无误地完成，并且用 COMMIT 标记对数据库做永久的改动。如果遇到错误，事务将回滚 BEGIN TRANSACTION 之后的所有 Transact-SQL 语句对数据库做出的修改，或者用 ROLLBACK TRANSACTION 语句撤销所有改动。

BEGIN TRANSACTION 语句的执行使全局变量 @@TRANCOUNT 的值加 1（@@TRANCOUNT 是用来计算当前连接中现有事务的数目）。

2. COMMIT TRANSACTION 语句

COMMIT 语句标志一个事务的结束，同时也是提交语句，它使得自从事务开始以来所执行的所有数据修改成为数据库的永久部分。其语法格式为：

```
COMMIT [ TRANSACTION] [transaction_name ]
```

其中，参数 transaction_name 表示事务名称。COMMIT TRANSACTION 语句的执行使全局变量@@TRANCOUNT 的值减 1。

如果事务成功，则提交。COMMIT 语句保证事务的所有修改在数据库中都永久有效，同时 COMMIT 语句还释放事务所使用的资源，如锁。

标志一个事务的结束也可以使用 COMMIT WORK 语句，其语法格式为：

```
COMMIT[WORK]
```

它与 COMMIT TRANSACTION 语句的差别在于 COMMIT WORK 语句不带参数。

注意：BEGIN TRANSACTION 可以缩写为 BEGIN TRAN，COMMIT TRANSACTION 可以缩写为 COMMIT TRAN 或 COMMIT。

3. ROLLBACK TRANSACTION 语句

ROLLBACK 语句是回滚语句，它使得事务回滚到起点或指定的保存点处，它也标志一个事务的结束，其语法格式为：

```
ROLLBACK [TRANSACTION] [transaction_name|savepoint_name]
```

其中，参数 transaction_name 表示事务名称和事务变量名。savepoint_name 是保存点名，它们可用 SAVE TRANSACTION 语句设置，其语法格式为：

```
SAVE TRAN[SACTION] savepoint_name
```

ROLLBACK TRANSACTION 语句将清除自事务起点（或某个保存点）开始所做的所有数据修改，并且释放由事务控制的资源。如果事务回滚到开始点，则全局变量@@TRANCOUNT 的值减 1，而如果只回滚到指定保存点，则@@TRANCOUNT 的值不变。

也可以用 ROLLBACK WORK 语句进行事务回滚，ROLLBACK WORK 将使事务回滚到开始点，并使全局变量@@TRANCOUNT 的值减 1。

以下举例说明事务处理语句的使用。

【例 10.1】 定义一个事务，删除 ST 数据库的 STUDENT 表中的一行数据。

```
BEGIN TRAN
USE ST
DELETE FROM STUDENT
WHERE 姓名='钟红'
COMMIT TRAN
GO
```

【例 10.2】 定义一个事务，向 ST 数据库的 STUDENT 表中插入一行数据，然后删除刚刚插入的数据。但执行后，新插入的数据行并没有被删除，因为事务中使用 ROLLBACK 语句将删除操作滚回到保存点 spoint，即删除前的状态。

```
BEGIN TRAN
USE ST
INSERT INTO STUDENT
VALUES('2005356107','钟红','女',19,'0101050101') /*插入一行数据*/
SAVE TRAN spoint                                 /*定义一个保存点*/
DELETE FROM STUDENT
WHERE 姓名='钟红'                                  /*删除刚刚插入的数据*/
ROLLBACk TRAN spoint                             /*回滚到 spoint 保存点*/
COMMIT TRAN
GO
```

10.2 事务的并行控制

10.2.1 事务的串行调度与并行调度

事务的执行次序称为调度。若多个事务按照某一次序一个接一个的执行，则称这种调试为串行调度。如果多个事务同时交叉地并行进行，则称这种调度为并行调度（并发调度）。事务并行调度的效率比串行调度要高，但在并行调度中，一个事务的执行可能会受其他事务的干扰，所以并行调度的结果不一定正确。而串行调度虽效率低，但其结果却总是正确的。下面以火车票售票系统为例介绍串行调度和并行调度。

有甲乙两个售票窗，各卖出某一车次的硬座车票 2 张，卧铺票 1 张。设该车次的初始硬座车票数量为 A=50，卧铺车票数为 B=30，read( )表示将该车次剩余的车票数量从数据库中读入内存缓冲区中，write( )表示将数据从内存缓冲区写回数据库。现将事务甲和事务乙串行执行，则有表 10.1 的两种调度方法。

从表 10.1 可以看出，事务甲、乙只要是串行调度，不管采用哪种调度方法，最后 A 的值为 46，B 的值为 28，两种串行调度的结果都是正确的。如果事务甲、乙并行调度，当然，甲、乙并行执行的调度方法有许多种，表 10.2 列出了众多调度方法中的两种。

表 10.1 事务的串行调度

串行调度 1：先执行事务甲，然后执行事务乙				串行调度 2：先执行事务乙，然后执行事务甲			
时刻	事务甲	事务乙	数据库中 A,B 的值	时刻	事务甲	事务乙	数据库中 A,B 的值
t0	read(A)		A=50, B=30	t0		read(A)	A=50, B=30
t1	A=A−2			t1		A=A−2	
t2	write(A)		A=48, B=30	t2		write(A)	A=48, B=30
t3	read(B)		A=48, B=30	t3		read(B)	A=48, B=30
t4	B=B−1			t4		B=B−1	
t5	write(B)		A=48, B=29	t5		write(B)	A=48, B=29
t6		read(A)	A=48, B=29	t6	read(A)		A=48, B=29
t7		A=A−2		t7	A=A−2		
t8		write(A)	A=46, B=29	t8	write(A)		A=46, B=29
t9		read(B)	A=46, B=29	t9	read(B)		A=46, B=29
t10		B=B−1		t10	B=B−1		
t11		write(B)	A=46, B=28	t11	write(B)		A=46, B=28

表 10.2 中列出的两种并行调度，其中并行调度 1 的结果是：A=46，B=28，是正确的。而并行调度 2 的结果是：A=46，B=29，结果是错误的。所以，并行调度的结果并不总是正确的，如果采用其他的并行调度，还会出现其他一些不正确的结果。也就是说，计算机对并行事务并行操作的调度是随机的，不同的调度会产生不同的结果。那如何判断哪个结果是正确的，哪个结果是不正确的呢？从表 10.1 可知，串行调度的结果总是正确的，所以可以将并行调度的结果与串行调度的结果相比较。因此，某组事务并行执行的结果是正确的，当且仅当

其结果与按某一次序串行执行它们时的结果相同。把这种并行调度称为可串行化的调度，可串行化是并行事务正确性的准则。

表 10.2　事务的并行调度

时刻	事务甲	事务乙	数据库中 A,B 的值	时刻	事务甲	事务乙	数据库中 A,B 的值
			并行调度 1				并行调度 2
t0	read(A)		A=50, B=30	t0	read(A)		A=50, B=30
t1	A=A−2			t1	A=A−2		
t2	write(A)		A=48, B=30	t2	write(A)		A=48, B=30
t3		read(A)	A=48, B=30	t3	read(B)		A=48, B=30
t4		A=A−2		t4		read(A)	A=48, B=30
t5		write(A)	A=46, B=30	t5		A=A−2	
t6	read(B)		A=46, B=30	t6		write(A)	A=46, B=30
t7	B=B−1			t7		read(B)	A=46, B=30
t8	write(A)		A=46, B=29	t8	B=B−1		
t9		read(B)	A=46, B=29	t9	write(A)		A=46, B=29
t10		B=B−1		t10		B=B−1	
t11		write(A)	A=46, B=28	t11		write(A)	A=46, B=29

10.2.2　并行异常问题

多个事务并行执行过程中，可能会产生丢失修改、读"脏"数据、不可重复读和幻影读问题，从而影响并行调度结果的正确性，现将这 4 种情况描述如下。

1. 丢失修改

仍以订火车票为例，并行事务甲和事务乙读取同一数据库中，同一车次的硬座数量 A，事务乙提交的结果破坏了事务甲提交的结果，导致事务甲对 A 的修改被丢失，见表 10.3。设 A 的初始值为 50，事务甲、乙分别将 A 减去 3 和 2，修改后的 A 值，理论上应为 45。但是表 10.3 中并行调度的结果是 A=48，该结果明显是错误的。这是因为事务乙在事务甲对 A 进行修改以前已经读出了 A 的值 50。事务甲在 t3 时刻对 A 进行了修改，使数据库中 A 的值变为 47。但事务乙仍使用原先在 t1 时刻读出的 A 的值 50，并在此基础上减去 2，并于 t5 时刻对 A 进行了修改，使数据库中 A 的值变为 48，从而覆盖了事务甲在 t3 时刻对 A 的修改，导致事务甲对 A 的修改被丢失。

2. 读"脏"数据

读"脏"数据是指事务甲修改某一记录，将其写入数据库，事务乙读取同一个记录后，事务甲由于某种原因被撤销，将事务甲修改的值恢复原值，事务乙读到的数据就与数据库中的数据不一致，该数据称为"脏"数据。见表 10.4，A 初始值为 50，事务甲将 A 修改为 47 后，事务乙读到这个修改后的数据，但由于事务甲回滚，将数据库中 A 的值恢复为 50，则此时，事务乙读到的 A=47 是一个"脏"数据。

表 10.3　丢失修改

时刻	事务甲	事务乙	数据库中 A 的值
t0	read(A)		A=50
t1		read(A)	A=50
t2	A=A−3		
t3	write(A)		A=47
t4		A=A−2	
t5		write(A)	A=48

表 10.4　读"脏"数据

时刻	事务甲	事务乙	数据库中 A 的值
t0	read(A)		A=50
t1	A=A−3		
t2	write(A)		A=47
t3		read(A)	A=47
t4	ROLLBACK		A=50

3．不可重复读

不可重复读是指事务甲读取数据后，事务乙对同一数据执行修改操作，使事务甲再次读取该数据时，得到与前一次不同的值。也就是说，同一事务在不同时间读同一个数据，得到不同的结果。见表 10.5，事务甲在 t0 时刻读得的 A 值与在 t4 时刻读到的 A 值是不同的。

表 10.5　不可重复读

时刻	事务甲	事务乙	数据库中 A 的值
t0	read(A)		A=50
t1		read(A)	A=50
t2		A=A−2	
t3		write(A)	A=48
t4	read(A)		A=48

产生并行调度异常问题，主要是因为并行操作破坏了事务的隔离性，导致数据不一致。并行控制的目的是要用正确的方式调度并行操作，使一个事务的执行不受其他事务的干扰。下面介绍的封锁方法就是 DBMS 保证并行调度正确执行的主要技术。

4．幻影读

事务甲按一定条件从数据集中读取数据后，事务乙对该数据集删除或插入了一些记录，这时事务甲再按相同条件进行读取数据时，发现少了或多了一些记录。

10.3　封锁

SQL Server 2005 通过锁定（Lock）来确保事务完整性和数据库一致性。锁定能避免用户读取正在由其他用户更改的数据，并且可以防止多个用户同时更改相同数据。因此，当数据未使用锁定时，此时在数据库中的数据可能被其他人进行修改或删除，而造成数据的不正确，并且对数据的查询可能会产生非预期的结果。具体地说，锁定可以防止丢失更新、读取尚未认可的数据、不可重复读和幻象读取（Phantom Read）。

10.3.1　封锁的概念

封锁（Locking）是最常采用的并行控制机制。封锁就是事务对某个数据库中的资源（如表和记录）存取前，先向系统发出请求，封锁该资源。事务获得锁后，即获得数据的控制权，在事务释放它的锁之前，其他的事务不能更新此数据。当事务结束或撤销以后，释放被锁定的资源。封锁是在多用户环境下对资源访问的一种限制机制。

SQL Server 有两种主要类型的锁：基本锁和用于特殊情况的专用锁。

10.3.2　基本锁与专用锁

基本锁的类型有两种：排他锁（Exclusive Locks）和共享锁（Share Locks）。

排他锁又称为"写锁"或"X 锁"。如果事务 T 对数据对象 R 加上了 X 锁，则只允许 T 读取和修改 R，其他的任何事务都不能再对 R 加任何类型的锁，直到 T 释放 R 上的 X 锁。

共享锁也称为"读锁"或"S 锁"。如果事务 T 对数据对象 R 加 S 锁，则其他事务也可以对 R 加 S 锁，但不能对 R 加 X 锁，直到 R 上的所有 S 锁释放为止。即共享锁可以阻止其他事务对数据的更新操作。

专用锁主要有更新锁、意向锁、结构锁和大容量更新锁。

1．更新锁

更新锁防止锁死正在修改的资源。通常第一个事务取得正在修改的资源的共享锁，第二个进程也可能取得同一资源的共享锁，两者都想将锁升级为排他锁，要等待对方释放共享锁，这就造成死锁。SQL Server 为防止这种情形，使用更新锁。一次只有一个事务可以获得资源的更新锁，如果事务修改资源，则更新锁转换为排他锁，否则，转换为共享锁。

2．意向锁

意向锁不是在对象上取得的真正的锁，只是一个标志，表示事务需要锁。意向锁使其他事务无法在这个过程等待期间取得资源的独占锁。意向锁要在取得的锁的上一层取得。例如放置在表上的共享意向锁表示事务打算在表中的页或行加共享锁，这样可以防止另一个事务随后在该表包含的其他页或行上获取排他锁。意向锁可以提高性能，因为 SQL Server 仅在表级检查意向锁来确定事务是否可以安全地获取该表上的锁，而无须检查表中和每行或每页上的锁以确定事务是否可以锁定整个表。意向锁分为意向共享（IS）锁、意向排他（IX）锁和意向排他共享（SIX）锁。意向共享锁告诉服务器，事务需要对下层的某个资源取得共享锁。意向排他锁告诉服务器，事务需要对下层的某个资源取得排他锁，需要修改这些数据。意向排他共享锁告诉服务器，事务需要对下层的某个资源进行读取和修改。

3．结构锁

结构锁保证有些进程需要结构保持一致时不会发生结构修改。结构锁有两种，结构修改锁和结构稳定锁。结构修改锁在改变表结构时使用，使另一进程无法再修改同一结构。结构稳定锁在编译查询时使用，不防止取得任何共享、意向和排他锁，只防止表结构修改。

4．大容量更新锁

当将数据大容量复制到表，且指定了 TABLOCK 提示或使用 sp_tableoption 设置了 table lock on bulk 表选项时，将使用大容量更新（BU）锁。大容量更新（BU）锁允许进程将数据并行地大容量复制到同一表，同时防止其他不进行大容量复制数据的进程访问该表。

10.3.3　封锁协议

对数据加什么类型的锁，什么时候释放锁，这些内容构成不同的封锁协议。下面介绍 3 个封锁协议。

1．一级封锁协议

一级封锁协议规定事务在更新数据对象以前，必须对该数据对象加 X 锁，并且直到事务结束时才释放该锁。利用一级封锁协议可以防止丢失修改。表 10.6 中两个事务并行操作遵守一级封锁协议，防止了表 10.3 中的丢失修改问题。在表 10.6 中，因为事务甲要对数据对象进行更新操作，故事务甲在 t0 时刻对数据 A 提出了加 X 锁的申请并获得批准，该锁直到 t5 时刻事务甲结束后才释放。因此当事务乙在 t2 时刻申请对 X 进行加 X 锁时被拒绝，在事务甲释放对数据 A 的 X 锁之前，事务乙只能等待，直到 t6 时刻，事务乙才获得数据 A 的 X 锁，此时读到的 A 值已经是修改后的值（A=47），事务乙再将 A 更新为 45，所以在这种调度过程中不会出现丢失事务甲所做的修改。

但是一级封锁协议不能解决读"脏"数据的问题，见表 10.7。同时，也不能解决不可重复读的问题，见表 10.8。

表 10.6　一级封锁协议防止丢失修改

时　刻	事　务　甲	事　务　乙	数据库中 A 的值
t0	Xlock(A)		A=50
t1	read(A)		A=50
t2		Xlock(A)	
t3	A=A−3	wait	
t4	write(A)	wait	A=47
t5	Unlock(A)	wait	A=47
t6		Xlock(A)	A=47
t7		read(A)	A=47
t8		A=A−2	
t9		write(A)	A=45

表 10.7　一级封锁协议与读"脏"数据问题

时刻	事务甲	事务乙	数据库中 A 的值
t0	Xlock(A)		A=50
t1	read(A)		A=50
t2	A=A−2		
t3	write(A)		A=48
t4		read(A)	A=48
t5	ROLLBACK		A=50

表 10.8　一级封锁协议与不可重复读问题

时刻	事务甲	事务乙	数据库中 A 的值
t0	read(A)		A=50
t1		Xlock(A)	A=50
t2		read(A)	A=50
t3		A=A−2	
t4		write(A)	A=48
t5	read(A)		A=48

2. 二级封锁协议

二级封锁协议在一级封锁协议的基础上，加上事务在读取数据对象以前必须先对其加 S 锁，读完后即可释放 S 锁。二级封锁协议除了能防止丢失修改的问题之外，还能解决读"脏"数据的问题。见表 10.9，事务乙要读取数据 A 之前，必须先对数据 A 加 S 锁，但要对 A 加 S 锁，必须等到事务甲执行完，并释放加在 A 上的 X 锁，这时读到的就不再是"脏"数据了。但按照二级封锁协议，不能解决不可重复读的问题，见表 10.10。

<table>
<tr><td colspan="4">表 10.9　二级封锁协议与读"脏"数据问题</td></tr>
<tr><td>时刻</td><td>事务甲</td><td>事务乙</td><td>数据库中 A 的值</td></tr>
<tr><td>t0</td><td>Xlock(A)</td><td></td><td>A=50</td></tr>
<tr><td>t1</td><td>read(A)</td><td></td><td>A=50</td></tr>
<tr><td>t2</td><td>A=A−2</td><td></td><td></td></tr>
<tr><td>t3</td><td>write(A)</td><td>Slock(A)</td><td>A=48</td></tr>
<tr><td>t4</td><td>ROLLBACK</td><td>wait</td><td>A=48</td></tr>
<tr><td>t5</td><td>Unlock(A)</td><td>wait</td><td>A=50</td></tr>
<tr><td>t6</td><td></td><td>Slock(A)</td><td></td></tr>
<tr><td>t7</td><td></td><td>read(A)</td><td>A=50</td></tr>
</table>

<table>
<tr><td colspan="4">表 10.10　二级封锁协议与不可重复读问题</td></tr>
<tr><td>时刻</td><td>事务甲</td><td>事务乙</td><td>数据库中 A 的值</td></tr>
<tr><td>t0</td><td>Slock(A)</td><td></td><td>A=50</td></tr>
<tr><td>t1</td><td>read(A)</td><td></td><td>A=50</td></tr>
<tr><td>t2</td><td>Unlock(A)</td><td></td><td>A=50</td></tr>
<tr><td>t3</td><td></td><td>Xlock(A)</td><td></td></tr>
<tr><td>t4</td><td></td><td>read(A)</td><td>A=50</td></tr>
<tr><td>t5</td><td></td><td>A=A−2</td><td></td></tr>
<tr><td></td><td></td><td>write(A)</td><td>A=48</td></tr>
<tr><td></td><td></td><td>Unlock(A)</td><td></td></tr>
<tr><td></td><td>Slock(A)</td><td></td><td></td></tr>
<tr><td></td><td>read(A)</td><td></td><td>A=48</td></tr>
</table>

3. 三级封锁协议

三级封锁协议是在二级封锁协议的基础上，再规定 S 锁必须在事务结束后才能释放。三级封锁协议除了能防止丢失修改和读"脏"数据的问题之外，还能解决不可重复读的问题。

尽管利用三级封锁协议可以解决并行事务在执行过程中遇到的三种数据不一致性问题：即丢失修改、读"脏"数据和不可重复读。但是，却带来了其他的问题：活锁和死锁。

10.3.4　活锁与死锁

1. 活锁

多个事务并行执行过程中，可能会存在某个有机会获得锁的事务却永远也没有得到锁，见表 10.11，事务甲封锁了数据 A，事务乙请求封锁 A，于是事务乙等待。事务丙也请求封锁 A，当事务甲释放了 A 上的封锁之后系统首先批准了事务丙的请求，事务乙仍然等待。然后事务丁又请求封锁 A，当事务丙释放 A 上的封锁后系统又批准了事务丁的请求，……事务乙有可能永远等待，这就是活锁。采用"先来先服务"的策略可以预防活锁的发生。

2. 死锁

在多个事务并行执行过程中，还会出现另外一种称为死锁的现象，即多个并行事务处于相互等待的状态。见表 10.12，事务甲封锁了数据 A，事务乙封锁了数据 B，然后事务甲又请求封锁 B，事务乙又请求封锁 A，于是事务甲等待事务乙释放 B 上的封锁，而同时事务乙等待事务甲释放 A 上的封锁，这使得两个事务永远不能结束，出现了死锁。

<table>
<tbody>
<tr><td colspan="5" align="center">表 10.11　活锁</td></tr>
</tbody>
</table>

时刻	事务甲	事务乙	事务丙	事务丁
t0	lock(A)			
t1	…	lock(A)		
t2	…	wait	lock(A)	
t3	Unlock(A)	wait	wait	lock(A)
t4		wait	lock(A)	wait
t5		wait	…	wait
t6		wait	Unlock(A)	wait
t7		wait		lock(A)

表 10.12　死锁

时刻	事务甲	事务乙
t0	lock(A)	
t1		lock(B)
t2	lock(B)	
t3	wait	lock(A)
t4	wait	wait
t5	wait	wait
t6	…	…
t7	…	…

10.3.5　锁的粒度

当对一个数据源加锁后，此数据源就有了一定的访问限制，就称对此数据源进行了封锁。封锁对象的大小称为封锁的粒度，在 SQL Server 中，可以对表 10.13 中的对象进行锁定。

表 10.13　可封锁的资源

资　　源	描　　述
数据行（Row）	数据页中的单行数据
索引行（Key）	索引页中的单行数据，即索引的键值
页（Page）	一个数据页或索引页，其大小为 8KB
范围（Extent）	一个范围由 8 个连续的页组成
表（Table）	整个表
数据库（Database）	整个数据库

选择多大的封锁粒度与系统的并行度和并行控制的开销有关，如果封锁粒度较细（如数据行），就可以提高并行度，但如果要封锁的对象有许多行时，则要较多的封锁，因此会造成更高的系统开销。反之，如果封锁粒度较粗（如锁定整个表），会限制其他事务对于该表的操作，从而降低并行度，但由于系统维持的封锁较少，因此系统开销较低。

为了获得最佳的性能，SQL Server 能够自动在一个与任务相适应的级别上封锁资源，将封锁资源代价最小化。用户仅需要在必要的时候调整 SQL Server 默认的加锁行为，提示 SQL Server 使用何种类型的锁，以及封锁何种资源。

10.4　事务隔离级别与锁的使用

10.4.1　事务隔离级别

事务隔离级别保证一个事务的执行不受其他事务的干扰，设置事务隔离级别是对会话中的所有语句指定默认的加锁行为。SQL Server 中支持的事务隔离级别有 4 个，各个级别所能解决的并行异常问题见表 10.14。

表 10.14　事务隔离级别与能解决的并行异常问题

隔 离 级 别	说　　明
READ UNCOMMITTED	这是最低隔离级，访问数据时不发出共享锁和排他锁，不能解决并行异常问题
READ COMMITTED	这是 SQL Server 中默认的隔离级别，能解决丢失修改和读"脏"数据的问题
REPEATABLE READ	能解决丢失修改、读"脏"数据和不可重复读的问题
SERIALIZABLE	最高隔离级别，并行级别最低，能解决丢失修改、读"脏"数据、不可重复读和幻影读的问题

可以使用 SQL 语句对隔离级别进行设置。其语法如下：

```
SET TRANSACTION ISOLATION LEVEL
    { READ COMMITTED
    | READ UNCOMMITTED
    | REPEATABLE READ
    | SERIALIZABLE
    }
```

如下语句将隔离级别设置为 TRANSACTION ISOLATION LEVEL：

```
SET TRANSACTION ISOLATION LEVEL
    REPEATABLE READ
```

10.4.2　查看锁定信息

1. 查看事务隔离级别

在会话中设置事务隔离级别后，使用 DBCC USEROPTIONS 语句可以查看当前会话的事务隔离级别。

【例 10.3】　设置和查看事务隔离级别

```
SET TRANSACTION ISOLATION LEVEL
    REPEATABLE READ
DBCC USEROPTIONS
```

2. 利用 Management Studio 查看锁

（1）启动 Management Studio，在 Management Studio 的"对象资源管理器"窗格中，展开"PC1"→"管理"→"SQL Server 日志"→"活动监视器"项，如图 10.1 所示。

（2）只要展开感兴趣的项（可以"按进程查看锁"，还可以"按对象查看锁"），就可以看到各种锁，如单击"按对象查看锁"项，就会看到各种锁，如图 10.2 所示。

3. 用系统存储过程 sp_lock 查看锁

存储过程 sp_lock 的语法格式如下：

```
sp_lock [[@spid1=]'spid1'][,[@spid2=]'spid2']
```

spid 是 System Process ID，即系统进程编号的缩写，可以在 master.dbo.sysprocesses 系统表中查到。spid 是 INT 类型的数据，如果不指定 spid 则显示所有的锁。

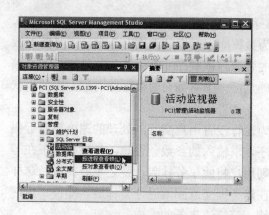

图 10.1　查看锁

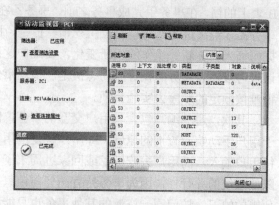

图 10.2　活动监视器

【例 10.4】　显示当前系统中所有的锁。

```
use master
exec sp_lock
```

运行结果就会显示 master 中所有的锁的信息，如图 10.3 所示。锁信息包括服务器进程 ID（spid）、数据库 ID（dbid）、对象 ID（ObjId）、索引 ID（IndId）、类型（Type）、锁定的资源（Resource）、锁的模式（Mode）和状态（Status）。

其中，类型（Type）列表示当前锁定的资源类型，如数据库（DB）、表（TAB）、数据页（PAG）、范围（EXT）、行标识符（RID）、关键定（KEY）。

模式（Mode）列表示应用到资源的锁的类型，如共享（S）锁、排他（X）锁、意向（I）锁等。

状态（Status）列表示锁已经获得（GRANT），还是被另一个进程封锁（WAIT）。

图 10.3　使用 sp_lock 查看锁信息

10.4.3　死锁的预防和处理

1. 死锁的预防

预防死锁的实质就是破坏产生死锁的条件。虽然不能完全避免死锁，但可以将死锁的数量减至最少，按照下述方法可能减少发生死锁的机会。

首先，按同一顺序访问资源。如果所有并行事务按预先规定的一个顺序封锁资源，则发生死锁的可能性会降低。例如，如果两个并行事务甲和事务乙要获得 A 表上的锁，然后获得

B 表上的锁，在事务甲完成事务之前，事务乙在 A 表上等待，事务甲完成事务提交或回滚后，事务乙才继续进行，将不会发生死锁。但是，因为数据库中封锁的数据对象多，而且随着数据的插入、更新等操作的不断变化，要维护这样的资源封锁顺序非常困难，并且事务的封锁请求可以随着事务的执行而动态决定，很难事先确定每一个事务要封锁哪些对象，因此也就很难按预定的顺序去实施封锁。

其次，避免编写包含与用户交互的事务，因为运行没有用户交互的处理的速度要远远快于用户手动响应查询的速度，如用户答复应用程序请求输入的参数。设想，如果事务正在等待用户输入，而用户去吃饭了或回家过周末了，则用户将此事务挂起，使之不能完成。这样降低系统的并行性，因为事务持有的任何锁只有在事务提交或回滚时才会释放。即使不出现死锁的情况，访问同一资源的其他事务也只能等待，等待该事务的完成。

再次，保持事务简短。在同一数据库中并行执行多个需要长时间运行的事务时通常发生死锁。事务运行时间越长，其持有排他锁的时间也就越长，从而堵塞了其他活动并可能导致死锁。

最后，使用低隔离级别。确定事务是否能在更低隔离级别上运行。设置事务隔离级别为 READ COMMITTED 允许事务读取另一个事务已读（未修改）的数据，而不必等待那个事务完成。使用较低的隔离级别（如 READ COMMITTED）而不使用较高级别的隔离级别（如 SERIALIZABLE）可以缩短持有共享锁的时间，从而降低了封锁争夺。

2. 解除死锁

要解除死锁，可以使用 SET LOCK_TIMEOUT 语句，设置封锁超时周期，限制封锁资源的时间。当封锁时间到达超时期限后回滚事务，释放它持有的所有资源。

死锁检测由一个称为"封锁监视器"的单独线程执行。SQL Server 通常是定期执行死锁检测，因为系统中遇到死锁数通常很少，定期死锁检测有助于减少系统中死锁检测的开销。SQL Server 在识别死锁后，通常选择开始较晚或已做的更新最少的事务作为"死锁牺牲品"来结束死锁。SQL Server 回滚作为死锁牺牲品的事务，返回 1205 号错误信息通知应用程序。

习 题 10

10.1 说明事务的概念和 4 个特性。

10.2 什么是活锁和死锁？说明如何尽量避免死锁的发生？

10.3 为什么要使用封锁？SQL Server 2005 提供了哪几种锁模式？

10.4 定义一个事务，删除 ST 数据库的 STUDENT 表中的一行数据。

10.5 事务的隔离级别有哪些？

10.6 并行操作会产生哪几种数据不一致性问题？

10.7 如何获得锁的信息？

10.8 什么是事务的串行调度、并行调度和可串行化的调度？

第11章 SQL Server 2005 数据库的安全性管理

本章内容主要包括 SQL Server 的访问控制、数据库权限管理、数据库角色管理、与安全有关的 Transact-SQL 语句、视图和存储过程的安全管理功能等。要求熟练掌握 SQL Server 的访问控制，熟练掌握数据库权限管理，熟练掌握数据库角色管理，掌握与安全有关的 Transact-SQL 语句，了解视图和存储过程的安全管理功能。

通常，在数据库中存放巨量的、重要的数据，如果这些数据泄露出去或遭到破坏，将会造成极大的损失。对于数据库系统来说，安全性是非常重要的。SQL Server 2005 提供了强大的安全系统来保护数据库的安全。

SQL Server 的安全性管理是建立在登录验证和权限许可的基础上的。登录验证是指核对登录 SQL Server 服务器的登录名和密码是否正确，以此确定用户是否具有登录 SQL Server 服务器的权限。通过了登录验证，并不意味着用户能够访问 SQL Server 服务器中的数据库。用户只有在被授予访问数据库的权限许可之后，才能够对服务器上的数据库进行权限许可下的各种操作。

SQL Server 还引入了角色的概念，来简化对权限许可的管理。

在 SQL Server 中，安全性管理可以通过 Management Studio 的图形界面进行，但对于熟练的 DBA 来说，使用 Transact-SQL 语句进行安全性管理可能更有效率。SQL Server 2005 提供了丰富的与安全性管理相关的 Transact-SQL 语句。

在 SQL Server 中，通过使用视图和存储过程也可以控制用户对数据的访问，实现对数据安全管理。

11.1 对 SQL Server 的访问

在 SQL Server 2005 中，用登录名来控制用户是否具有登录 SQL Server 服务器的权限。用数据库用户来控制用户是否具有操纵 SQL Server 服务器中的数据库的权限。而对用户身份的验证，是通过核对登录名和密码是否正确来完成的。

1. 身份验证模式（Authentication Modes）

SQL Server 能在两种身份验证模式下运行：Windows 身份验证模式和混合模式。在 Windows 身份验证模式下，SQL Server 依靠 Windows 身份验证来验证用户的身份。在混合模式下，SQL Server 依靠 Windows 身份验证或 SQL Server 身份验证来验证用户的身份。

（1）Windows 身份验证模式

SQL Server 通常运行在 Windows 操作系统上，而 Windows 操作系统本身就有一套用户管理系统，具有管理用户登录和验证用户身份的功能。SQL Server 的 Windows 身份验证模式利用了 Windows 操作系统本身的用户管理系统和验证机制，允许使用 Windows 操作系统的用户名和密码来登录 SQL Server。在该模式下，用户只要通过了 Windows 操作系统的登录验证就可以直接登录 SQL Server，不需要另外再进行验证。

与混合模式相比，Windows 身份验证模式有某些优点，因为它与 Windows 操作系统的安全系统集成，简化了管理。另外，Windows 安全系统提供更多的功能，如用户组、密码加密、审核、密码过期、最短密码长度和锁定账户等。

（2）混合模式

在混合模式下，Windows 身份验证或 SQL Server 身份验证都是可以用的。用户既可以使用 Windows 身份验证，也可以使用 SQL Server 身份验证。

使用 SQL Server 身份验证时，用户必须提供登录名和密码，SQL Server 检查自己的数据库中有无此登录名，并比较登录名和密码是否正确，如果数据库中没有此登录名或登录名和密码不正确，访问将被拒绝。这里的登录名是数据库管理员在 SQL Server 中创建并分配给用户的，与 Windows 操作系统的用户无关。另外，身份验证是由 SQL Server 自己执行，而不是由 Windows 操作系统执行的。

为了向后兼容性，要使用 SQL Server 身份验证（混合模式），因为用 SQL Server 7.0 或更早的版本编写的应用程序可能要求使用 SQL Server 身份验证。有些 Web 应用程序也会要求使用 SQL Server 身份验证（混合模式），因为 Web 应用程序可能不会与 SQL Server 服务器处于同一 Windows 域中，无法进行 Windows 身份验证。由于一些原因，有些第三方提供的应用程序可能也会要求 SQL Server 身份验证（混合模式）。

（3）配置身份验证模式

配置身份验证模式的方法如下：

① 打开 Management Studio，正确注册并登录数据库服务器，在 Management Studio 左边的"资源对象管理器"窗格中，右键单击要配置的 SQL Server 服务器。在弹出的快捷菜单中，选择"属性"命令。

②在出现的"服务器属性"窗口的"选择页"窗格中，单击"安全性"项，打开"安全性"选项页，如图 11.1 所示，在"服务器身份验证"栏，如果要将身份验证模式设为 Windows 身份验证模式，则选择"Windows 身份验证模式"单选按钮；如果要将身份验证模式设为混合模式，则选择"SQL Server 和 Windows 身份验证模式" 单选按钮，然后再单击"确定"按钮。

③要让改变生效，必须重新启动 SQL Server。在重新启动前，SQL Server 不会运行在新设置的模式下。

2. 登录名（Logins）和数据库用户（Database Users）

不管是处在 Windows 身份验证模式还是混合模式下，用户用来登录 SQL Server 服务器的账户就叫登录名（Login）。

SQL Server 用登录名来控制用户是否具有登录 SQL Server 服务器的权限。登录名是数据库管理员在 SQL Server 服务器中创建并分配给用户使用的。

用户使用登录名登录 SQL Server 服务器后，并不意味着用户能够访问 SQL Server 服务器中的各个数据库。只有在登录名被关联到某一个数据库的数据库用户（Database User）上，用户才能访问那个数据库。

SQL Server 用数据库用户来指出哪一个人可以访问哪一个数据库。用户对数据的访问权限，以及与数据库对象的所有关系都是通过数据库用户来控制的。数据库用户通常是由数据库管理员在 SQL Server 服务器的各个数据库中创建的。SQL Server 服务器中的每个数据库都有一套自己的、独立的用户库，也就是说两个不同数据库中可以有两个相同的用户名。

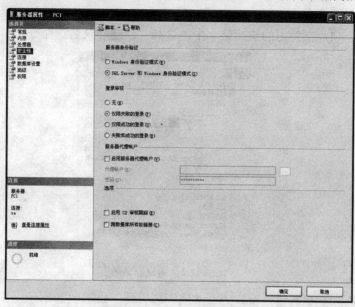

图 11.1 设置身份验证模式

一个登录名总是与一个或多个数据库用户相关联。这个关联工作，一般是由数据库管理员在为用户新建登录名或修改登录名属性时完成的。但对于一些特殊登录名，这个过程是由 SQL Server 服务器自动完成的。例如，sa 是 SQL Server 内置的管理员登录名，sa 登录名自动与每一个数据库的 dbo 用户相关联。

3．特殊的登录名和数据库用户

sa（System Administrator，系统管理员）是 SQL Server 自动创建的、内置的登录名。sa 是为向后兼容而提供的特殊登录名，不能被删除。默认情况下，sa 被授予固定服务器角色 sysadmin，可以在 SQL Server 中进行任何活动。虽然 sa 是内置的管理员登录名，但不建议使用它来进行管理工作。应为每个数据库管理员建立单独的登录名，并使之成为 sysadmin 固定服务器角色的成员，然后，数据库管理员使用自己的登录名来登录 SQL Server 进行管理工作。

dbo（Database Owner，数据库所有者）是 SQL Server 自动创建的、内置的数据库用户，具有在数据库中执行所有活动的权限。当创建一个新的数据库时，dbo 用户自动被创建。SQL Server 将固定服务器角色 sysadmin 的任何成员都映射到每个数据库内的 dbo 用户上。

guest 用户也是 SQL Server 自动创建的、内置的数据库用户。一般来说数据库用户总是与某一登录名相关联的，但 guest 用户是一个例外。guest 用户不具体与某一登录名相关联，但 guest 用户允许没有与用户关联的登录名访问数据库。

4．管理账户
（1）创建登录名

创建登录名的方法有两种：使用 Management Studio、使用 Transact-SQL 语句。下面使用 Management Studio 来创建登录名。

① 打开 Management Studio，正确注册并登录数据库服务器，在 Management Studio 的"资源对象管理器"窗格中，如图 11.2 所示，展开"PC1"→"安全性"→"登录名"项，右键单击"登录名"项，在弹出的快捷菜单中，选择"新建登录名"命令。

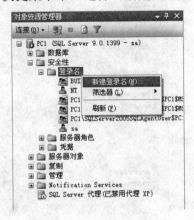

图 11.2　新建登录名

② 出现"登录名-新建"窗口的"常规"选项页，如图 11.3 所示，在"登录名"文本框中，输入新的登录名的名称；选择"SQL Server 身份验证"单选按钮；在"密码"文本框中输入密码（可选）；取消"用户在下次登录时必须更改密码"复选框；在"默认数据库"下拉框中，选择用此登录名登录 SQL Server 服务器之后将要操作的默认数据库；在"默认语言"下拉框中，选择用此登录名登录 SQL Server 服务器之后使用的默认语言。

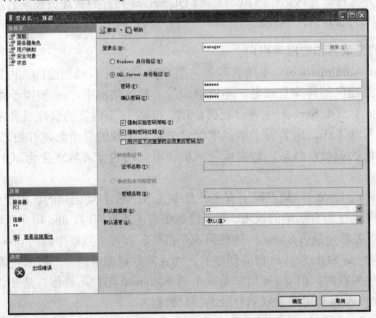

图 11.3　"登录名-新建"窗口的"常规"选项页

③ 在图 11.3 中，单击左上方"选择页"窗格中的"服务器角色"选项页。在"服务器角色"选项页中，如图 11.4 所示，可以为新建的登录名指定服务器角色（服务器角色在本章后面介绍）。对于普通的登录名来说，一般是不需要指定服务器角色的。

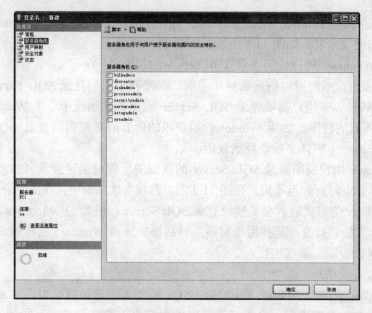

图 11.4 "登录名-新建"窗口的"服务器角色"选项页

④ 在图 11.3 中,单击左上方"选择页"窗格中的"用户映射"选项页。在"用户映射"选项页中,如图 11.5 所示,可以为新建的登录名指定要映射的数据库用户,同时可以指定数据库角色成员身份(数据库用户角色会在本章后面介绍)。如果指定要映射的数据库用户不存在,则 SQL Server 会在创建登录名的同时,自动在指定的数据库中创建该数据库用户,并将该登录名和该数据库用户进行关联。可以一次性为新建的登录名映射多个数据库用户。

在"用户映射"选项页中还可以为新建的登录名在数据库指定默认架构,如果不指定默认架构,则默认架构为 dbo。

在"用户映射"选项页中,还可为新建的登录名指定其数据库角色成员身份。

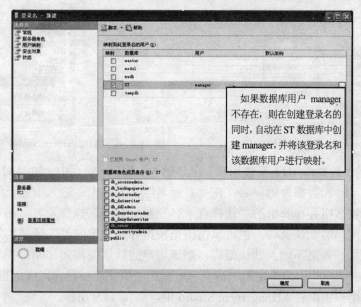

图 11.5 "登录名-新建"窗口的"用户映射"选项页

⑤ 完成上述步骤后，单击"确定"按钮，完成了登录名的创建，在 Management Studio 中可以看到新建的登录名，如图 11.6 所示。

（2）授予 Windows 用户或组登录 SQL Server 的权限

在 Windows 用户或组可以访问数据库之前，必须授予它们登录 SQL Server 服务器的权限。如果单个 Windows 用户需要登录 SQL Server 服务器，则授予单个 Windows 用户登录 SQL Server 服务器的权限。如果 Windows 用户组的所有成员都需要登录 SQL Server 服务器，则可将组作为一个整体来授予登录权限。

授予 Windows 用户或组登录 SQL Server 的权限的步骤与创建登录名的步骤基本上是一样的，只是在第②步时有一点不同：在图 11.3 的"常规"选项页中，在"登录名"文本框中，应以 DOMAIN\User 的形式输入要被授权登录 SQL Server 服务器的 Windows 用户名或组名，也可单击"搜索"按钮打开"选择用户与组"对话框来选择 Windows 用户或组；另外，应选择"Windows 身份验证"单选按钮。

（3）创建数据库用户

可以使用 Management Studio 或 Transact-SQL 语句来创建数据库用户。为了创建一个新的数据库用户，必须事先确定一个将与该数据库用户相关的登录名。下面使用 Management Studio 来创建数据库用户。

① 打开 Management Studio，正确注册并连接到数据库服务器，在 Management Studio 的"资源对象管理器"窗格中，如图 11.7 所示，展开"PC1"→"数据库"→要创建用户的数据库→"安全性"项，右键单击"用户"项，在弹出的快捷菜单中，选择"新建用户"命令。

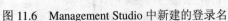
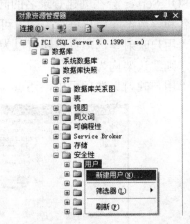

图 11.6　Management Studio 中新建的登录名　　　　图 11.7　在 Management Studio 中创建数据库用户

② 在出现的"数据库用户-新建用户"窗口的"常规"选项页中，如图 11.8 所示，在"用户名"文本框中，输入数据库用户名；在"登录名"文本框中，输入事先已经创建好的登录名，也可单击浏览按钮并在弹出的"选择登录名"对话框中选择登录名；在"默认架构"文本框中，输入该用户的默认架构，也可单击浏览按钮并在弹出的"选择架构"对话框中选择该用户的默认架构，如果不输入默认架构，则该用户的默认架构为 dbo；在"数据库角色成员身份"列表框中，为此用户指定数据库角色，单击"确定"按钮，完成数据库用户的创建。新创建的数据库用户出现在 Management Studio 中，如图 11.9 所示。

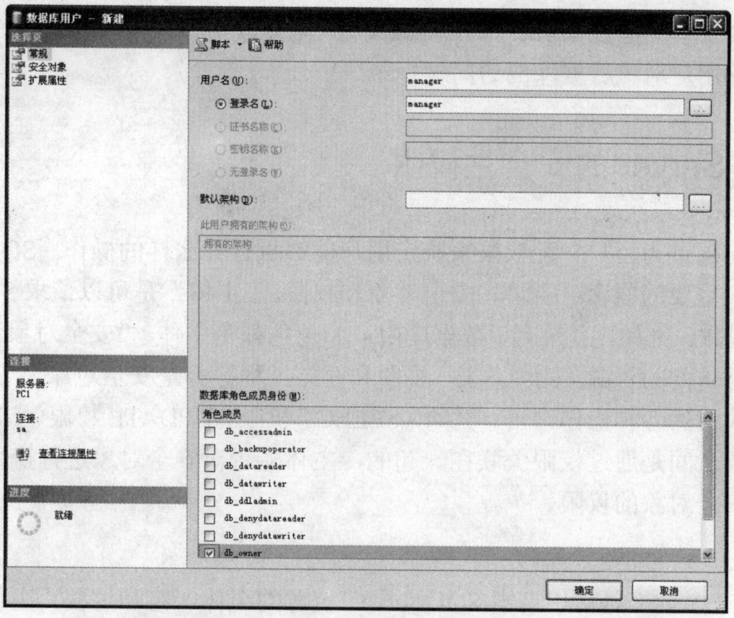

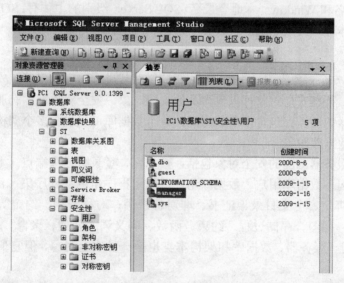

图 11.8　"数据库用户-新建"窗口的"常规"选项页

图 11.9　新创建的数据库用户

当然，在创建一个 SQL Server 登录名的过程中，也可以同时为该登录名创建其在不同数据库中所映射的用户，这实际上也完成了创建新的数据库用户这一任务（其操作过程见本章的"创建登录名"部分的第④步）。

5．访问数据库的过程

用户访问 SQL Server 数据库的过程如下：

① 用户使用登录名登录 SQL Server 服务器，如果登录名和密码正确，则登录成功。

② 用户访问 SQL Server 服务器中的某一数据库，SQL Server 检查该登录名是否与该数据库中的某一用户相关联，如果有，则允许它以该用户身份访问数据库；如果没有，则 SQL

Server 检查该数据库中是否有 guest 用户，如果有，则允许用户以 guest 用户来访问该数据库，如果没有，则该用户对该数据库的访问被拒绝。

11.2　SQL Server 的安全性权限

SQL Server 通过为用户分配权限来决定用户能够执行什么样的操作。SQL Server 的权限管理牵涉到 3 个重要的概念：主体、安全对象和权限。"主体"是可以请求 SQL Server 资源的个体、组和过程。例如，登录名、数据库用户和角色都是主体。"安全对象"是 SQL Server 要控制对其进行访问的资源。例如，表、视图和存储过程等都是安全对象。"权限"是主体可以对安全对象执行的各种操作许可。例如，SELECT 权限、UPDATE 权限、DELETE 权限等。主体与安全对象之间是通过权限关联在一起的，主体能否对安全对象进行操作，取决于主体是否拥有操作安全对象的权限。

1．主体

如前所述，"主体"是可以请求 SQL Server 资源的个体、组和过程。主体按层次结构可分为三个级别：Windows 级别、SQL Server 级别和数据库级别。Windows 级别的主体有：Windows 域登录名和 Windows 本地登录名。SQL Server 级别的主体有：SQL Server 登录名。数据库级别的主体有：数据库用户、数据库角色和应用程序角色。

2．安全对象

如前所述，"安全对象"是 SQL Server 要控制对其进行访问的资源。安全对象之间是一种嵌套层次结构，某些安全对象可以包含其他安全对象。安全对象范围有服务器、数据库和架构。一个服务器中可以有包含多个数据库，一个数据库可以包含多个架构，一个架构可以包含表、视图等数据库对象。

具体来说，服务器范围的安全对象包括：数据库、登录账户和端点。数据库范围的安全对象主要有：架构、数据库用户、数据库角色、应用程序角色、程序集、消息类型、路由、服务、远程服务绑定、全文目录、证书、非对称密钥、对称密钥、约定等。架构范围的安全对象包括：表、视图、存储过程、约束、函数、同义词、队列、聚合、统计信息、类型、XML 架构集合等。服务器、数据库和架构本身也是一种安全对象，但它们又可以包含其他安全对象。

架构是 SQL Server 2005 引入的一个新的安全对象。什么是架构？架构是形成单个命名空间的数据库实体的集合。命名空间是一个集合，其中每个元素的名称都是唯一的。例如，为了避免名称冲突，同一架构中不能有两个同名的表。两个表只有在位于不同的架构中时才可以同名。

对于数据库对象来说，完整的对象名称其实由 4 个标识符组成：服务器名称、数据库名称、架构名称和对象名称。格式如下：

[[[server.] [database] .] [schema_name .] object_name

指定了所有 4 个部分的对象名称被称为完全限定名称。

在 SQL Server 2005 中创建的每个对象必须具有唯一的完全限定名称。完全限定名称通常用于分布式查询或远程存储过程调用，对于本地使用，往往只是指定对象名称，当只指定对象名称时，将使用当前服务器名称、当前数据库名称和默认架构。默认架构用于解析未使用其完全限定名称引用的对象的名称。在 SQL Server 2005 中，每个用户都有一个默认架构，用于指定服务器在解析对象的名称时将要搜索的第一个架构。如果未定义用户的默认架构，则数据库用户将把架构 dbo 作为其默认架构。

例如：在 PC1 数据库服务器的 ST 数据库中使用 SELECT * FROM STUDENT 语句，实际上对 PC1.ST.dbo.STUDENT 表进行查询。

可以通过 Management Studio 创建架构、删除架构和在架构之间移动对象。也可通过 CREATE SCHEMA，DROP SCHEMA 和 ALTER SCHEMA 等 Transact-SQL 语句来创建架构、删除架构和在架构之间移动对象。注意：要删除的架构不能包含任何对象。如果架构包含对象，则删除将失败。

3. 权限

如前所述，"权限"是主体可以对安全对象执行的各种操作许可。在 SQL Server 2005 中，主要的权限类别如下。

① SELECT 权限，授予读取安全对象的数据的权限。这些安全对象可以是表、视图、同义词、表值函数、表或视图中的单个列。

② UPDATE 权限，授予更新安全对象的数据的权限。这些安全对象可以是表或视图中的单个列和同义词。

③ INSERT 权限，授予向安全对象中插入数据的权限。这些安全对象可以是表、视图或同义词。

④ DELETE 权限，授予从安全对象中删除数据的权限。这些安全对象可以是表、视图或同义词。

⑤ EXECUTE 权限，授予执行存储过程或用户自定义函数的权限。适用的安全对象可以是存储过程、用户自定义函数或同义词。

⑥ CONTROL 权限，授予类似所有权的权限。被授权者实际上拥有安全对象具有的所有权限。适用的安全对象可以是服务器、数据库、架构、表、视图、存储过程、同义词、表值函数、标量函数和聚合函数等。当授予对某个范围的 CONTROL 权限时，也隐含着授予对该范围内包含的所有安全对象的 CONTROL 权限。例如，对数据库的 CONTROL 权限隐含着对数据库的所有权限，以及对数据库范围中所有安全对象的所有权限。

⑦ ALTER 权限，授予更改特定安全对象的属性（所有权除外）的权限。这些安全对象可以是服务器、数据库、架构、表、视图、存储过程、同义词、表值函数、标量函数和聚合函数等。当授予对某个范围的 ALTER 权限时，也隐含着授予更改、创建或删除该范围内包含的所有安全对象的权限。例如，对架构的 ALTER 权限包括在该架构中创建、更改和删除对象的权限。

⑧ TAKE OWNERSHIP 权限，授予获取安全对象的所有权的权限。这些安全对象可以是数据库、架构、表、视图、存储过程、同义词、表值函数、标量函数和聚合函数等。

⑨ CREATE 权限，授予创建安全对象的权限。这些安全对象可以是服务器范围内的对象、数据库及数据库范围内的对象、架构及架构范围内的对象。

⑩ BACKUP 权限，授予用户执行备份命令的权限。适用的安全对象是数据库和事务日志。

4. 权限的管理

在 SQL Server 中，管理权限的方法有两种：使用 Management Studio 和使用 Transact-SQL 语句。通过 Management Studio 管理权限时，可以基于主体来管理权限，也可以基于安全对象来管理权限。

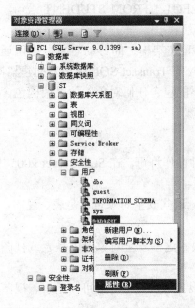

图 11.10 启动基于主体的权限管理

（2）基于主体的权限管理

基于主体来管理权限，可以方便地为一个主体分配多个安全对象的权限。这种方式是通过主体的"属性"窗口的"安全对象"选项页做到的。下面以授予一个数据库用户多个安全对象权限为例来说明这种方式的使用。

① 打开 Management Studio，正确注册并连接到数据库服务器，在 Management Studio 的"资源对象管理器"窗格中，如图 11.10 所示，展开"PC1"→"数据库"→要操作的数据库→"安全性"→"用户"项，右键单击要为其分配权限的用户名，在弹出的快捷菜单中，选择"属性"命令。

② 在出现的"数据库用户"属性窗口左上方的"选择页"窗格中单击"安全对象"项，打开"安全对象"选项页，如图 11.11 所示，单击"添加"按钮，可以将多个数据库对象（表、视图、存储过程、架构等）添加到上部的"安全对象"网格中。单击"删除"按钮，可以从上部"安全对象"网格中删除所选项。

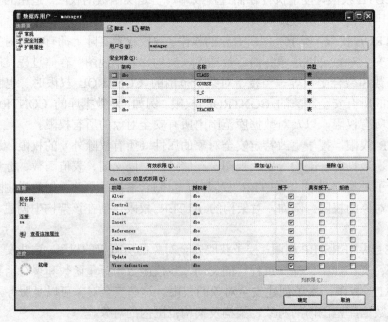

图 11.11 "数据库用户"属性窗口的"安全对象"选项页

在上部"安全对象"网格中选中一项，然后在下部"显式权限"网格中为其设置适当的权限。这个操作可重复进行，以达到为主体分配多个安全对象权限的目的。

"显示权限"网格列出了上部"安全对象"网格中所选安全对象的可能权限。选中或清除"授予"、"具有授予权限"和"拒绝"复选框可以对这些权限进行配置。选中"拒绝"将覆盖其他所有设置。

对于包含列的对象（如表、视图或表值函数），单击"列权限"按钮可打开"列权限"对话框，从中可以将表或视图的各个列的权限设置为"授予"、"允许"或"拒绝"。

单击"有效权限"按钮，可以查看该数据库用户对上部"安全对象"网格中所选中的项所具有的所有权限。

单击"确定"按钮完成权限的分配。

（3）基于安全对象的权限管理

基于安全对象来管理权限，可以方便地将一个安全对象的权限分配给多个主体。这种方式是通过安全对象的"属性"窗口的"权限"选项页做到的。下面以将一个表的权限授予多个数据库用户为例来说明这种方式的使用。

① 打开 Management Studio，正确注册并登录数据库服务器，在 Management Studio 的"资源对象管理器"窗格中，如图 11.12 所示，展开"PC1"→"数据库"→要操作的数据库→要操作的表，右键单击要操作的表，在弹出的快捷菜单中，选择"属性"命令。

② 在出现的"表属性"窗口的"选择页"窗格中单击"权限"项，打开"权限"选项页，如图 11.13 所示，单击"添加"按钮，可以将数据库用户或角色添加到上部的"用户或角色"网格中。单击"删除"按钮，可以从上部"用户或角色"网格中删除所选项。

在上部"用户或角色"网格中选中一项，然后在下部"显式权限"网格中为其设置适当的权限。这个操作可重复进行，以达到将安全对象的权限分配给多个主体的目的。

"显示权限"网格列出该数据库对象的可能权限。选中或清除"授予"、"具有授予权限"和"拒绝"复选框可以对这些权限进行配置。选中"拒绝"复选框将覆盖其他所有设置。

对于可应用于列的权限（如 SELECT，UPDATE 等），单击"列权限"按钮可打开"列权限"对话框，从中可以将表或视图的各个列的权限设置为"授予"、"允许"或"拒绝"。

单击"有效权限"按钮，可以查看上部"用户与角色"网格中所选中的项对该数据库对象所具有的所有权限。

单击"确定"按钮，完成权限的分配。

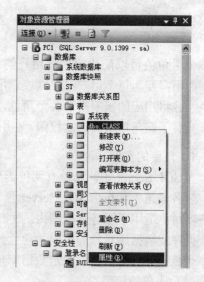

图 11.12　启动基于安全对象的权限管理

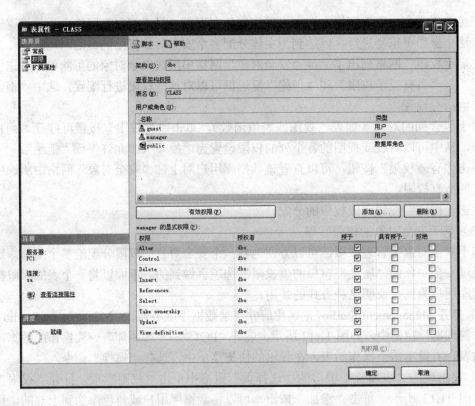

图 11.13   "表属性"窗口的"权限"选项页

11.3   角色

使用角色可以简化对大量用户的权限管理工作。角色用来为成组的用户赋予相同的权限，而不需要为每个用户单独赋权。用户可以根据管理需要，划分和创建出几种权限不同的角色，并将相应的权限授予各个角色，然后可以将角色赋予一个或多个用户，这样，这些用户就具有了该角色所具有的权限。在用户较多的情况下，使用角色可以显著地减少管理开销。

1．角色的类型

在 SQL Server 中，角色有两种类型：服务器角色和数据库角色。

服务器角色是指由 SQL Server 预定义，并被授予了管理 SQL Server 服务器权限的角色。服务器角色适用于服务器范围内。数据库角色是指被授予了管理或访问 SQL Server 服务器中的数据库或数据库对象的权限的角色。数据库角色适用于 SQL Server 服务器中的数据库。数据库角色又可分为两类：固定数据库角色和用户自定义的数据库角色。

（1）服务器角色

如前所述，由 SQL Server 预定义，并被授予了管理 SQL Server 服务器权限的角色就叫服务器角色。服务器角色适用于服务器范围内。服务器角色是由 SQL Server 自动创建的，是固定的，不能被删除，其权限也不能被修改，用户也不能创建新的服务器角色。

SQL Server 根据 SQL Server 服务器管理任务的不同，预定义了 8 种固定的服务器角色，它们是：

① sysadmin 角色，可以在 SQL Server 中进行任何活动，该角色的权限包括了所有其他固定服务器角色所具有的权限；

② serveradmin 角色，配置服务器范围的设置；

③ setupadmin 角色，添加和删除链接服务器，并执行某些系统存储过程；

④ securityadmin 角色，管理服务器登录；

⑤ processadmin 角色，管理在 SQL Server 服务器中运行的进程；

⑥ dbcreator 角色，创建和修改数据库；

⑦ diskadmin 角色，管理磁盘文件；

⑧ bulkadmin 角色，执行 BULK INSERT 语句。

可将任何有效的登录名添加为服务器角色成员，这样，登录名就可获得服务器角色所具有的权限。

（2）固定数据库角色

固定数据库角色，是指由 SQL Server 自动创建的、固定的、不能被数据库管理员或用户修改或删除的数据库角色。在 SQL Server 中，预定义了 9 种固定数据库角色，它们是：

① db_owner 角色，数据库的所有者，可以执行任何数据库管理工作，可以对数据库内的任何对象进行任何操作，如删除、创建对象，可以将权限指派给其他用户，该角色包含所有其他固定数据库角色所具有的权限；

② db_accessadmin 角色，可以在数据库中添加或删除 Windows 组和用户及 SQL Server 用户；

③ db_datareader 角色，可以查看来自数据库中所有用户表的全部数据；

④ db_datawriter 角色，可以添加、更改或删除来自数据库中所有用户表的数据；

⑤ db_ddladmin 角色，可以添加、修改或删除数据库中的对象；

⑥ db_securityadmin 角色，管理数据库角色和角色的成员，并管理数据库的语句权限和权限；

⑦ db_backupoperator 角色，可以进行数据库的备份工作；

⑧ db_denydatareader 角色，不能查看数据库中任何表的数据；

⑨ db_securityadmin 角色，可以修改角色成员身份和管理权限。

可将任何有效的数据库用户（包括组）或角色添加为固定数据库角色成员，这样，这些数据库用户或角色就可获得固定数据库角色所具有的权限。

（3）public 角色

SQL Server 还有一个特殊的数据库角色 public。在创建数据库时，public 角色就在其中自动创建好了。public 角色不能被删除，也不能为这个角色增加或删除用户。数据库中每个用户都自动属于 public 角色。如果需要提供一种默认的权限给所有用户时，可以将这种权限赋予 public 角色，由于数据库中每个用户都自动属于 public 角色，所以所有的用户都自动拥有了这种权限。

（4）用户自定义的角色

用户自定义的角色是指由用户自己创建并定义权限的角色。用户自定义的角色提供了分配给用户特定权限的能力，而这是固定数据库角色所不能提供的。如果要为一些数据库用户设置相同的权限，但是这些权限又与固定数据库角色的权限不同，就可以创建用户自定义的数据库角色。

用户自定义的角色有两种类型：数据库角色和应用程序角色。数据库角色是基于用户的，用于一般的数据库权限管理工作。应用程序角色是一种比较特殊的角色类型，是基于应用程序的。使用应用程序角色可以限制用户只能通过特定应用程序来访问数据。

2．管理角色

（1）为服务器角色添加成员

通过将登录名添加到服务器角色，用户可以获得服务器角色所具有的权限。可以使用 Management Studio 或 Transact-SQL 语句将登录名添加到服务器角色。下面使用 Management Studio 将登录名添加到服务器角色。

图 11.14　打开"服务器角色"属性

① 打开 Management Studio，正确注册并登录数据库服务器，在 Management Studio 的"资源对象管理器"窗格中，如图 11.14 所示，展开"PC1"→"安全性"→"服务器角色"项，右键单击用户所要加入的角色，在弹出的快捷菜单中，选择"属性"命令。

② 在出现的"服务器角色属性"窗口中，如图 11.15 所示，单击"添加"按钮。

③ 在出现的"选择登录名"对话框中，如图 11.16 所示，在"输入要选择的对象名称"文本框中输入登录名，或单击"浏览"按钮选择对象名称，单击"确定"按钮，返回到图 11.15 界面，再单击"确定"按钮完成添加。

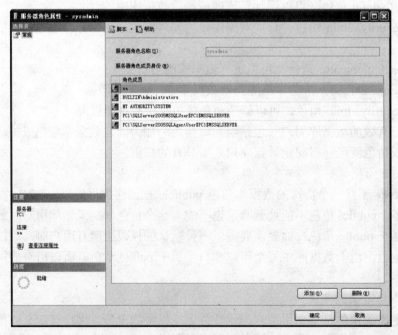

图 11.15　"服务器角色属性"窗口

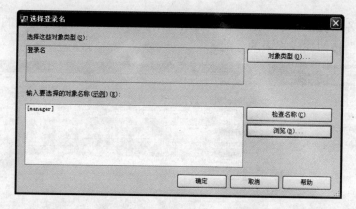

图 11.16 "添加成员"对话框

（2）创建用户自定义的数据库角色

使用自定义的数据库角色，可以简化数据库权限的管理工作。使用自定义的数据库角色管理数据库权限，一般按照以下三个步骤进行：

① 创建或修改自定义角色；

② 分配数据库权限给自定义的角色；

③ 将用户添加到自定义角色。

可以使用 Management Studio 或 Transact-SQL 语句创建用户自定义的数据库角色。下面使用 Management Studio 创建用户自定义的数据库角色。

① 打开 Management Studio，正确注册并登录数据库服务器，在 Management Studio 的"资源对象管理器"窗格中，如图 11.17 所示，展开"PC1"→"数

图 11.17 启动"新建数据库角色"

据库"→要操作的数据库→"安全性"项，右键单击"角色"项，在弹出的快捷菜单中，选择"新建数据库角色"命令。

② 在出现的"数据库角色-新建"窗口的"常规"选项页中，如图 11.8 所示，在"角色名称"文本框中，输入新的角色的名称；如果需要，还可以设定此角色的所有者、此角色所拥有的架构，还可以添加角色成员。单击"确定"按钮完成数据库角色的创建。

（3）为用户自定义的数据库角色授权

可以使用 Management Studio 或 Transact-SQL 语句为数据库角色授权。下面使用 Management Studio 为数据库角色授予权限。

① 打开 Management Studio，正确注册并登录数据库服务器，在 Management Studio 的"资源对象管理器"窗格中，如图 11.19 所示，展开"PC1"→"数据库"→要操作的数据库→"安全性"→"角色"→"数据库角色"项，右键单击要授权的角色名，在弹出的快捷菜单中，选择"属性"命令。

② 在出现的"数据库角色"属性窗口的"选择页"窗格中单击"安全对象"项，打开"安全对象"选项页，如图 11.20 所示，单击"添加"按钮，可以将要授权的多个数据库对象（表、视图、存储过程、架构等）添加到上部的"安全对象"网格中。在上部"安全对象"

网格中分别选择各个安全对象，然后在"显式权限"网格中为其设置适当的权限。

单击"确定"按钮完成权限的分配。

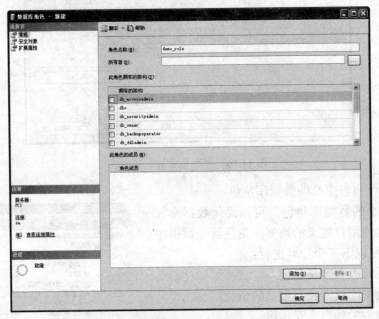

图 11.18　"数据库角色-新建"窗口的"常规"选项页

图 11.19　打开数据库角色的属性窗口

（4）为数据库角色添加成员

将数据库用户添加到数据库角色（固定数据库角色和用户自定义的数据库角色），可以使数据库用户获得数据库角色所具有的数据库权限。

可以使用 Management Studio 或 Transact-SQL 语句为数据库角色授权。下面使用 Management Studio 为数据库角色添加成员。

① 打开 Management Studio，正确注册并登录数据库服务器，在 Management Studio 的"资源对象管理器"窗格中，如图 11.19 所示，展开"PC1"→"数据库"→要操作的数据库→"安全性"→"角色"→"数据库角色"项，右键单击要添加成员的角色名，在弹出的快捷菜单

中，选择"属性"命令。

② 在出现的"数据库角色"属性窗口的"常规"选项页中，如图 11.21 所示，单击"添加"按钮，在弹出的"选择数据库用户或角色"对话框中的"输入要选择的对象名称"文本框中输入要添加的数据库用户名或角色名，也可单击"浏览"按钮进行浏览选择，单击"确定"按钮返回图 11.21 界面，单击"确定"按钮完成成员的添加。

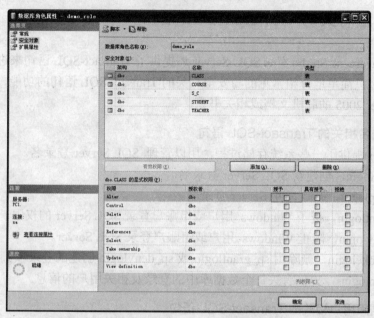

图 11.20   "数据库角色属性"窗口的"安全对象"选项页

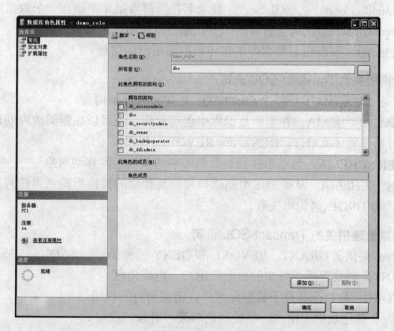

图 11.21   "数据库角色属性"窗口的"常规"选项页

一个数据库用户可以同时属于多个数据库角色，在这种情况下，数据库用户的数据库权限是这些角色的权限的累加。但是有一个例外，那就是一个角色中的拒绝权限优先于在另一个角色中授予的同一权限。例如，一个角色可能被授权访问某个表，但是另一个角色被拒绝对该表的访问，同时属于这两个角色的数据库用户将被拒绝访问该表，因为拒绝权限更具限制性并具有优先权。

11.4 与安全有关的 Transact-SQL 语句

除了 Management Studio 外，SQL Server 还提供了 Transact-SQL 语句来进行安全管理。限于篇幅，本节只简单地介绍常见的与安全相关的 Transact-SQL 语句的功能，其具体用法请参考 SQL Server 2005 的联机文档或相关书籍。

1. 与登录名相关的 Transact-SQL 语句
SQL Server 提供了一些系统存储过程，用以管理 SQL Server 登录名。
① sp_addlogin，创建新 SQL Server 登录名。
② sp_droplogin，删除 SQL Server 登录名。
③ sp_grantlogin，授予 Windows 用户或组账户登录 SQL Server 的权限。
④ sp_denylogin，阻止 Windows 用户或组账户登录 SQL Server。
⑤ sp_revokelogin，删除用 sp_grantlogin 或 sp_denylogin 创建的登录项。
⑥ sp_helplogins，提供有关每个数据库中的登录及相关用户的信息。

2. 与数据库用户相关的 Transact-SQL 语句
SQL Server 提供了一些系统存储过程，用以管理数据库用户。
① sp_granddbaccess，为 SQL Server 登录名在当前数据库中添加一个数据库用户。
② sp_revokedbaccess，从当前数据库中删除数据库用户。
③ sp_helpuser，报告当前数据库中指定数据库用户的信息。

3. 与架构相关的 Transact-SQL 语句
SQL Server 2005 提供了一些 Transact-SQL 语句来管理架构。
① CREATE SCHEMA，在当前数据库中创建架构，还可以在新架构内创建表和视图，并可对这些对象设置 GRANT，DENY 或 REVOKE 权限。
② ALTER SCHEMA，可用于在同一数据库中的架构之间移动对象
③ DROP SCHEMA，从数据库中删除架构。要删除的架构不能包含任何对象。如果架构包含对象，则 DROP 语句将失败。

4. 与权限管理相关的 Transact-SQL 语句
SQL Server 提供了 GRANT，REVOKE 和 DENY 三种 Transact-SQL 语句来管理权限。
① GRANT，把权限授予指定的数据库用户、组或角色。
② REVOKE，取消已经授予数据库用户、组或角色的权限。
③ DENY，禁止数据库用户、组或角色对某一对象的权限。

5. 与角色管理相关的 Transact-SQL 语句
在 SQL Server 中，管理服务器角色的系统存储过程主要有：

① sp_addsrvrolemember，将登录名添加到服务器角色，使其成为服务器角色的成员；

② sp_dropsrvrrolemember，从服务器角色中删除登录名，使其不再是服务器角色的成员。

在 SQL Server 中，管理数据库角色的系统存储过程主要有：

① sp_addrole，创建新的用户自定义的数据库角色；

② sp_droprole，删除用户自定义的数据库角色；

③ sp_addapprole，创建新的应用程序角色；

④ sp_dropapprole，删除应用程序角色；

⑤ sp_addrolemember，将数据库用户、组或角色添加到数据库角色，使其成为数据库角色的成员；

⑥ sp_droprolemember，从数据库角色中，删除数据库用户、组或角色，使其不再是数据库角色的成员；

⑦ sp_helprole，显示当前数据库中所有数据库角色的信息；

⑧ sp_helprolemember，显示当前数据库中所有角色的成员信息。

11.5 视图与数据访问

视图能作为一种安全性机制使用，以控制用户对数据的访问。视图是由查询语句定义的，是一张虚表，由查询语句的数据结果集构成。在视图中，用户只可以对他所看到数据进行访问操作，视图所引用的基表或数据库的其余部分是不可见的，也不能进行访问。

授予用户访问视图的权限，不会使用户拥有访问视图所引用的基表或数据库的其余部分的权限。另外，用户只需要拥有访问视图的权限，就可以对视图中的数据进行操作，而不需要再拥有访问视图所引用的基表或数据库的其余部分的权限。

例如，有一个视图 A，它由表 B 中除需要保密的 salary 列以外的所有列组成。授权用户 C 可查看视图 A 中的所有数据。在这种情况下，用户 C 不会自动拥有查看表 B 中的数据的权限，salary 列是安全的。

通过创建不同的视图及设置相应的权限，可实现行级和列级的数据安全。

1. 使用视图实现行级数据安全

可以定义一个视图，其中只包含从基表中抽取的、要让用户访问的数据行。授予用户访问这个视图的权限。这样，用户就能访问到这些数据行，而无法访问基表中其他的数据行。

【例 11.1】 采用视图使用户只能查看 ST 样例数据库 STUDENT 表中来自"信息学院信息工程系"的学生的信息。

```
CREATE VIEW  XXGC_Student
AS
SELECT * FROM Student WHERE 班级代号 IN
    (SELECT 班级代号 FROM CLASS WHERE 所属院系 = '信息学院信息工程系')
```

创建视图 XXGC_Student 后，将视图 XXGC_Student 的 SELECT 权限授予用户。当用户执行语句 SELECT * FROM XXGC_Student 时，只显示 STUDENT 表中来自"信息学院信息工程系"的学生的信息。

2. 使用视图实现列级数据安全

可以定义一个视图，其中只包含从基表中抽取的、要让用户访问的数据列。授予用户访问这个视图的权限。这样，用户就能访问到这些数据列，而无法访问基表中其他的数据列。

【**例 11.2**】 采用视图使用户只能查看 ST 样例数据库中 STUDENT 表的学号和姓名列。

```
CREATE VIEW Student_Common_Info
AS
SELECT 学号, 姓名 FROM STUDENT
```

创建视图 Student_Common_Info 后，将视图 Student_Common_Info 的 SELECT 权限授予用户，当用户执行语句 SELECT * FROM Student_Common_Info 时，只显示 STUDENT 表的学号和姓名列。

11.6 存储过程与数据访问

存储过程能作为一种安全性机制使用。当用户拥有某个存储过程 EXEC 权限时，他将能够执行这个存储过程而不必具有访问在存储过程中被访问的下层对象的权限。例如，数据库中有一个存储过程 A，用于返回 B 表的所有行，用户 C 具有存储过程 A 的 EXEC 权限，但用户 C 没有访问 B 表的任何权限，在这种情况下，用户 C 仍然可以执行存储过程 A 以返 B 表的所有行。

通过使用存储过程可以尽量避免用户对底层对象的直接访问，增加底层对象的安全性。使用存储过程控制数据访问的方法与视图类似：首先，创建存储过程；然后，将存储过程的 EXEC 权限授予相应的用户，这样，用户就可以执行存储过程了。

习 题 11

11.1 什么是登录名？什么是数据库用户？两者之间有什么关系？

11.2 SQL Server 的身份验证模式有哪几种？

11.3 SQL Server 有哪些特殊账号？这些特殊账号的用途是什么？

11.4 简述用户访问 SQL Server 数据库的过程。

11.5 什么是主体、安全对象和权限？

11.6 SQL Server 有哪些主要权限？

11.7 什么是服务器角色？什么是数据库角色？

11.8 什么是 public 角色？

11.9 请列举与权限管理相关的 Transact-SQL 语句。

11.10 简述如何使用视图实现行级数据安全。

11.11 简述如何使用视图实现列级数据安全。

11.12 简述存储过程在数据访问安全中的作用。

第 4 部分

SQL Server 2005 的应用

第 12 章　数据库应用程序接口

本章内容主要包括 ODBC 结构、ODBC 数据源的类型、ODBC 数据源管理器的使用、ADO 应用程序结构和 ADO 对象结构。要求熟练掌握数据源的类型，数据源管理器的使用；了解 ODBC 出现的原因、ODBC 的结构、ADO 应用程序结构和 ADO 对象结构。

在前面的章节，学习了数据库原理、数据库设计、数据库管理和 SQL 编程等知识，这些知识可用于管理企业内部的数据。但对于非计算机技术人员来说，要求他们掌握上述知识来使用数据库中的数据是不太现实的，也是没有必要的。因此，需要针对企业的业务需求，开发界面友好的应用程序以供普通用户使用数据库中的数据。

以前，在企业内部一般只使用一种数据库系统，用户通过终端或专门为这种数据库系统编写的应用程序对数据库进行访问。随着计算机技术的发展和计算机的普及，企业逐渐拥有多种数据库系统，程序员开始不得不为各种平台和各种种类的数据库系统编写应用程序，大量的时间浪费在编写特定平台和特定数据库的数据访问例程上，而不是应用程序本身上。为了减少这种不必要的浪费，程序员需要一种能够访问各种不同数据库管理系统的方法，使他们可以编写出独立于数据库管理系统的数据库应用程序。

微软公司推出的开放式数据库互连（ODBC，Open Database Connectivity）应用程序接口（API，Application Program Interface）提供了一种统一的方法，可以访问不同的、异构的数据库系统。使程序员可以编写出独立于数据库系统的数据库应用程序。

ODBC API 是一个调用级接口（CLI，Call Level Interface）的 C 语言接口，该接口使 VB、C 和 C++等应用程序得以访问来自不同数据源的数据。

ODBC API 是一种 Microsoft Win32 API，由一些 Windows 的动态链接库（DLL）组成，这些动态链接库包含了一系列函数来为任何具有 ODBC 驱动程序的数据库系统提供服务。

ODBC 已被数据库厂商和数据库程序员广泛接受，为了简化数据库应用程序的编程，微软又推出了几个基于 ODBC 的简化的数据对象模型，如：

- ActiveX 数据对象（ADO，ActiveX Data Object）；
- 远程数据对象（RDO，Remote Data Object）；
- 数据访问对象（DAO，Data Access Object）。

12.1　ODBC 基础知识

12.1.1　ODBC 结构

1．ODBC 解决方案

要标准化数据库的访问，这里有 3 个问题要考虑：

① 应用程序必须可以使用相同的源代码访问多种数据库系统，而无须重新编译或链接；

② 应用程序必须可以同时访问多种数据库系统；

③ ODBC 应该支持哪些数据库系统的功能特点？只支持所有数据库系统的通用功能特点，还是所有数据库系统的功能特点？

ODBC 以下面的方式解决这几个问题：

① ODBC 是一个调用级接口（CLI）。为解决使用相同的源代码访问多种数据库系统的问题，ODBC 定义了一个标准的 CLI。这个 CLI 为应用程序提供了通用的功能。

每个支持 ODBC 的数据库系统还需要提供一个库（也称为驱动程序），驱动程序实现了 ODBC API 的功能。为了使用一个不同的数据库的 ODBC 驱动程序，应用程序不需重新编译或链接，应用程序只需加载那个数据库的 ODBC 驱动程序，并调用那个驱动程序所提供的功能。要同时访问多个数据库系统，应用程序需要加载多个数据库的 ODBC 驱动程序。ODBC 驱动程序是特定于操作系统的，对于 Microsoft Windows 操作系统来说，驱动程序是一些动态链接库（DLL）。

② ODBC 定义了一个标准的 SQL 语法。这个 SQL 语法是基于 X/Open SQL CAE 规范的。应用程序可以使用 ODBC 的 SQL 语法或是特定数据库系统的 SQL 语法，如果应用程序所用的 ODBC 的 SQL 语法与特定数据库系统的 SQL 语法不同，ODBC 驱动程序首先会将 ODBC 的 SQL 语法转化为特定数据库系统的 SQL 语法，然后再传给数据源。然而，这种转换很少发生，因为大多数数据库系统已经使用了标准的 SQL 语法。

③ ODBC 提供了一个驱动程序管理器来管理对多个数据库系统的同时访问。虽然驱动程序的使用，解决了同时访问多个数据库系统的问题，但是编写这样的代码是比较复杂的。与多个驱动程序一起协同工作的应用程序，不能与驱动程序静态地绑定，而应该在运行时动态地加载驱动程序，并通过函数指针表调用驱动程序中的函数。当应用程序同时加载多个驱动程序时，情况会更加复杂。ODBC 并没有强迫每个应用程序去编写这样的代码，而是提供了一个驱动程序管理器。

驱动程序管理器实现了所有的 ODBC 函数，当然其中大部分函数只是简单地将调用传递给驱动程序的 ODBC 函数。驱动程序管理器可以静态地链接到应用程序或是被应用程序动态地加载。这样，应用程序通过驱动程序管理器，用 ODBC 的函数名来调用 ODBC 函数，而不是通过每个驱动程序中的指针。

当一个应用程序需要一个特定的驱动程序时，它首先请求一个标识此驱动程序的连接句柄，然后请求驱动程序管理器加载这个驱动程序。驱动程序管理器加载这个驱动程序，储存驱动程序中的每个函数的地址。要调用驱动程序中的一个 ODBC 函数，应用程序在驱动程序管理器中调用那个函数并传递驱动程序的连接句柄给驱动程序管理器，驱动程序管理器然后用起先储存的地址调用那个函数。

④ ODBC 支持大量的数据库功能特点，但不是支持所有种类的数据库系统功能特点。如果 ODBC 只支持通用的数据库功能特点，它就不会得到普遍的应用。毕竟，在今天之所以有那么多种类的数据库系统的存在，是因为它们有自己的特点。但是要 ODBC 支持所有种类的数据库系统的功能特点，也是不现实的。因此 ODBC 支持大量的数据库功能特点，多过大多数数据库系统所支持的功能特点。

但是 ODBC 只要求驱动程序实现这些功能特点的一个子集。如果底层的数据库系统支持这个子集之外的功能，该数据库系统的 ODBC 驱动程序可以实现这些功能。因此，应用程序可以选择使用 ODBC 驱动程序所提供的特定于某种数据库系统的功能或是使用对所有数据库系统都通用的功能。应用程序可以检查 ODBC 驱动程序和数据库系统所支持功能特点，ODBC 提供了两个函数（SQLGetInfo 和 SQLGetFunctions）可以获得驱动程序与数据库系统的总体信息，以及驱动程序所支持的功能列表。

要记住的、重要的一点是 ODBC 为所有的功能特点定义了一个通用的接口，应用程序是针对这个接口编程的。应用程序可以使用任何支持这个接口的 ODBC 驱动程序。只要接口不变，即使数据库系统的功能更新了，应用程序也不需要做任何更改。

2. ODBC 结构

如图 12.1 所示，ODBC 有 4 个组成部分：应用程序、驱动程序管理器、驱动程序和数据源。

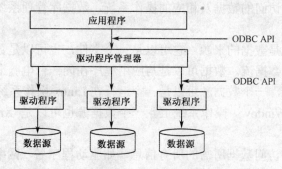

图 12.1　ODBC 结构

在图 12.1 中，首先，有多个驱动程序和数据源，这使应用程序可以同时访问多个数据源。其次，ODBC API 出现在两个地方：应用程序与驱动程序管理器之间，驱动程序管理器与驱动程序之间。驱动程序管理器与驱动程序之间的 ODBC API 有时又称为服务供应商接口（SPI，Service Provider Interface）。对于 ODBC 来说，API 和 SPI 是一样的，也就是说，驱动程序管理器和驱动程序的功能接口是一样的。

（1）应用程序

应用程序提供系统与用户的界面，实现系统的业务流程，调用 ODBC API 以提交 SQL 语句，并取回 SQL 语句的执行结果，与驱动程序管理器连接，并通过驱动程序管理器调用驱动程序所支持的 ODBC API 来操纵数据库。

（2）驱动程序管理器

驱动程序管理器是一个库，在 Microsoft Windows 平台上，驱动程序管理器是一个动态链接库（DLL）。驱动程序管理器的主要功能有：根据数据源名来决定加载哪个驱动程序、加载和卸载驱动程序、处理应用程序对 ODBC 函数的调用、将调用传递给驱动程序等。

当应用程序请求与数据源进行连接时，驱动程序管理器读取该数据源的描述，定位并加载相应的驱动程序，管理应用程序与驱动程序的连接，处理应用程序对 ODBC 函数的调用，检查 ODBC 调用参数的合法性，将调用传递给驱动程序，由驱动程序来访问数据源，并返回结果。

（3）驱动程序

驱动程序实现了 ODBC API 的功能，通常是一个动态链接库（DLL）。驱动程序用于处理对 ODBC API 的调用。应用程序对 ODBC API 的调用通过驱动程序管理器传递给驱动程序，驱动程序处理对 ODBC API 的调用，将数据库应用程序的 SQL 请求提交给指定的数据源，接收由数据源返回的结果和状态信息，并将该结果和状态信息传给应用程序。如果需要，驱动程序会修改应用程序的调用请求，使其符合特定数据库系统的语法要求。

不同的数据库系统的驱动程序是不一样的。例如，Oracle 数据库的 ODBC 驱动程序不能用来直接访问 Informix 数据库，反之亦然。为了使一个应用程序能与不同的数据源连接，每种数据库都要向 ODBC 驱动程序管理器注册它自己的驱动程序。驱动程序管理器能够确保应用程序正确地调用相应的数据源，并保证把取自不同数据源的数据正确地回送给相应的应用程序。

数据库驱动程序通常是由数据库厂商提供的。

（4）数据源

数据源包括用户要访问的数据及相应的操作系统、数据库管理系统和用来访问数据库的网络平台。

简单来说，数据源是数据的来源，它可以是一个文件，也可以是数据库管理系统中的一个数据库，甚至是一个数据流。数据可以是与应用程序在同一台电脑上，也可以是在网络上的另一台电脑上。例如，一个数据源可以是一个运行在 Linux 操作系统上的 Oracle 数据库，而应用程序却运行在 Windows 操作系统上。一个数据源也可以是 Xbase 文件或 Microsoft Access 数据库文件。

数据源的目的是将访问数据所需的所有信息（如驱动程序名、网络地址、网络软件等）都集中在一处，并对用户透明。

在开发一个由 ODBC 技术支持的应用程序时，首先要建立数据源，并给它命名。在建立数据源时，要指定 ODBC 驱动程序名、数据库服务器的名称、网络地址、连接参数等信息。这个命名的数据源名称就给 ODBC 驱动程序管理器指出了数据库服务器的名称和用户默认的连接参数等。之后，用户就可以使用该数据源名称来访问该数据库，而无须知道该数据库的技术细节。

12.1.2 ODBC 数据源管理

数据源是用数据源名（DSN，Data Source Name）标识的数据库或文件。

1. 数据源的类型

数据源主要有以下 3 种类型。

① 用户 DSN。用户 DSN 储存了如何与指定数据提供程序连接的信息。用户 DSN 只能用于当前机器，而且只能由当前用户使用。用户 DSN 存放在注册表的 HKEY_CURRENT_USER 子树下。

② 系统 DSN。系统 DSN 储存了如何与指定数据提供程序连接的信息。系统 DSN 只能用于当前机器。与用户 DSN 不同，系统 DSN 可以由 NT 服务和当前机器上的所有用户使用。系统 DSN 存放在注册表的 HKEY_LOCAL_MACHINE 子树下。

③ 文件 DSN。文件 DSN 储存了如何与指定数据提供程序连接的信息。文件 DSN 是基于文件的数据源，它可以由安装了同相 ODBC 驱动程序的所有用户共享。文件 DSN 不是由注册表条目标识的，它是由一个扩展名.dsn 的文件名标识的。

用户 DSN 和系统 DSN 又被合称为机器数据源，因为它们只能用于当前机器。

2. 数据源管理器

在用 ODBC 驱动程序的安装程序安装完 ODBC 驱动程序后，就可以为 ODBC 驱动程序定义一个或多个数据源。

在 Microsoft Windows 操作系统中，预装了许多 ODBC 驱动程序，并带有一个数据源管理器。使用数据源管理器可以对数据源进行管理。在 Windows 2000 中，打开数据源管理器的方法是："控制面板"→"管理工具"→"数据源（ODBC）"。在 Windows XP 中，打开数据源管理器的方法是："控制面板"→"管理工具"→"性能和维护"→"数据源（ODBC）"。

ODBC 数据源管理器如图 12.2 所示。

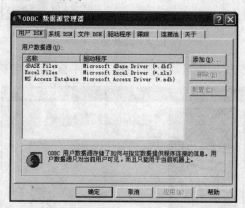

图 12.2　ODBC 数据源管理器

（1）添加、删除或配置数据源

在数据源管理器中，可以添加、删除、配置一个或多个用户 DSN、系统 DSN 和文件 DSN。下面以添加一个到 MS SQL Server 数据库的文件 DSN 为例，说明操作过程。

① 在图 12.2 所示的 ODBC 数据源管理器中，单击"文件 DSN"选项卡。

② 在出现的如图 12.3 所示的对话框中，单击"添加"按钮。

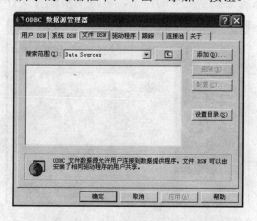

图 12.3　"文件 DSN"选项卡

③ 在出现的如图 12.4 所示的对话框中，选择"SQL Native Client"驱动程序，然后单击"下一步"按钮。

图 12.4 选择驱动程序

④ 在出现的如图 12.5 所示的对话框中，输入文件 DSN 的名称，单击"下一步"按钮。

图 12.5 输入文件 DSN 的文件名

⑤ 在出现的如图 12.6 所示的对话框中，单击"完成"按钮，完成文件 DSN 的添加。在单击"完成"按钮后，系统会提示更多的信息，以进一步配置文件 DSN。

图 12.6 完成文件 DSN 的添加

⑥ 在出现的如图 12.7 所示的对话框中，输入此文件 DSN 的描述，并选择连接到哪一个数据库服务器，单击"下一步"按钮。

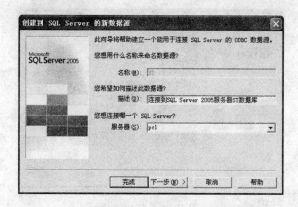

图 12.7　指定数据库服务器

⑦ 在出现的如图 12.8 所示的对话框中，选择"使用用户输入登录 ID 和密码的 SQL Server 验证"项，在"登录 ID"和"密码"文本框中分别输入数据库管理员分配给你的登录 ID 和密码，单击"下一步"按钮。

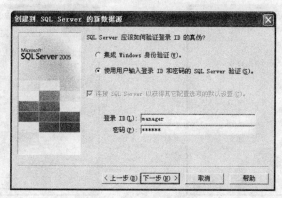

图 12.8　配置登录选项

⑧ 在出现的如图 12.9 所示的对话框中，选中"更改默认的数据库为"复选框，并选择默认的数据库，单击"下一步"按钮。

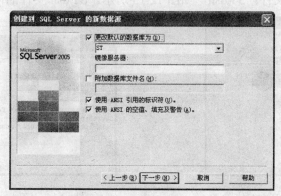

图 12.9　选择默认的数据库

⑨ 在出现的如图 12.10 所示的对话框中，保持默认选项，单击"完成"按钮。

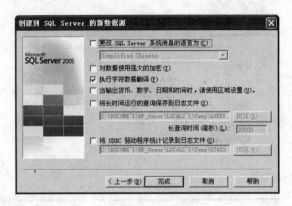

图 12.10 其他选项

⑩ 在出现的如图 12.11 所示的对话框中，单击"测试数据源"按钮。如果测试成功会出现如图 12.12 所示的对话框，单击"确定"按钮，在出现的对话框中再单击"确定"按钮。至此，整个添加过程结束。

图 12.11 测试数据源

图 12.12 测试成功

假定系统盘为 C 盘，则在 C:\Program Files\Common Files\ODBC\Data Sources 目录下可以看到刚才创建的 DSN 文件：ST.dsn，如图 12.13 所示。ST.dsn 文件的内容如图 12.14 所示。

图 12.13 DSN 文件的位置

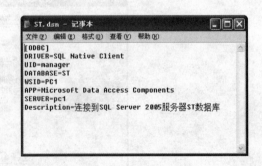

图 12.14 ST.dsn 文件的内容

（2）查看驱动程序

为了配置数据源，必须至少安装一个驱动程序。在数据源管理器中，可以查看系统已经安装的驱动程序，包括驱动程序名、版本号、开发商、驱动程序文件名、文件创建的日期等信息。在数据源管理器中，只能查看驱动程序，要安装或卸载驱动程序，需用驱动程序的安装程序。查看驱动程序的界面如图 12.15 所示。

（3）跟踪选项

如果在如图 12.16 所示的对话框中，单击"立即启动跟踪"按钮，驱动程序管理器会将随后的所有的 ODBC 调用记录在日志文件中。

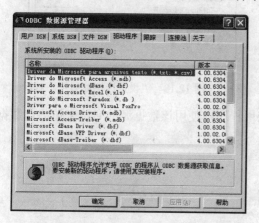

图 12.15　查看驱动程序

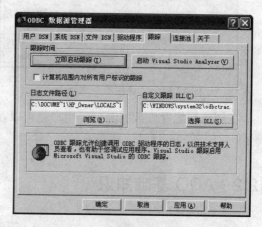

图 12.16　跟踪选项

（4）配置连接池

基于 ODBC 数据库应用程序大概的工作流程是：创建一个到数据库的连接，提交 SQL 语句对数据库进行操作，完成数据操作后，断开与数据库的连接。

创建到数据库的连接，是一个比较耗时和耗资源（CPU、内存、网络资源等）的操作。对于访问量高的系统，频繁地创建和断开数据库连接对系统是一个很大的负担。为了提高系统的性能和响应速度，可以事先创建好一定数量的连接放入到一个池中提供给用户使用，用户使用完后，并不释放这个连接，而是把连接返回到池中供下一次使用，这个池就称为连接池（Connection Pooling）。概括来说，连接池的特点有如下。

① 连接池在初始化时，建立多条到数据库的连接放在连接池中。

② 连接池允许应用程序从连接池中获得一个连接并使用这个连接，而不需要为每一个连接请求重新建立一个连接。

③ 当应用程序使用完连接后，该连接被归还给连接池而不是直接释放。也就是说一旦一个新的连接被创建并放置在连接池中，应用程序就可以重复使用这个连接。

连接池技术极大的减少了创建连接的次数，可以显著地改善高访问量的系统的性能和提高响应速度。

在数据源管理器的"连接池"选项卡中，可以查看和配置 ODBC 驱动程序的连接池，如图 12.17 所示。在"ODBC 驱动程序"列表框中，双击要配置的驱动程序，打开如图 12.18 所示的对话框。如果选择"不使用池连接此驱动程序"单选项，则禁用连接池；如果选择"使用池连接此驱动程序"单选项，则启用连接池。也可以为留在池中未被使用的连接设置一个连接超时间隔。

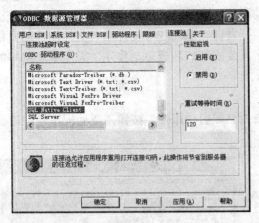

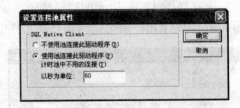

| 图 12.17 "连接池"选项卡 | 图 12.18 "设置连接池属性"对话框 |

在创建和配置好数据源后，用户就可以在应用程序中使用该数据源的名称来访问该数据源了。

12.2 ADO 基础知识

12.2.1 ADO 应用程序的结构

基于 ODBC API 的应用程序的编程是比较复杂的，为了简化数据库应用程序的编程，在 ODBC 的基础上，微软发展出了数据访问对象（DAO，Data Access Object）模型和远程数据对象（RDO，Remote Data Object）模型，在 DAO 和 RDO 的基础上，又发展出了更加简化、更加容易编程的 ActiveX 数据对象（ADO，ActiveX Data Object）。

ADO 是一组自动化对象，任何用启用自动化的语言（如 VB，Visual C++，ASP 等）编写的应用程序都可以使用 ActiveX 数据对象（ADO）。

ADO 的主要特点是：易于使用、高速度、低内存支出和占用磁盘空间较少。

ADO 既支持 C/S 结构，又支持 B/S 结构。ADO 是开发基于微软平台的数据库应用程序的最佳选择。目前，ADO 已广泛地用于 ASP 网页编程。

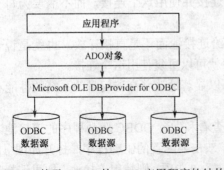

图 12.19 基于 ODBC 的 ADO 应用程序的结构

基于 ODBC 的 ADO 应用程序的结构如图 12.19 所示。

Microsoft OLE DB Provider for ODBC 允许应用程序通过 ADO 对象连接到任何 ODBC 数据源，并对 ODBC 数据源的数据进行操纵。

12.2.2 ADO 对象的结构

ADO 对象共有 7 个子对象和 4 个数据集合。下面列出了这 7 个子对象和 4 个数据集合的名字，并简要介绍了它们的功能。

（1）ADO 对象的 7 个子对象

① Connection 对象（连接对象）。该对象用来建立数据源和应用程序之间的连接。代表与一个数据源的唯一对话。例如，可以用连接对象来建立一个到 Microsoft SQL Sever 数据库的连接。建立连接之后可以使用 Recordset 对象或 Command 对象对数据库进行查询、更新、增加和删除等操作。

② Recordset 对象（记录集对象）。代表来自一个数据提供者的一组记录，用来对已经连接的数据源内的数据进行操作。例如，你可以用一个 Recordset 对象来修改一个 SQL Sever 表中的记录。

③ Field 对象（域对象）。代表一个记录集中的一个域，相当于数据库中的字段。

④ Command 对象（命令对象）。代表一个命令。例如，可以用 Command 对象执行一个有参数的 SQL 查询或存储过程。

⑤ Parameter 对象（参数对象）。代表 SQL 存储过程或有参数查询中的一个参数。

⑥ Property 对象（属性对象）。代表数据提供者的具体属性。

⑦ Error 对象（错误对象）。代表 ADO 错误。

（2）ADO 对象的 4 个集合

① Errors 集合（错误集合）。所有 Error 对象的集合，该集合用来响应一个 Connection 上的错误。

② Parameters 集合（参数集合）。所有 Parameter 对象的集合。该集合关联着一个 Command 对象。

③ Fields 集合。所有 Field 对象的集合。该集合关联着一个 Recordset 对象。

④ Properties 集合。所有 Property 对象的集合，该集合关联着 Connection、Command 或 Field 对象的其中一个。

习 题 12

12.1 请画出 ODBC 结构图并简单说明。

12.2 ODBC 数据源有哪几种类型？

12.3 在 Windows 计算机上，使用 ODBC 数据源管理器创一个文件 DSN。

12.4 请画出基于 ODBC 的 ADO 应用程序的结构图。

12.5 请列出 ADO 对象的 7 个子对象和 4 个数据集合的名字，并简要介绍它们的功能。

第13章 基于 Web 的数据库应用

本章主要内容有 IIS 的安装与配置、网页制作、ASP 技术、ASP 的数据库编程、Web 数据库应用开发综合实例分析等。要求了解 IIS 的安装与配置、网页制作、ASP 技术，掌握 Web 的数据库应用开发的 8 个基础模块，能够应用基础模块进行基于 Web 的数据库应用系统的开发。

随着互联网的高速发展，基于 Web 的数据库应用程序也日趋流行。本章介绍如何使用 ASP（Active Server Pages）开发基于 Web 的数据库应用。ASP 是微软公司推出的用于开发 Web 应用的一种脚本语言。ASP 用于开发基于 Web 的数据库应用是比较方便的，一经推出便得到广泛的应用。

13.1 IIS 安装及设置

13.1.1 IIS 安装

ASP 是一种服务器端脚本语言，不能直接通过 IE 访问本地 ASP 文件。需要使用微软公司的 IIS（Internet Information Services，Internet 信息服务）。IIS 是一种 Web 服务器软件，通过它可以建立 Web 网站，运行和调试 ASP 程序。如果想将 Web 网站发布到互联网上，需要有 Internet IP 地址和到互联网的物理连接，如果要使用域名，还需申请域名，具体细节可参考相关资料。

IIS 是 Windows 2000/XP 的可选组件，安装步骤如下：

① 通过"控制面板"→"添加/删除程序"，打开"添加或删除程序"对话框，如图 13.1 所示，单击该界面的第 3 个安装选项——"添加/删除 Windows 组件"。

图 13.1 "添加或删除程序"对话框

② 在出现的如图 13.2 所示的"Windows 组件向导"对话框中，如果"Internet 信息服务"选项是选中状态，则表明本机已经安装了 IIS，可单击"取消"按钮退出安装。如果该选项为未选中状态，可钩选该选项，单击"下一步"按钮进行安装。这时需要插入 Windows 2000/XP 的安装光盘，若未插入光盘，系统会提示插入光盘。

若系统无其他故障，过一会儿后，系统会提示安装成功。

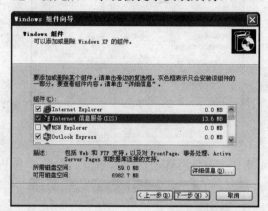

图 13.2　"Windows 组件向导"对话框

13.1.2　配置网站

在 Windows 2000 中，IIS 管理工具的位置是："控制面板"→"管理工具"→"Internet 信息服务"。在 Windows XP 中，IIS 管理工具的位置是："控制面板"→"管理工具"→"性能和维护"→"Internet 信息服务"。

IIS 管理工具的用户界面如图 13.3 所示。Web 网站的配置步骤如下。

图 13.3　"Internet 信息服务"管理窗口

① 在如图 13.3 所示的窗口中，右键单击"默认网站"项，在弹出的快捷菜单中选择"属性"命令。

② 在出现的如图 13.4 所示的对话框中，保持默认设置。

③ 单击"主目录"选项卡，在出现的如图 13.5 所示对话框中，在"本地路径"文本框

中输入网站程序文件所在的目录的路径。本书中，该路径为 d:\demo，d:\demo 目录是事先创建的，用于存放本章后面创建的网站程序的。

图 13.4 "默认网站属性"对话框的"网站"选项卡

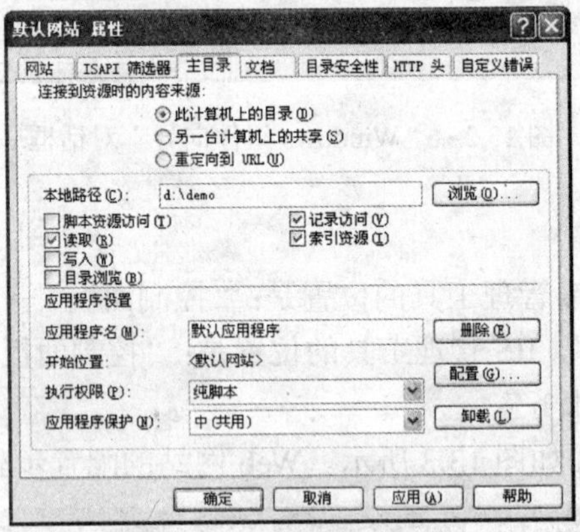

图 13.5 "主目录"选项卡

④ 单击"文档"选项卡，在出现的如图 13.6 所示对话框的列表框中列出了网站的默认文档，默认文档是网站主目录及各级子目录的默认主页文件。删除不用的默认文档名，单击"添加"按钮，输入本书用到的 index.htm 和 index.asp 这两种默认文档名。单击"确定"按钮，网站的配置完成。

图 13.6 "文档"选项卡

此处，只对网站做简单的配置，更加详细的网站配置请参阅相关资料。

完上述配置后，Web 网站已经正确发布，在 Web 浏览器的地址栏输入 http://localhost 进行访问，localhost 是指本机，当然也可以通过指定 IP 地址或域名的方式进行访问。图 13.7 为网站主页的显示效果。

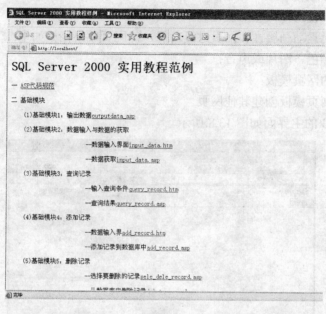

图 13.7　网站主页的显示效果

13.2　网页制作

网页是构造网站的主要部分，要建立一个网站，或者要开发一个基于 Web 的数据库应用，首先要制作网页。网页一般用 HTML（Hypertext Markup Language，超文本标记语言）编写，HTML 是全球广域网上描述网页内容和外观的标准。

一个 HTML 网页包含了 HTML 标记符，这些标记符是一些嵌入式命令，提供网页的结构、外观和内容等信息。Web 浏览器利用这些信息来决定如何显示网页。

可以使用多种工具帮助制作网页，自动生成 HTML 文件。Microsoft FrontPage 2003 是一种极为简单的网页制作工具，由于本书的目的是学习数据库系统，所以，以下部分将选择最简单的网页制作工具 FrontPage 制作网页。FrontPage 可以像在字处理程序（如 Microsoft Word）中编辑图文一样地编辑网页。当输入文本、设置文本格式，以及添加图形、表格等网页元素时，FrontPage 会在后台添加相应的 HTML 标记符，网页就会如同在 Web 浏览器中出现一般被显示出来，也可以在网页上将 HTML 标记符显示出来。如果熟悉 HTML，也可以自己编辑、书写 HTML 标记符。

为了创建具有专业化外观、设计完善的网页，FrontPage 提供多种网页模板，能快速地创建具有各种布局和功能的网页。例如，可以利用 FrontPage 的模板来创建两列式的网页或带有搜索表单的网页，也可以使用多种主题之一来创建网页。一个主题包含了附有颜色结构的完整设计组件，其中包括字体、图形、背景、导航栏、水平线和其他网页元素。

如果想自己从一个空白的网页开始设计网页，可以采取如下步骤：

① 使用框架、表格或绝对定位来精确定位网页上的文本和图形；

② 添加网页元素，如文本、图形、网页横幅、表格、表单、超链接、横幅广告、字幕、悬停按钮、日戳、计数器等；

③ 应用样式或使用样式表来设置文本格式；

④ 设置网页元素动画属性和网页过渡功能，使网页效果栩栩如生；

⑤ 设置背景颜色、图片或声音；

⑥ 创建自己的网页模板；

⑦ 用自己的网页模板创建其他网页。

FrontPage 2003 的主界面如图 13.8 所示。

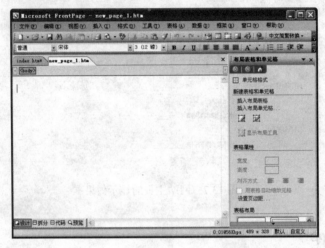

图 13.8　FrontPage 2003 主界面

如果在 FrontPage 的"设计"视图中设计网页，那么并不需要知道任何的 HTML 或 DHTML 知识，因为 FrontPage 是一个可以自动生成 HTML 代码的所见即所得的设计工具。不需输入任何的 HTML 代码就可以插入图像、控件、Script、Java 小程序或超链接。然而，如果想要查看 FrontPage 所创建的 HTML 标记，那么可以在"代码"视图中显示 HTML 标记。

如果想直接书写和编辑 HTML，则请切换至"代码"视图。

组成网页的元素有文本、图形、网页横幅、表格、表单、超链接、横幅广告、字幕、悬停按钮、日戳、计数器等，其中表单与超链接是组成网页的最常用元素。

（1）创建超链接

使用超链接可以把众多独立的网页链接起来，组成一个整体。创建超链接的步骤如下：

① 在 FrontPage "设计"视图中，选定要添加链接的对象（如文字、图片等）；

② 右键单击选定的对象，在弹出的快捷菜单中选择"超链接"命令；

③ 在弹出的"插入超链接"对话框中，选择要链接的网页文件，单击"确定"按钮，完成超链接的创建。

（2）创建表单

表单是用来收集网站访问者信息的域集，网站访问者填写表单，通过单击"提交"按钮将信息发送到服务器端的表单处理程序。表单处理程序以各种不同的方式处理网站访问者提交的信息。创建表单的步骤如下：

① 在 FrontPage "设计"视图中，定位光标到要插入表单的位置；

② 选择菜单栏"插入"→"表单"→"表单"命令，即可插入表单；

③ 右键单击已插入的表单，在弹出的快捷菜单中，选择"表单属性"命令；

④ 在出现的"表单属性"对话框中，单击"选项"按钮；

⑤ 在出现的"自定义表单处理程序的选项"的对话框的"动作"文本框中输入与该表单对应的表单处理程序的文件名，单击"确定"按钮，再单击"确定"按钮，完成表单的创建。

（3）创建表单元素

组成表单的元素有多种，包括文本框、文本区、复选框、选项按钮、按钮、标签等。

下面以创建文本框为例，说明创建表单元素的步骤。创建文本框的步骤如下：

① 光标定位要在表单中放置文本框的地方，然后按 Enter 键，以插入新的一行；

② 选择菜单栏"插入"→"表单"→"单行文本框"命令；

③ 直接在文本框的左边输入文本框的标签，如输入全名；

④ 双击文本框，在弹出的"文本框属性"对话框中设置它的属性，在"名称"框中，输入标识文本框的名称，假如希望网站访问者第一次打开该表单时在文本框内显示文本，请在"初始值"框内输入文本，在"宽度"框内，输入希望在文本框内容纳的字符数，单击"确定"按钮完成文本框的属性设置。

新创建的文本框的效果如下：

输入您的全名：

其他表单元素的创建步骤与文本框的创建步骤类似。

本节简单地介绍了如何使用 FrontPage 制作网页，更加详细的网页制作知识请参阅相关资料。

13.3 ASP

ASP 程序可由服务器端脚本与 HTML 共同构成，程序文件名以.asp 扩展名结尾。服务器端脚本可由 VBScript 或 JScript 脚本语言书写，默认是 VBScript。VBScript 是 Visual Basic 语言的子集，使用与 Visual Basic 语言相同的语法和对象命名约定。

所有包含在脚本界定符<%和%>之间的 VBScript 脚本语言都是服务器端脚本，在服务器端运行后生成标准的 HTML 代码输出到客户端，因此在客户端只能看到纯粹的 HTML 代码，看不到 ASP 程序的源代码。

下面的程序代码说明了在 ASP 页面中嵌入 VBScript 服务器脚本的快捷形式。

```
<html>
    <head>
        <title>程序标题</title>
    </head>
```

```
        <body>
            <%
            'VBScript 程序
            %>
        </body>
    </html>
```

VBScript 服务器脚本可在 FrontPage "设计" 视图中手工编写。限于篇幅，本书不详细介绍 VBScript 的语法知识，请读者参考相关资料。

13.4 ASP 的数据库编程

本节主要学习 ASP 的数据库编程，利用 ASP 进行数据库操作在当今的网站管理及网络数据库应用系统中已经成为不可缺少的一部分。

基于 Web 的数据库应用的主要工作过程是用户通过网页获取数据库中的信息，或者对数据库中的数据进行增加、删除、修改及查询等操作。用 HTML 代码可以生成人机交互的网页界面，而通过 ASP 可以使网页与后台的 SQL Server 数据库连接起来，这样用户就可以方便地通过网页对后台数据库中的数据进行增加、删除、修改及查询等操作。

目前，已经开发成功的基于 Web 的数据库应用系统的种类和数量非常多，通过对这些系统的分析，可以发现这些系统基本上都是由一些基础模块组合而成的。本节归纳出这些基础模块，并介绍如何编程实现这些基础模块，而在后面的章节中介绍如何使用这些基础模块组合出各种应用系统。

本节归纳出的基础模块主要有：
① 基础模块 1——输出数据；
② 基础模块 2——数据输入与数据的获取；
③ 基础模块 3——查询记录；
④ 基础模块 4——添加记录；
⑤ 基础模块 5——删除记录；
⑥ 基础模块 6——修改记录；
⑦ 基础模块 7——选择记录号显示记录详细内容；
⑧ 基础模块 8——分页显示。

本节将以通过 Web 网页操作 ST 样例数据库中的 Course 表为例来介绍如何编程实现这些基础模块。

13.4.1 基础模块 1——输出数据

可以使用 ASP 的 Response 对象的 write 方法输出数据到 Web 浏览器。下面的程序清单说明如何使用 ASP 脚本输出数据（字符串常量、变量等）到浏览器中。

output_data.asp 程序清单：

```
    <html>
    <head>
```

```
<title>基础模块 1：输出数据</title>
</head>
<body>
<h1>基础模块 1：输出数据</h1>
<%
Response.write("This writes line one<br>")    '使用 Response 对象的 write 方法
                                                输出字符串常量
sLine2="This writes line two"                  '给变量 sLine2 赋值
sLine3="This writes line three"                '给变量 sLine3 赋值
Response.write sLine2                           '使用 Response 对象的 write 方法
                                                输出变量 sLine2 的值
%>
<br>
<!--使用简化的形式输出变量 sLine3 的值-->
<% =sLine3 %>
</body>
</html>
```

在 Web 浏览器中运行后的结果如图 13.9 所示。

图 13.9   output_data.asp 文件运行结果

13.4.2   基础模块 2——数据输入与数据获取

ASP 编程技术允许从 HTML 表单中获取用户输入的数据，这样就能使用用户输入的数据对数据库进行各种操作。

该模块由一个数据输入界面程序（如 input_data.htm）和一个数据处理程序（如 input_data.asp）组成。input_data.htm 为用户提供一个数据输入的界面，input_data.asp 实现了从 Web 浏览器获取用户输入的数据并对数据进行处理的功能。

用户输入界面程序可用 FrontPage 进行设计，设计的结果如图 13.10 所示。

设计中比较关键的一点是要将"表单属性"的"自定义表单处理程序的选项"的"动作"

文本框的值设为：input_data.asp，具体步骤参见 13.2 节的创建表单部分的内容。这样就把数据输入界面程序 input_data.htm 和数据处理程序 input_data.asp 关联起来了。

设计完成后，FrontPage 自动生 input_data.htm 的 HTML 程序代码。

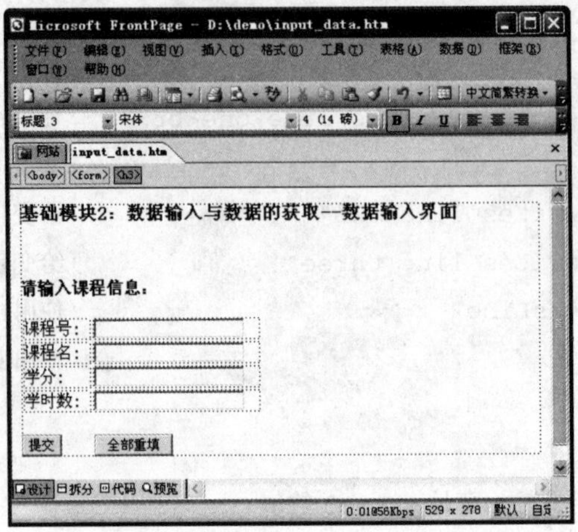

图 13.10　input_data.htm 的设计结果

input_data.htm 程序清单：

```html
<html>
<head>
<title>基础模块 2：数据输入与数据的获取--数据输入界面</title>
</head>
<body>
<form method="POST" action="input_data.asp">
<p><h3>基础模块 2：数据输入与数据的获取--数据输入界面</h3>
<br>
<h4>请输入课程信息: </h4>
<table border="0" width="237" id="table1" height="30%">
<tr>
<td width="65">课程号:</td>
<td> <input type="text" name="txtCourseNO" size="20"></td>
</tr>
<tr>
<td width="65">课程名:</td>
<td> <input type="text" name="txtCourseName" size="20"></td>
</tr>
<tr>
<td width="65">学分:</td>
<td><input type="text" name="txtCredits" size="20"></td>
</tr>
<tr><td width="65">学时数:</td>
<td><input type="text" name="txtHours" size="20"></td>
```

```
</tr>
</table>
<p>
<input type="submit" value="提交">  <input type="reset" value="
全部重填">
</p>
</form>
</body>
</html>
```

程序代码中，用<input type="text" name="txtCourseNO" size="20">等语句生成各个文本框供用户输入。其中，"课程号"文本框的名字是 txtCourseNO，用户提交数据给数据处理程序后，数据处理程序是根据文本框的名字 txtCourseNO 来提取用户在"课程号"文本框中输入的内容的。其他文本框内容的提取也是类似的。

input_data.htm 在 Web 浏览器中运行后的结果如图 13.11 所示。用户输入数据后，单击"提交"按钮，用户输入的数据将被提交给数据处理程序 input_data.asp。input_data.asp 程序接收用户输入的数据，并将用户输入的数据输出到 Web 浏览器。input_data.asp 的运行结果如图 13.12 所示。

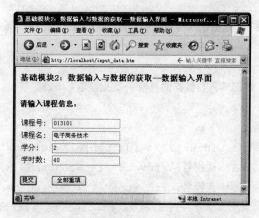

图 13.11　input_data.htm 运行结果

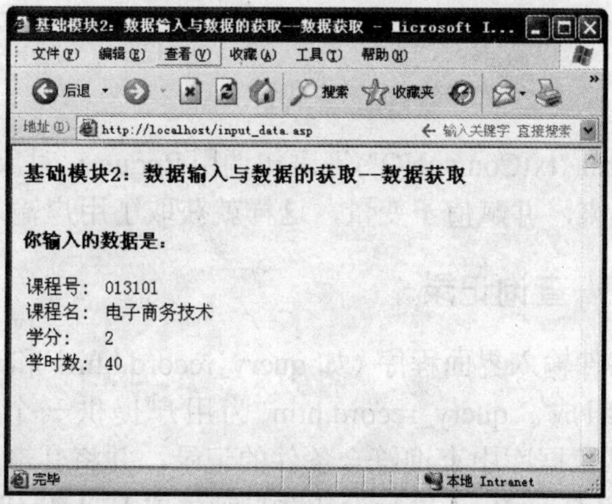

图 13.12　input_data.asp 运行结果

input_data.asp 程序流程图如图 13.13 所示。

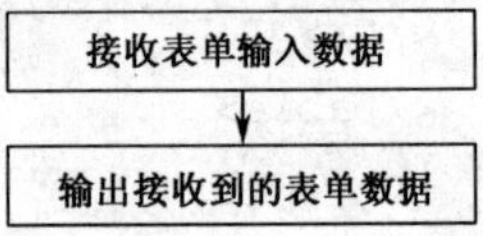

input_data.asp 程序清单：

```
<%Option Explicit%>
<%
'接收表单输入的数据
Dim courseNO,courseName,credits,hours      '定义变量以用于存储从表单中接收
                                           '的数据

courseNO=Request.Form("txtCourseNO")       '用 Request 对象的 Form 方法提取
                                           '表单数据

courseName=Request.Form("txtCourseName")
credits=Request.Form("txtCredits")
hours=Request.Form("txtHours")
%>
<!--处理表单数据：将接收到的表单数据输出到 Web 浏览器-->
<html>
<head>
<meta http-equiv="Content-Type" content="text/html; charset=gb2312">
<title>基础模块 2：数据输入与数据的获取--数据获取</title>
</head>
<body>
<h3>基础模块 2：数据输入与数据的获取--数据获取</h3>
<br>
<h4>你输入的数据是：</h4>
<table border="0" width="237" id="table1" height="30%">
<tr><td width="65">课程号：</td><td> <% =courseNO %></td></tr>
<tr><td width="65">课程名：</td><td> <% =courseName %></td></tr>
<tr><td width="65">学分：</td><td><% =credits %></td></tr>
<tr><td width="65">学时数：</td><td><% =hours %></td></tr>
</table>
</body>
</html>
```

图 13.13　input_data.asp 程序流程图

程序中用 Request.Form("txtCourseNO")等语句调用 Request 对象的 From 方法把用户在文本框中输入的信息提取出来，并赋值予变量，这样就获取了用户输入的信息。

13.4.3　基础模块 3——查询记录

该模块由一个查询条件输入界面程序（如 query_record.htm）和一个查询数据库记录程序（如 query_record.asp）组成。query_record.htm 为用户提供一个输入查询条件的界面，query_record.asp 实现了从数据库中查询符合条件的记录，并将其输出到 Web 浏览器的功能。

query_record.htm 可用 FrontPage 进行设计并自动生成 HTML 代码。

query_record.htm 程序清单：

```
<html>
<head>
<title>基础模块 3：查询记录--输入查询条件</title>
</head>
<body>
<form method="POST" action="query_record.asp">
<h3>基础模块 3：查询记录--输入查询条件</h3>
<br>
<h4>请输入您要查询的课程名：</h4>
<p> 课程名：<input type="text" name="txtCourseName" size="20"></p>
<p>
<input type="submit" value="查询" >    <input type="reset"
value="全部重填">
</p>
</form>
</body>
</html>
```

query_record.htm 的运行结果如图 13.14 所示。用户输入查询条件后，单击"查询"按钮，用户输入的查询条件将被提交给数据库记录查询程序 query_record.asp。query_record.asp 从数据库中查询符合条件的记录，并将其输出到 Web 浏览器。query_record.asp 的运行结果如图 13.15 所示。

图 13.14　query_record.htm 运行结果

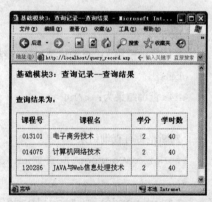

图 13.15　query_record.asp 运行结果

query_record.asp 程序流程如图 13.16 所示。

query_record.asp 程序清单：

```
<% Option Explicit %>
<%
'接收表单输入的数据
Dim courseName
courseName=Request.Form("txtCourseNa
me")       '建立一个到数据源的连接
```

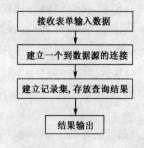

图 13.16　query_record.asp 程序流程图

```
Dim strDSN
Dim connST
strDSN="Provider=MSDASQL;DRIVER={SQL Native Client};
        SERVER=localhost;DATABASE=ST;
         UID=manager;PWD=123456"
Set connST = Server.CreateObject("ADODB.Connection")
connST.Open strDSN
'建立记录集，存放查询结果
Dim rsCourses
Dim strSqlSelectCourses

Set rsCourses = Server.CreateObject("ADODB.Recordset")
strSqlSelectCourses="SELECT * FROM Course WHERE 课程名 LIKE '%" & courseName
& "%'"
rsCourses.Open  strSqlSelectCourses, connST
%>
<!--结果输出-->
<html>
<head>
<title>基础模块 3：查询记录--查询结果</title>
</head>
<body>
<h3>基础模块 3：查询记录--查询结果</h3>
<br>
<h4>查询结果为：</h4>
<%
'判断是否有查询结果
If Not rsCourses.Eof Then
%>
<table border="1" cellpadding="8" cellspacing="0" width="403">
<tr>
<th width="58" >课程号</th>
<th width="175" >课程名</th>
<th width="43" >学分</th>
<th width="53" >学时数</th>
</tr>
<%
'循环遍历 rsCourses 中的每一个记录
Do While Not rsCourses.Eof
```

```
%>
<tr>
<!--提取当前记录的字段值-->
<td width="58" align="center"><% =rsCourses("课程号") %></td>
<td width="175"><% =rsCourses("课程名") %></td>
<td width="43" align="center"><% =rsCourses("学分") %></td>
<td width="53" align="center"><% =rsCourses("学时数") %></td>
</tr>
<%
rsCourses.MoveNext    '移到下一个记录
Loop
End If

'结束到数据源的连接
connST.Close
%>
</table>
<p></p>
</body>
</html>
```

该程序的数据库操作部分是通过调用 ADO 对象实现的。编程要点如下。

① 建立一个到数据源的连接。要通过 ADO 对象操作数据库，首先要建立一个到数据源的连接。程序中使用 Server. CreateObject("ADODB.Connection")语句调用 ADO 的 Server 对象的 CreateObject 方法创建一个 Connection 对象的实例，并且把该对象实例赋值予变量 connST；然后把与 ODBC 数据源连接的信息

```
"Provider=MSDASQL;DRIVER={SQL Native Client};SERVER= 127.0.0.1;DATABASE=ST;
UID=manager;PWD=123456"
```

赋值给变量 strDSN；再用 connST.Open strDSN 语句调用 Connection 对象的 Open 方法，打开了一个与 ODBC 数据源的连接。这段程序简单，但是它是 ADO 中使用最频繁、最重要的代码段。

② 建立记录集，存放查询结果。当使用 ADO 进行数据库的连接和操作时，基本上都用到 ADO 的 Recordset 对象来处理数据库的查询结果。程序中使用 Server.CreateObject ("ADODB.Recordset")语句调用 ADO 的 Server 对象的 CreateObject 方法创建一个 Recordset 对象的实例，并且把该对象实例赋值给变量 rsCourses；然后把 SQL 查询语句"SELECT * FROM Course WHERE 课程名 LIKE '%" & courseName & "%'"赋值给变量 strSqlSelectCourses；再用 rsCourses.Open strSqlSelectCourses, connST 语句调用 Recordset 对象的 Open 方法对数据库进行查询，查询结果保存在 rsCourses 变量中。

③ 输出查询结果。ADO 的 Recordset 对象采用了类似数据库中数据表的行、列结构，可以方便地提取查询结果。如果查询结果不为空，Recordset 对象的 BOF 和 EOF 属性的值都是

false。程序中使用 If Not rsCourses.Eof Then…End if 语句来判断是否有查询结果，如果 Not rsCourses.Eof 的值为真，表明有查询结果，需要输出表头和查询结果；然后使用 Do While Not rsCourses.Eof…Loop 循环语句来遍历 rsCourses 中的每一个记录，并使用<%=rsCourses("课程号")%>等语句，分别将课程号、课程名、学分、学时数等字段值显示输出到浏览器中。当把查询结果保存到一个 Recordset 对象中时，Recordset 对象的当前记录总是第一个记录，程序中使用 rsCourses.MoveNext 语句调用了 Recordset 对象的 MoveNext 方法，使当前记录移到下一个记录，当所有的记录都显示完时，当前记录移到 Recordset 中最后一个记录之后，Recordset 对象的 EOF 属性的值变成 true，从而退出 Do while …Loop 循环，结束查询结果的输出。

④ 结束到数据源的连接。在结束应用程序之前，应该结束到数据源的连接。程序中用 connST.Close 语句调用 ADO 的 Connection 对象的 Close 的方法结束到数据源的连接。

13.4.4 基础模块 4——添加记录

该模块由一个数据输入界面程序（如 add_record.htm）和一个添加数据库记录程序（如 add_record.asp）组成。add_record.htm 为用户提供一个输入数据的界面，add_record.asp 将用户输入的数据添加到后数据库中。

add_record.htm 可用 FrontPage 进行设计并自动生成 HTML 代码。

add_record.htm 程序清单：

```html
<html>
<head>
<title>基础模块 4：添加记录--数据输入界面</title>
</head>
<form method="POST" action="add_record.asp">
<h3>基础模块 4：添加记录--数据输入界面</h3>
<br>
<h4>请输入新课程的信息：</h4>
<table border="0" width="237" id="table1" height="30%">
<tr>
<td width="65">课程号:</td>
<td> <input type="text" name="txtCourseNO" size="20"></td>
</tr>
<tr>
<td width="65">课程名:</td>
<td> <input type="text" name="txtCourseName" size="20"></td>
</tr>
<tr>
<td width="65">学分:</td>
<td><input type="text" name="txtCredits" size="20"></td>
</tr>
```

```
<tr><td width="65">学时数:</td>
<td><input type="text" name="txtHours" size="20"></td>
</tr>
</table>
<p>
<input type="submit" value="添加记录" >   <input type="reset"
value="全部重填">
</p>
</form>
</body>
</html>
```

add_record.htm 的运行结果如图 13.17 所示。用户输入数据后，单击"添加记录"按钮，用户输入的数据将被提交给 query_record.asp 程序。query_record.asp 接收用户输入的数据，并将其他添加到后台数据库中，最后返回添加成功的信息。add_record.asp 的运行结果如图 13.18 所示。

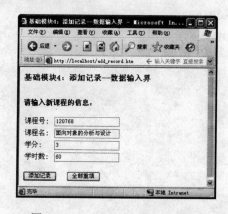

图 13.17 add_record.htm 运行结果

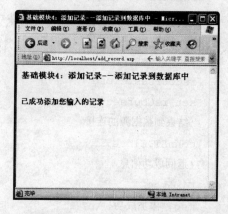

图 13.18 add_record.asp 运行结果

add_record.asp 程序流程如图 13.19 所示。

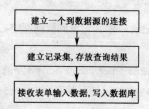

图 13.19 add_record.asp 程序流程图

add_record.asp 程序清单：

```
<% Option Explicit %>
<%
'建立一个到数据源的连接
Dim strDSN
```

```
Dim connST
strDSN="Provider=MSDASQL;DRIVER={SQL Native Client};
        SERVER=localhost;DATABASE=ST;UID=manager;PWD=123456"
Set connST = Server.CreateObject("ADODB.Connection")
connST.Open strDSN
'建立记录集，存放查询结果
Dim rsCourses
Dim strSqlSelectCourses
Set rsCourses = Server.CreateObject("ADODB.Recordset")
strSqlSelectCourses="SELECT * FROM Course"
rsCourses.Open  strSqlSelectCourses, connST,1,3
'接收表单输入数据，写入数据库表
rsCourses.AddNew
rsCourses("课程号")=Request.Form("txtCourseNO")
rsCourses("课程名")=Request.Form("txtCourseName")
rsCourses("学分")=Request.Form("txtCredits")
rsCourses("学时数")=Request.Form("txtHours")
rsCourses.Update
rsCourses.Close
set rsCourses=Nothing
'结束到数据源的连接
connST.Close
'返回成功信息
Dim msg
msg="添加成功! \n"
Response.Write("<script>alert('" & msg & "')</script>")
<html>
<head>
<title>基础模块 4：添加记录--添加记录到数据库中</title>
</head>
<form method="POST" action="add_record.asp">
<h3>基础模块 4：添加记录--添加记录到数据库中</h3>
<br>
<h4>已成功添加您输入的记录</h4>
</body>
</html>
```

  该程序中的"建立一个到数据源的连结"、"建立记录集，存放查询结果"及"接收表单输入数据"代码段与基础模块 3 的相同，不同的地方是"接受表单输入数据，写入数据库表"代码段。

"接收表单输入数据，写入数据库表"代码段使用 rsCourses.AddNew 语句调用 Recordset 对象的 AddNew 方法来添加记录；然后使用 rsCourses("课程号")=Request.Form("txtCourseNO") 等语句分别将接收到的用户输入的数据赋值给新记录的课程号、课程名、学分、学时数等字段；然后用 rsCourses.Update 更新数据库内容，以完成记录的添加。

13.4.5　基础模块 5——删除记录

该模块由一个"选择要删除的记录"界面程序（如 sele_dele_record.asp）和一个删除数据库记录程序（如 delete_record.asp）组成。sele_dele_record.asp 程序从数据库中查询所有记录，并输出到 Web 浏览器，供用户选择要删除哪些条记录。delete_record.asp 程序将用户所选择的记录从数据库中删除。

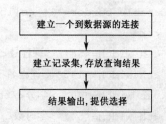

图 13.20　sele_dele_record.asp 程序流程图

sele_dele_record.asp 程序流程如图 13.20 所示。

sele_dele_record.asp 程序清单：

```
<% Option Explicit %>
<%
'建立一个到数据源的连接
Dim strDSN
Dim connST
strDSN="Provider=MSDASQL;DRIVER={SQL Native Client};
        SERVER=localhost;DATABASE=ST; UID=manager;PWD=123456"
Set connST = Server.CreateObject("ADODB.Connection")
connST.Open strDSN
'建立记录集，存放查询结果
Dim rsCourses
Dim strSqlSelectCourses
Set rsCourses = Server.CreateObject("ADODB.Recordset")
strSqlSelectCourses="SELECT * FROM Course"
rsCourses.Open  strSqlSelectCourses, connST
%>
<!--结果输出,提供选择-->
<html>
<head>
<title>基础模块 5：删除记录--选择记录</title>
</head>
<body>
<form method="POST" action="delete_record.asp">
<h3>基础模块 5：删除记录--选择记录</h3>
```

```asp
<br>
<h4>请选择要删除的记录：</h4>
<%
'判断是否有查询结果
If Not rsCourses.Eof Then
%>
<table border="1" cellpadding="8" cellspacing="0" width="465">
<tr>
<th width="58"  >课程号</th>
<th width="195" >课程名</th>
<th width="40" >学分</th>
<th width="54" >学时数</th>
<th></th>
</tr>
<%
Dim idCollection
'循环遍历 rsCourses 中的每一个记录
Do While Not rsCourses.Eof
'将所有记录的课程号存放在 idCollection 变量中,用","作为分隔符
idCollection=idCollection & rsCourses("课程号") & ","
%>
<tr>
<td width="58" align="center"><% =rsCourses("课程号") %></td>
<td width="195"><% =rsCourses("课程名") %></td>
<td width="40" align="center"><% =rsCourses("学分") %></td>
<td width="54" align="center"><% =rsCourses("学时数") %></td>
<td>
<!--在每个记录后添加一个检查框，供用户选定记录-->
<input name="chkNo<% =rsCourses("课程号") %>" type="checkbox">
</td>
</tr>
<%
rsCourses.MoveNext    '移到下一个记录
Loop
End If
rsCourses.Close
Set rsCourses=Nothing
'结束到数据源的连接
connST.Close
```

```
'将 idCollection 存储在一个隐藏对象中，以传递给下一个页面
Response.Write("<input type='hidden' name='hidIdCollection' value='" &
idCollection & "'>")
%>
</table>
<input type="submit" value="删除记录">
</form>
</body>
</html>
```

该程序的“建立一个到数据源的连接”、“建立记录集，存放查询结果”代码段与基础模块 3 的相同，不同的地方是“结果输出，提供选择”代码段。

在“结果输出，提供选择”代码段中，定义了 idCollection 变量，用循环语句和 idCollection=idCollection & rsCourses("课程号") & ","语句相结合，将所有记录的课程号存放在 idCollection 变量中，用","作为分隔符，并且使用 Response.Write("<input type='hidden' name='hidIdCollection' value=" & idCollection & ">")语句将 idCollection 的值储存在隐藏对象 hidIdCollection 中，以传递给 delete_record.asp 程序。用<input name="chkNo<% =rsCourses("课程号") %>" type="checkbox">语句在输出的每个记录的后面添加一个检查框，供用户选定记录，检查框的名字是“chkNo”字符加上课程号，用户对每个记录的选择结果将通过检查框传递给 delete_record.asp 程序。

sele_dele_record.asp 的运行结果如图 13.21 所示。用户选择记录后，单击“删除记录”按钮，用户选择结果将被提交给 delete_record.asp 程序。delete_record.asp 将选择的记录从数据库中删除。delete_record.asp 的运行结果如图 13.22 所示。

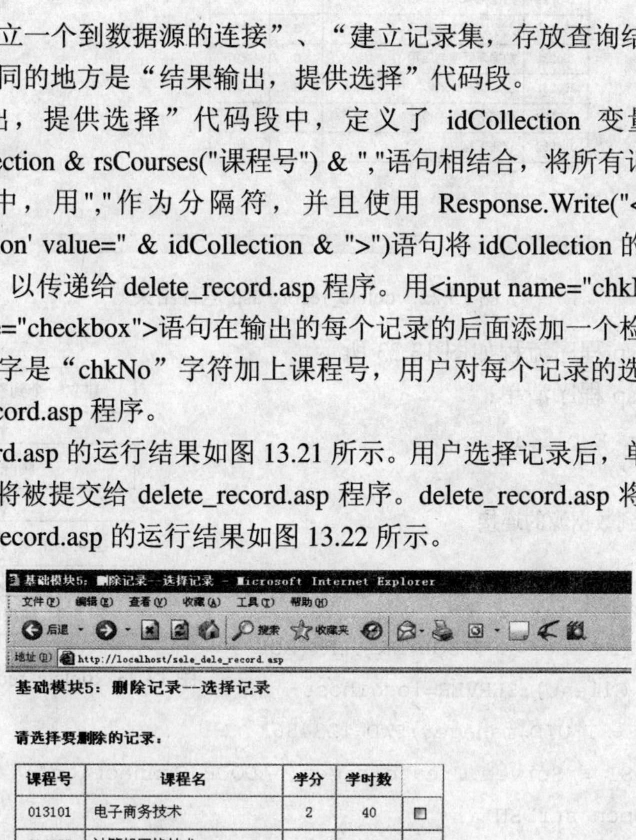

课程号	课程名	学分	学时数	
013101	电子商务技术	2	40	☐
014075	计算机网络技术	2	40	☐
120286	JAVA与Web信息处理技术	2	40	☑
120768	面向对象的分析与设计	3	60	☐
233035	文献检索	1	20	☐
250128	数据结构	3	60	☐
250170	大学计算机基础	3	60	☐
250221	数据库原理与应用	3	60	☐
250231	企业资源计划	2	40	☐
335133	面向对象程序设计	2	40	☐
394852	软件工程	2	40	☐

图 13.21　sele_dele_record.asp 运行结果

图 13.22　delete_record.asp 运行结果

delete_record.asp 程序流程如图 13.23 所示。

delete_record.asp 程序清单：

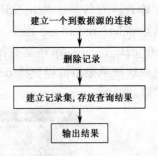

图 13.23　delete_record.asp 程序流程图

```asp
<% Option Explicit %>
<%
'建立一个到数据源的连接
Dim strDSN
Dim connST
strDSN="Provider=MSDASQL;DRIVER={SQL
 Native Client};SERVER=localhost;
 DATABASE=ST;UID=manager;PWD=123456"
Set connST = Server.CreateObject("ADODB.Connection")
connST.Open strDSN
'删除记录
Dim idCollection, strLength, totalOfIds, i, id, strSqlDeleteCourse
idCollection=request.form("hidIdCollection")
                            '接受隐藏对象 hidIdCollection 的值
strLength=Len(idCollection)     '计算 hidIdCollection 的值的长度
idCollection=Left(idCollection,strLength-1)
                            '删除 hidIdCollection 的值的最后一个字符 ","
idCollection=Split(idCollection,",")
                            '分割截取所有的课程号，存放在一个数组中
totalOfIds=UBound(idCollection,1)   '计算数组 idCollection 的最大下标
```

· 230 ·

```
'循环遍历所有记录的检查框状态
For i=0 to totalOfIds
id=Request.Form("chkNo" & idCollection(i))
If Not IsEmpty(id) Then                  '如果该检查框的被选中，则删除
strSqlDeleteCourse="DELETE FROM course WHERE 课程号=" & idCollection(i)
connST.Execute strSqlDeleteCourse
End If
Next
'建立记录集，存放查询结果
Dim rsCourses
Dim strSqlSelectCourses
Set rsCourses = Server.CreateObject("ADODB.Recordset")
strSqlSelectCourses="SELECT * FROM Course"
rsCourses.Open  strSqlSelectCourses, connST
%>
<!--结果输出-->
<html>
<head>
<title>基础模块 5：删除记录--从数据库中删除记录</title>
</head>
<body>
<form method="POST" action="delete_record.asp">
<h3>基础模块 5：删除记录--从数据库中删除记录</h3>
<br>
<h3>您所选择的记录已删除。数据库中剩余的记录为：</h3>
<%
'判断是否有查询结果
If Not rsCourses.Eof Then
%>
<table border="1" cellpadding="8" cellspacing="0" width="446">
<tr>
<th width="58"  >课程号</th>
<th width="218"  >课程名</th>
<th width="44"  >学分</th>
<th width="52"  >学时数</th>
</tr>
<%
'循环遍历 rsCourses 中的每一个记录
Do While Not rsCourses.Eof
%>
<tr>
<td width="58" align="center"><% =rsCourses("课程号") %></td>
<td width="218"><% =rsCourses("课程名") %></td>
```

```
<td width="44" align="center"><% =rsCourses("学分") %></td>
<td width="52" align="center"><% =rsCourses("学时数") %></td>
</tr>
<%
rsCourses.MoveNext    '移到下一个记录
Loop
End If
rsCourses.Close
Set rsCourses=Nothing
'结束到数据源的连接
connST.Close
%>
</table>
</body>
</html>
```

该程序中的"建立一个到数据源的连结"、"建立记录集，存放查询结果"及"输出结果"代码段与基础模块 3 的相同，不同的地方是"删除记录"代码段。

要删除记录，首先确定用户选择了哪些要删除的记录。在"删除记录"代码段中，首先将隐藏对象 hidIdCollection 的值赋予变量 idCollection，hidIdCollection 的值是以逗号分隔的所有记录的课程号；然后提出所有记录的课程号存放在数组 idCollection 中。最后遍历所有记录的检查框状态，如果检查框状态值是非空，则表明该记录被选中。

在"删除记录"代码段中，调用 Connection 对象的 Execute 方法执行删除数据库记录的 SQL 命令。

13.4.6　基础模块 6——修改记录

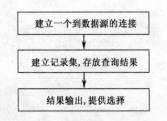

图 13.24　sele_modi_record.asp
程序流程图

该模块由一个"选择要修改的记录"界面程序（如 sele_modi_record.asp）和一个修改数据库记录程序（如 modify_record.asp）组成。sele_modi_record 程序从数据库中查询所有记录，并输出到 Web 浏览器，供用户选择要修改哪一个记录。modify_record.asp 程序显示用户要修改的记录的内容供用户修改，并在用户单击"保存"按钮后，修改数据库中相应的记录。

sele_modi_record.asp 程序流程如图 13.24 所示。

sele_modi_record.asp 程序清单：

```
<% Option Explicit %>
<%
'建立一个到数据源的连接
Dim strDSN
Dim connST
strDSN="Provider=MSDASQL;DRIVER={SQL Native Client};
```

```
                    SERVER=localhost;DATABASE=ST; UID=manager;PWD=123456"
Set connST = Server.CreateObject("ADODB.Connection")
connST.Open strDSN
'建立记录集，存放查询结果
Dim rsCourses
Dim strSqlSelectCourses
Set rsCourses = Server.CreateObject("ADODB.Recordset")
strSqlSelectCourses="SELECT * FROM Course"
rsCourses.Open  strSqlSelectCourses, connST,3,3
%>
<!--结果输出,以供选择-->
<html>
<head>
<title>基础模块 6：修改记录--选择记录</title>
</head>
<body>
<form method="POST" action="delete_record.asp">
<h3>基础模块 6：修改记录--选择记录</h3>
<br>
<h4>请选择要修改的记录：</h4>
<%
'判断是否有查询结果
If Not rsCourses.Eof Then
%>
<table border="1" cellpadding="8" cellspacing="0" width="465">
<tr>
<th width="58"  >课程号</th>
<th width="195" >课程名</th>
<th width="40"  >学分</th>
<th width="54"  >学时数</th>
<th></th>
</tr>
<%
'循环遍历 rsCourses 中的每一个记录
Do While Not rsCourses.Eof
%>
<tr>
<td width="58" align="center"><% =rsCourses("课程号") %></td>
<td width="195"><% =rsCourses("课程名") %></td>
<td width="40" align="center"><% =rsCourses("学分") %></td>
<td width="54" align="center"><% =rsCourses("学时数") %></td>
<td>
<!--在每个记录后添加一个编辑图标，供用户选定记录-->
```

```
<a href="modify_record.asp?id=<% =rsCourses("课程号") %>"><img
src="images/edit1.gif" width="16" height="15" border="0"></a>
</td>
</tr>
<%
rsCourses.MoveNext    '移到下一个记录
Loop
End If
rsCourses.Close
Set rsCourses=Nothing
'结束到数据源的连接
connST.Close
%>
</table>
</body>
</html>
```

本程序的"建立一个到数据源的连接"、"建立记录集，存放查询结果"代码段与基础模块 3 的相同。

"结果输出，提供选择"代码段也与基础模块 3 的类似，不同之处是本程序用 <ahref="modify_record.asp?id=< % =rsCourses(" 课 程 号 ") % >"><img src="images/edit1.gif" width= "16" height="15" border="0"></a>语句在输出的每个记录后面添加一个编辑图标，供用户单击打开 modify_record.asp 程序以修改记录。

sele_modi_record.asp 的运行结果如图 13.25 所示。用户单击要修改的记录后面的编辑图标，该记录的课程号将被提交给 modify_record.asp 程序。modify_record.asp 程序将从后台数据库中将与该课程号对应的记录查询出来供用户修改。modify_record.asp 的运行结果如图 13.26 所示。用户修改完成记录后，单击"保存"按钮，修改结果将被保存到后台数据库中。

基础模块6：修改记录--选择记录

请选择要修改的记录：

课程号	课程名	学分	学时数	
013101	电子商务技术	2	40	
014075	计算机网络技术	2	40	
120768	面向对象的分析与设计	3	60	
233035	文献检索	1	20	
250128	数据结构	3	60	
250170	大学计算基础	3	60	
250221	数据库原理与应用	3	60	
250231	企业资源计划	2	40	
335133	面向对象程序设计	2	40	
394852	软件工程	2	40	

图 13.25　sele_modi_record.asp 运行结果

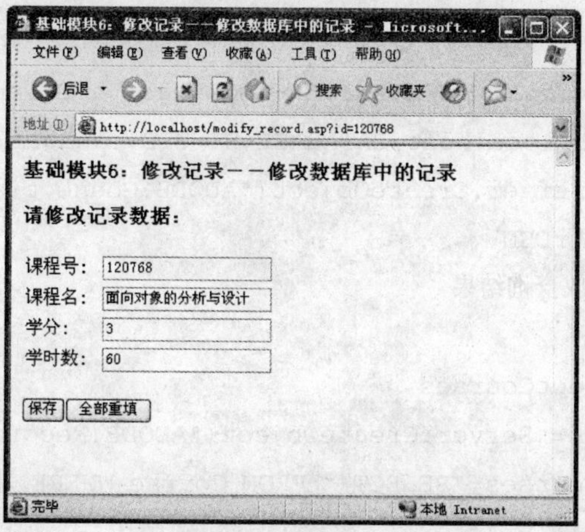

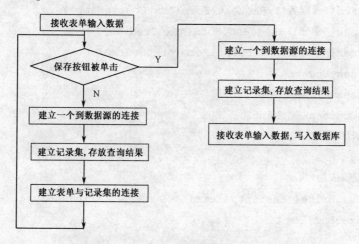

图 13.26　modify_record.asp 运行结果

modify_record.asp 程序流程如图 13.27 所示。

图 13.27　modify_record.asp 程序流程图

modify_record.asp 程序清单：

```
<% Option Explicit %>
<%
Dim id
Dim save
'接收 http 串中的参数值
id=Request.QueryString("id")
'接收本页面的名字为 btnSave 按钮的值
save=Request.Form("btnSave")
'判断本页面中的"保存"按钮是否被单击
If save="保存" Then
'建立一个到数据源的连接
Dim strDSN
```

```
Dim connST
strDSN="Provider=MSDASQL;DRIVER={SQL Native Client};
        SERVER=localhost;DATABASE=ST UID=manager;PWD=123456"
Set connST = Server.CreateObject("ADODB.Connection")
connST.Open strDSN
'建立记录集，存放查询结果
Dim rsCourses
Dim strSqlSelectCourses
Set rsCourses = Server.CreateObject("ADODB.Recordset")
strSqlSelectCourses="SELECT * FROM Course WHERE 课程号='" & Request.Form
("txtCourseNO") & "'"
rsCourses.Open strSqlSelectCourses, connST,1,3
'接收表单输入数据,修改记录
rsCourses("课程名")=Request.Form("txtCourseName")
rsCourses("学分")=Request.Form("txtCredits")
rsCourses("学时数")=Request.Form("txtHours")
rsCourses.Update
rsCourses.Close
set rsCourses=Nothing
'显示执行结果
Dim msg
msg="编辑成功！\n"
Response.Write("<script>alert('" & msg & "');history.go(-1)</script>")
Response.End
Else
'建立一个到数据源的连接
strDSN="Provider=MSDASQL;DRIVER={SQL Native Client};
        SERVER=localhost;DATABASE=ST; UID=manager;PWD=123456"
Set connST = Server.CreateObject("ADODB.Connection")
connST.Open strDSN
'建立记录集，存放查询结果
Set rsCourses = Server.CreateObject("ADODB.Recordset")
strSqlSelectCourses="SELECT * FROM Course WHERE 课程号=" & id & ""
rsCourses.Open strSqlSelectCourses, connST,3,3
End If
%>
<html>
<head>
<title>基础模块 6：修改记录--修改数据库中的记录</title>
```

```
</head>
<body  >
<h3>基础模块 6：修改记录--修改数据库中的记录</h3>
<h3>请修改记录数据：</h3>
<!--输出记录的内容，以供修改—>
<form method="POST" action="modify_record.asp ">
<table border="0" width="237" id="table1" height="30%">
<tr>
<td width="65">课程号:</td>
<td> <input type="text" name="txtCourseNO" size="20"  readonly="True"
      value="<% =rsCourses("课程号") %>"></td>
</tr>
<tr>
<td width="65">课程名:</td>
<td> <input type="text" name="txtCourseName" size="20"
      value="<% =rsCourses ("课程名") %>"></td>
</tr>
<tr>
<td width="65">学分:</td>
<td><input type="text" name="txtCredits" size="20"
     value="<% =rsCourses("学分") %>"></td>
</tr>
<tr><td width="65">学时数:</td>
<td><input type="text" name="txtHours"
     size="20" value="<% =rsCourses("学时数") %>"></td>
</tr>
</table>
<p>
<input type="submit" value=" 保 存 " name="btnSave"><input type="reset"
value="全部重填">
</p>
</form>
</body>
</html>
```

本程序中的代码段与前面的基础模块的基本相同，只是组合复杂一点。

13.4.7　基础模块 7——选择记录号显示记录详细内容

该模块由一个"选择要显示的记录"界面程序（如 sele_disp_record.asp）和一个显示数据库记录程序（如 disp_sele_record.asp）组成。sele_ disp_record.asp 程序从数据库中查询所有

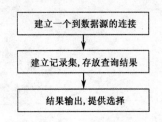

图 13.28 sele_disp_record.asp
程序流程图

记录，并输出到 Web 浏览器，供用户选择要显示哪一个记录。disp _sele_record.asp 程序显示用户所选择的记录的内容供用户修改。

本基础模块与基础模块 6 非常相似，都是先显示所有的记录供用户选择，然后再显示记录的内容。不同的地方是，本基础模块在显示所有记录时，供用户单击的链接是加在课程号上的，而基础模块 6 则在每个记录后面增加一个编辑图标；另外，在用户单击链接后，基础模块 6 显示记录的内容供用户编辑，而本基础模块显示记录的内容是不可以编辑的。

sele_disp_record.asp 程序流程如图 13.28 所示。

sele_disp_record.asp 程序清单：

```
<% Option Explicit %>
<%
'建立一个到数据源的连接
Dim strDSN
Dim connST
strDSN="Provider=MSDASQL;DRIVER={SQL Native Client};
        SERVER=localhost;DATABASE=ST; UID=manager;PWD=123456"
Set connST = Server.CreateObject("ADODB.Connection")
connST.Open strDSN
'建立记录集，存放查询结果
Dim rsCourses
Dim strSqlSelectCourses
Set rsCourses = Server.CreateObject("ADODB.Recordset")
strSqlSelectCourses="SELECT * FROM Course"
rsCourses.Open  strSqlSelectCourses, connST,3,3
%>
<!--结果输出，以供选择-->
<html>
<head>
<title>基础模块 7：选择记录号显示记录详细内容--选择记录</title>
</head>
<body>
<form method="POST" action="disp_sele_record.asp">
<h3>基础模块 7：选择记录号显示记录详细内容--选择记录</h3>
<br>
<h4>请单击要选择的记录：</h4>
<%
'判断是否有查询结果
If Not rsCourses.Eof Then
%>
```

```
<table border="1" cellpadding="8" cellspacing="0" width="465">
<tr>
<th width="58"  >课程号</th>
<th width="195" >课程名</th>
</tr>
<%
'循环遍历 rsCourses 中的每一个记录
Do While Not rsCourses.Eof
%>
<tr>
<!--在课程号上加上链连，供用户单击选定记录-->
<td  width="58"  align="center"><a  href="disp_sele_record.asp?id=<%
=rsCourses("课程号") %>"><% =rsCourses("课程号") %></a></td>
<td width="195"><% =rsCourses("课程名") %></td>
</tr>
<%
rsCourses.MoveNext  '移到下一个记录
Loop
End If
rsCourses.Close
Set rsCourses=Nothing
'结束到数据源的连接
connST.Close
%>
</table>
</body>
</html>
```

程序用<a href="disp_sele_record.asp?id=<% =rsCourses("课程号") %>"><% =rsCourses ("课程号") %></a>语句在输出的每个记录的课程号字段上加一个链接，供用户单击选择要显示详细内容的记录。sele_disp_record.asp 的运行结果如图 13.29 所示。

用户单击某一个记录的课程号，该记录的课程号将被提交给 disp_sele_record.asp 程序。disp_sele_record.asp 程序将从后台数据库中将与该课程号对应的记录的详细内容查询显示给用户查看。disp_sele_record.asp 的运行结果如图 13.30 所示。

disp_sele_record.asp 程序清单：

```
<% Option Explicit %>
<%
Dim id
'接受 http 串中的参数值
id=Request.QueryString("id")
'建立一个到数据源的连接
Dim strDSN
Dim connST
strDSN="Provider=MSDASQL;DRIVER={SQL Native Client};
```

```
        SERVER=localhost;DATABASE=ST; UID=manager;PWD=123456"
Set connST = Server.CreateObject("ADODB.Connection")
connST.Open strDSN
'建立记录集，存放查询结果
Dim rsCourses
Dim strSqlSelectCourses
Set rsCourses = Server.CreateObject("ADODB.Recordset")
strSqlSelectCourses="SELECT * FROM Course WHERE 课程号='" & id & "'"
rsCourses.Open  strSqlSelectCourses, connST,3,3
%>
<html>
<head>
<title>基础模块 7: 选择记录号显示记录详细内容--显示记录的详细内容</title>
</head>
<body >
<h3>基础模块 7: 选择记录号显示记录详细内容--显示记录的详细内容</h3>
<h3>该记录的详细内容: </h3>

<!--输出记录的详细内容-->
<table border="0" width="237" id="table1" height="30%">
<tr><td width="65">课程号:</td><td><% =rsCourses("课程号") %></td></tr>
<tr><td width="65">课程名:</td><td> <% =rsCourses("课程名") %></td></tr>
<tr><td width="65">学分:</td><td><% =rsCourses("学分") %></td></tr>
<tr><td width="65">学时数:</td><td><% =rsCourses("学时数") %></td></tr>
</table>
</body>
</html>
```

课程号	课程名
013101	电子商务技术
014075	计算机网络技术
120768	面向对象的分析与设计
233035	文献检索
250128	数据结构
250170	大学计算机基础
250221	数据库原理与应用
250231	企业资源计划
335133	面向对象程序设计
394852	软件工程

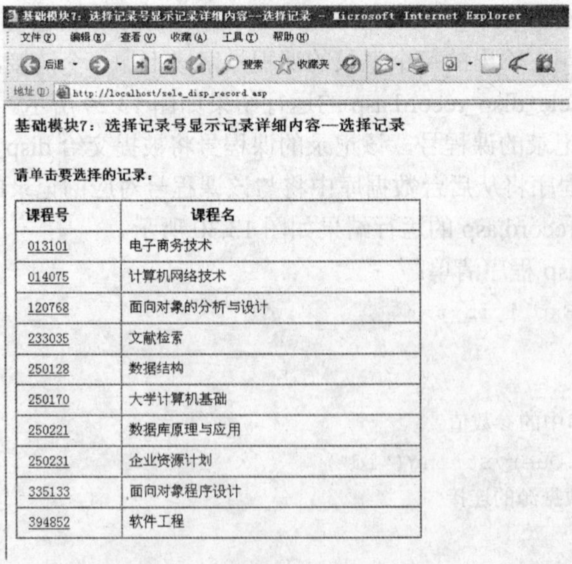

图 13.29　sele_disp_record.asp

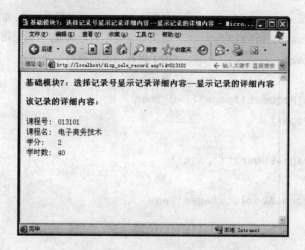

图 13.30　disp_sele_record.asp 运行结果

13.4.8　基础模块 8——分页显示

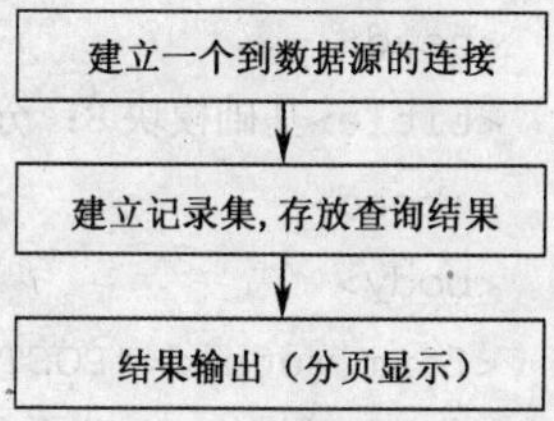

有时要显示的记录太多，一页无法显示完，需要对这些记录进行分页显示。可以使用 ADO 的 RecordSet 对象 PageSize，PageCount 和 AbsolutePage 来实现分页显示。

本基础模块只有一个分页显示程序文件（如 multi_pages.asp）。

multi_pages.asp 程序流程如图 13.31 所示。

multi_pages.asp 程序清单：

```
<% Option Explicit %>
<%
'建立一个到数据源的连接
Dim strDSN
Dim connST
strDSN="Provider=MSDASQL;DRIVER={SQL Native Client};
       SERVER=localhost;DATABASE=ST;  UID=manager;PWD=123456"
Set connST = Server.CreateObject("ADODB.Connection")
connST.Open strDSN
'建立记录集，存放查询结果
Dim rsCourses
Dim strSqlSelectCourses
Set rsCourses = Server.CreateObject("ADODB.Recordset")
strSqlSelectCourses="SELECT * FROM Course"
rsCourses.Open  strSqlSelectCourses, connST,3,3
%>
<%
```

图 13.31　multi_pages.asp 程序流程图

（流程图内容：）
建立一个到数据源的连接
↓
建立记录集，存放查询结果
↓
结果输出（分页显示）

```
If Not rsCourses.Eof Then      '判断 rsCourses 中有无记录,如果有,则设置分页参数
    rsCourses.PageSize=3       '定义每页显示的记录数,可根据用户具体情况设定该值
    Dim iPage                  '用于保存当前页数
    Dim i                      '循环变量
    If Len(Request("page"))=0 Then
        iPage=1
    Else
        iPage=Request("page")
    End If
    rsCourses.AbsolutePage=iPage
End If
%>
<!--分页显示查询结果-->
<html>
<head>
<title>基础模块 8:分页显示</title>
</head>
<body>
<form method="POST" action="delete_record.asp">
<h3>基础模块 8:分页显示</h3>
<br>
<h4>课程信息  第<% =iPage %>页  共<% =rsCourses.PageCount %>页
</h4>
<table border="1" cellpadding="8" cellspacing="0" width="465">
<tr>
<th width="58"  >课程号</th>
<th width="195" >课程名</th>
<th width="40" >学分</th>
<th width="54" >学时数</th>
<th></th>
</tr>
<%
For i=1 To rsCourses.PageSize
        If Not rsCourses.Eof Then
%>
<tr>
<td width="58" align="center"><% =rsCourses("课程号") %></td>
<td width="195"><% =rsCourses("课程名") %></td>
<td width="40" align="center"><% =rsCourses("学分") %></td>
<td width="54" align="center"><% =rsCourses("学时数") %></td>
<td>
```

```
        </tr>
        <%
            End If
            If Not rsCourses.Eof Then rsCourses.MoveNext
Next
%>
</table>
<br>
<%
If CInt(iPage)=1 Then      '如果当前页是第一页
%>
<!--则直接显示"第一页""上一页"字符，不用带链接-->
第一页|上一页
<%
Else
%>
<a href="multi_pages.asp?page=1">第一页</a>|
<a href="multi_pages.asp?page=<% =iPage-1 %>">上一页</a>|
<%
End If
%>
<%If CInt(iPage)=CInt(rsCourses.PageCount) Then        '如果当前页是最后一页
%>
<!--则直接显示"下一页""最后一页"字符，不用带链接-->
下一页|最后一页
<%
Else
%>
<a href="multi_pages.asp?page=<% =iPage+1 %>">下一页</a>|
<a href="multi_pages.asp?page=<% =rsCourses.PageCount %>">最后一页</a>
<%
End If
%>
<%
rsCourses.Close
Set rsCourses=Nothing
'结束到数据源的连接
connST.Close
%>
</body>
</html>
```

程序中，PageSize 属性是记录集每页所包含记录的数量，可根据用户具体情况设定该值，PageCount 属性是记录集的总页数，AbsolutePage 是当前绝对页号。multi_pages.asp 的运行结果如图 13.32 所示。

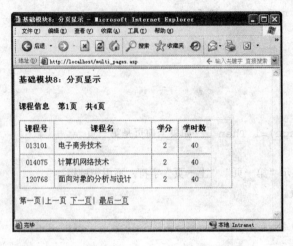

图 13.32   multi_pages.asp 的运行结果

13.5   综合实例分析

以上部分讲述了基于 Web 的数据库应用系统的常用基础模块，本节将介绍如何用这些基础模块构建基于 Web 的数据库应用系统。

13.5.1   留言簿

留言簿一种可供用户发布留言信息的 Web 应用程序。留言簿的使用对象可分为一般用户及管理员两类，一般用户能够留言及浏览留言，管理员除了能够留言和浏览留言之外还可以删除所有用户发布的留言。

留言簿的功能主要有：浏览留言、留言、管理员登录、删除留言、退出登录等 5 个功能。

留言簿数据库名为：Guestbook，它包括的数据表有 Admins，Users 及 Messages。Admins 表（表 13.1）里储存管理员的账户信息，Users 表（表 13.2）里储存普通用户的账户信息，Messages 表（表 13.3）里储存用户发布的留言。

表 13.1   Admins 表结构

列 名	数 据 类 型	长 度	说 明	备 注
username	varchar	20	用户名	主键
password	varchar	20	密码	

表 13.2   Users 表结构

列 名	数 据 类 型	长 度	说 明	备 注
username	varchar	20	用户名	主键
password	varchar	20	密码	

表 13.3　Messages 表结构

列　　名	数 据 类 型	长　度	说　　明	备　注
Id	bigint	8	留言标识	主键，标识属性为"是"
Username	varchar	20	发表留言的用户名	
Subject	varchar	100	留言主题	
Content	varchar	1000	留言内容	
Date	datetime	8	发表时间	

（1）浏览留言

浏览留言功能模块为用户提供一个所有留言的清单，如果用户对某一条留言感兴趣可单击浏览该留言的详情。用户必须先在如图 13.32 所示的界面中单击要浏览的留言，然后进入如图 13.33 所示的界面浏览该留言的详细内容。该功能模块与基础模块 7"选择记录号显示记录详细内容"非常类似，可以引用基础模块 7 的程序代码，再结合基础模块 8"分页显示"的程序代码，就可达到图 13.33 和图 13.34 所示的效果。

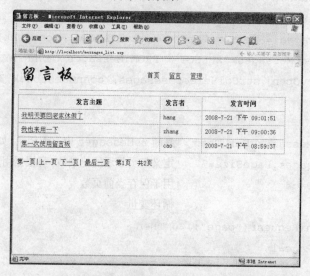

图 13.33　sele_disp_message.asp 运行效果

图 13.34　disp_sele_message.asp 运行效果

与基础模块 7 类似，浏览留言功能模块由两个程序文件组成，sele_disp_message.asp 和 disp_sele_message.asp。

sele_disp_message.asp 程序清单：

```asp
<% Option Explicit %>
<%
'建立一个到数据源的连接
Dim strDSN
Dim connGuestbook
strDSN="Provider=MSDASQL;DRIVER={SQL Native Client};
        SERVER=localhost;DATABASE=Guestbook; UID=manager;PWD=123456"
Set connGuestbook = Server.CreateObject("ADODB.Connection")
connGuestbook.Open strDSN
'建立记录集，存放查询结果
Dim rsMessages
Dim strSqlSelectMessages
Set rsMessages = Server.CreateObject("ADODB.Recordset")
strSqlSelectMessages="SELECT * FROM Messages ORDER BY date DESC"
rsMessages.Open  strSqlSelectMessages, connGuestbook,3,3
%>
<%
If Not rsMessages.Eof Then    '判断 rsMessages 中有无记录,如果有,则设置分页参数
    rsMessages.PageSize=3     '定义每页显示的记录数,可根据用户具体情况决定该值
    Dim iPage                 '用于保存当前页数
    Dim i                     '循环变量
    If Len(Request("page"))=0 Then
        iPage=1
    Else
        iPage=Request("page")
    End If
    rsMessages.AbsolutePage=iPage
End If
%>
<!--结果输出(以供选择)-->
<html>
<head>
<meta http-equiv="Content-Type" content="text/html; charset=gb2312">
<title>留言板</title>
<SCRIPT>
function OpenWindows(url){
```

```
var newwin=window.open(url,"_blank","toolbar=no,location=no,directories=
no,status=no,"+"menubar=no,scrollbars=yes,resizable=yes,"+
    "top=50,left=120,width=600,height=400");
return false;
}
</SCRIPT>
</head>
<body>
<table width="550" height="18">
<tr>
<td width="326" height="15">
<font face="华文行楷" size="8">留言板</font>
</td>
<td width="210" height="17">
首页  
<a href="add_message.htm">留言</a>  
<a href="logon.asp">管理</a>
</td>
</tr>
<tr><td colspan="2" width="542" height="1"><hr></td></tr>
</table>
<table   border="1"   cellpadding="8"   cellspacing="0"   width="695"
height="41">
<tr>
<th width="351" height="16" >发言主题</th>
<th width="62" height="16" >发言者</th>
<th width="205" height="16" >发言时间</th>
</tr>
<%
For i=1 To rsMessages.PageSize
    If Not rsMessages.Eof Then
%>
<tr>
<td width="368" height="1">
<a  href="disp_sele_message.asp?id=<%  =rsMessages("id")  %>"  onClick=
'return OpenWindows(this.href);'>  <% =rsMessages("subject") %></a>
</td>
<td width="94" height="1"><% =rsMessages("username") %></td>
<td width="205" height="1"><% =rsMessages("date") %></td>
```

```
<%
    End If
    If Not rsMessages.Eof Then rsMessages.MoveNext
Next
%>
</table>
<br>
<%
If CInt(iPage)=1 Then    '如果当前页是第一页
%>
<!--则直接显示"第一页""上一页"字符，不用带链接-->
第一页|上一页
<%
Else
%>
<a href="sele_disp_message.asp?page=1">第一页</a>|
<a href="sele_disp_message.asp.asp?page=<% =iPage-1 %>">上一页</a>|
<%
End If
%>
<%If CInt(iPage)=CInt(rsMessages.PageCount) Then    '如果当前页是最后一页
%>
<!--则直接显示"下一页""最后一页"字符，不用带链接-->
下一页|最后一页  第<% =iPage %>页  共<% =rsMessages.PageCount
%>页
<%
Else
%>
<a href="sele_disp_message.asp.asp?page=<% =iPage+1 %>">下一页</a>|
<a href="sele_disp_message.asp.asp?page=<% =rsMessages.PageCount %>">
最后一页</a>  第<% =iPage %>页  共<% =rsMessages.PageCount
%>页
<%
End If
%>
<%
rsMessages.Close
Set rsMessages=Nothing
'结束到数据源的连接
```

```
connGuestbook.Close
%>
</body>
</html>
```

disp_sele_message.asp 程序清单:

```
<% Option Explicit %>
<%
'接收表单输入的数据
Dim id
id=Request.QueryString("id")
'建立一个到数据源的连接
Dim strDSN
Dim connGuestbook
strDSN="Provider=MSDASQL;DRIVER={SQL Native Client};
        SERVER=localhost;DATABASE=Guestbook;  UID=manager;PWD=123456"
Set connGuestbook = Server.CreateObject("ADODB.Connection")
connGuestbook.Open strDSN
'建立记录集,存放查询结果
Dim rsMessages
Dim strSqlSelectMessages
Set rsMessages = Server.CreateObject("ADODB.Recordset")
strSqlSelectMessages="SELECT * FROM Messages WHERE id=" & id & ""
rsMessages.Open strSqlSelectMessages,connGuestbook
%>
<!--显示结果-->
<html>
<head>
<meta http-equiv="Content-Type" content="text/html; charset=gb2312">
<title>留言板</title>
</head>
<body>
<table width="550" height="23">
<tr><td width="326" height="19">
<font face="华文行楷" size="8">留言板</font>
</td>
<td width="210" height="19">
<a href="sele_disp_message.asp">首页</a>  
<a href="add_message.htm"> 留言</a>  
<a href="logon.asp">管理</a>
```

```
    </td>

    </tr>

    <tr><td colspan="2" width="542" height="1"><hr></td></tr>

    </table>

    <table border="1" height="120" cellspacing="1" width="616">

    <tr>

    <td height="19" width="354">主题：<% =rsMessages("subject") %></td>

    <td height="19" width="123">作者：<% =rsMessages("username") %></td>

    <td height="19" width="123">日期：<% =rsMessages("date") %></td>

    </tr>

    <tr><td colspan="3" height="16" width="606">内容：</td></tr>

    <tr><td colspan="3" height="67" width="606"><% =rsMessages("content")
    %></td>

    </tr>

    </table>

    </body>

    </html>
```

（2）留言

留言功能模块实质上就是在 Messages 表中添加记录，因此可以采用基础模块 4 "添加记录" 的代码。留言功能模块由两个程序文件 add_message.htm 和 add_message.asp 组成，add_message.htm 的运行结果如图 13.35 所示，add_message.asp 的运行结果如图 13.36 所示。

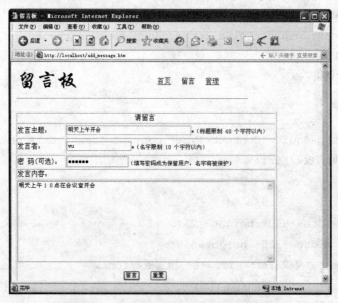

图 13.35　add_message.htm 的运行结果

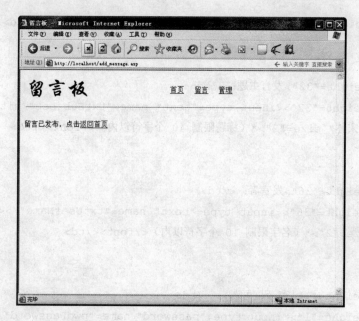

图 13.36　add_message.asp 的运行结果

add_message.htm 程序清单：

```html
<html>
<head>
<meta http-equiv="Content-Type" content="text/html; charset=gb2312">
<title>留言板</title>
</head>
<body >
<table width="550" height="23">
<tr>
<td width="326" height="19">
<font face="华文行楷" size="8">留言板</font>
</td>
<td width="210" height="19">
<a href="sele_disp_message.asp">首页</a>  
留言  
<a href="logon.asp">管理</a>
</td>
</tr>
<tr><td colspan="2" width="542" height="1"><hr></td></tr>
</table>
<form method="post" action="add_message.asp">
<table border="1" height="26">
<tr>
```

```html
<td height="16" colspan="2"><p align="center">请留言</td>
</tr>
<tr>
<td height="32">发言主题：</td>
<td height="32"><input type="text" name="txtSubject" size="40"/><font
face="宋体" size="2">*（标题限制 40 个字符以内）</font></td>
</tr>
<tr>
<td height="36">发言者：</td>
<td height="36"><input type="text" name="txtUserName"/><font face="宋
体" size="2">*（名字限制 10 个字符以内）</font></td>
</tr>
<tr>
<td height="1">密 码(可选)：</td>
<td height="1"><input type="password" name="pwdPassword"/><font face="
宋体" size="2">（填写密码成为保留用户，名字将被保护）</font></td>
</tr>
<tr>
<td width="100%" height="1" colspan="2">发言内容：</td>
</tr>
<tr>
<td width="100%" height="2" colspan="2"><textarea name="txtContent"
rows="12" cols="83"></textarea>
<p align="center"><input type="submit" value="留言"/>   
<input type="reset"/></p>
</td>
</tr>
</table>
</form>
</body>
</html>
```

add_messages.asp 程序清单：

```asp
<% Option Explicit %>
<%
'建立一个到数据源的连接
Dim strDSN
Dim connGuestbook
strDSN="Provider=MSDASQL;DRIVER={SQL Native Client};
        SERVER=localhost;DATABASE=Guestbook; UID=manager;PWD=123456"
```

```
Set connGuestbook = Server.CreateObject("ADODB.Connection")
connGuestbook.Open strDSN
'建立记录集，对用户表进行操作
Dim rsUsers
Dim strSqlSelectUsers
Dim userName
Dim password
userName=Request.Form("txtUserName")
password=Request.Form("pwdPassword")
Set rsUsers = Server.CreateObject("ADODB.Recordset")
strSqlSelectUsers="SELECT * FROM Users WHERE username='"+userName+"'"
rsUsers.Open  strSqlSelectUsers, connGuestbook,1,3
'判断用户是否存在
If Not rsUsers.Eof Then
    '如果用户存在，判断密码是否正确
    If password<>trim(rsUsers("password")) Then
        Response.Write("密码错误")
        Response.end
    End If
Else
    '如果用户不存在，判断是否输入了密码，如输入了密码，则新建立一个用户账号
    If password<>"" Then
        '如果用户输入了密码，则在Users表中添加一个记录，记录下用户名和密码
        rsUsers.AddNew
        rsUsers("username")=userName
        rsUsers("password")=password
        rsUsers.Update
        rsUsers.Close
        set rsUsers=Nothing
    End if
End if
'建立记录集，新建发言
Dim rsMessages
Dim strSqlSelectMessages
Set rsMessages = Server.CreateObject("ADODB.Recordset")
strSqlSelectMessages="SELECT * FROM Messages"
rsMessages.Open  strSqlSelectMessages, connGuestbook,1,3
'创建新记录，接收表单输入数据，写入数据库Messages表
rsMessages.AddNew
```

```
rsMessages("username")=Request.Form("txtUserName")
rsMessages("date")=Now()
rsMessages("subject")=Request.Form("txtSubject")
rsMessages("content")=Request.Form("txtContent")
rsMessages.Update
rsMessages.Close
set rsMessages=Nothing
%>
<html>
<head>
<meta http-equiv="Content-Type" content="text/html; charset=gb2312">
<title>留言板</title>
</head>
<body>
<table width="550" height="23">
<tr>
<td width="326" height="19">
<font face="华文行楷" size="8">留言板</font>
</td>
<td width="210" height="19">
<a href="sele_disp_message.asp">首页</a>  
<a href="add_message.htm"> 留言</a>  
<a href="logon.asp">管理</a>
</td>
</tr>
<tr><td colspan="2" width="542" height="1"><hr></td></tr>
</table>
<p>留言已发布，单击<a href="sele_disp_message.asp">返回首页</a>
</body>
</html>
```

（3）管理员登录

管理员必须通过登录才能进入管理界面进行操作，在 admin 数据库表中预先添加一条管理员记录，id 为"admin"，密码为"123456"。

管理员登录的过程即查询 admin 数据库表的过程，如果查到的 username 及 password 与输入的匹配，则登录成功，进入管理界面。因此，管理员登录实际上就是基础模块 3"查询记录"，可调用基础模块 3 的代码。登录验证功能模块包括 logon.asp 和 authenticate.asp 两个程序文件。logon.asp 的运行结果如图 13.37 所示。

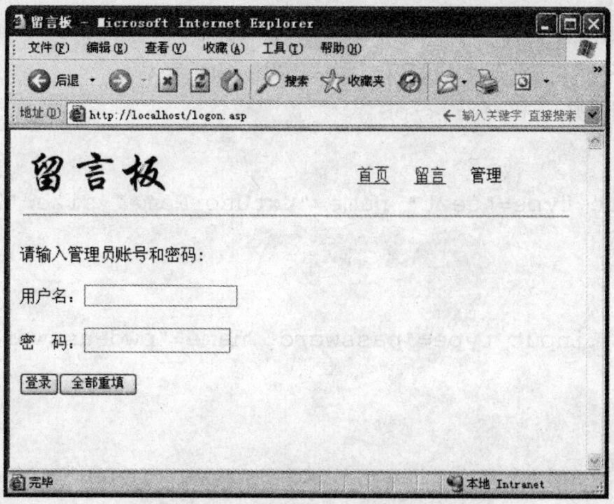

图 13.37　logon.asp 的运行结果

logon.asp 程序清单：

```
<%
'判断是否已登录
If Session("username")="admin" Then    '提取 Session 变量 username 的值与字符
串 admin 比较
Response.Redirect("sele_dele_messages.asp")
End if
%>
<html>
<head>
<meta http-equiv="Content-Type" content="text/html; charset=gb2312">
<title>留言板</title>
</head>
<body >
<table width="550" height="23">
<tr>
<td width="326" height="19">
<font face="华文行楷" size="8">留言板</font>
</td>
<td width="210" height="19">
<a href="sele_disp_message.asp">首页</a>  
<a href="add_message.htm">留言</a>  
管理
</td>
</tr>
<tr><td colspan="2" width="542" height="1"><hr></td></tr>
```

```
</table>
<form method="POST" action="authenticate.asp">
<p>请输入管理员账号和密码：</p>
<p>
用户名：<input type="text" name="txtUserName" size="20">
</p>
<p>
密  码：<input type="password" name="pwdPassword" size="20">
</p>
<p>
<input type="submit" value="登录" ><input type="reset" value="全部重填">
</p>
</form>
</body>
</html>
```

authenticate.asp 程序清单：

```
<% Option Explicit %>
<%
'接受表单输入的数据
Dim userName,password
userName=Trim(Request.Form("txtUserName"))
password=Trim(Request.Form("pwdPassword"))
'建立一个到数据源的连接
Dim strDSN
Dim connGuestbook
strDSN="Provider=MSDASQL;DRIVER={SQL Native Client};
        SERVER=localhost;DATABASE=Guestbook;  UID=manager;PWD=123456"
Set connGuestbook = Server.CreateObject("ADODB.Connection")
connGuestbook.Open strDSN
'建立记录集，存放查询结果
Dim rsAdmins
Dim strSqlSelectAdmins
Set rsAdmins = Server.CreateObject("ADODB.Recordset")
strSqlSelectAdmins="SELECT * FROM Admins WHERE username='"+userName+"'
And password='"+password+"'"
rsAdmins.Open  strSqlSelectAdmins, connGuestbook
If  Not rsAdmins.Eof  then
Session("username")=userName        '将已通过验证的用户名保存在 Session 变量
                                    'username 中
```

```
Response.Redirect("sele_dele_messages.asp")
End If
%>
<!--结果输出-->
<html>
<head>
<meta http-equiv="Content-Type" content="text/html; charset=gb2312">
<title>留言板</title>
</head>
<body >
<table width="550" height="23">
<tr>
<td width="326" height="19">
<font face="华文行楷" size="8">留言板</font>
</td>
<td width="210" height="19">
<a href="sele_disp_message.asp">首页</a>  
<a href="add_message.htm">留言</a>  
管理
</td>
</tr>
<tr><td colspan="2" width="542" height="1"><hr></td></tr>
</table>
用户名或密码错误!
<br><br>
单击<a href="logon.asp">重新登录</a>
</body>
</html>
```

（4）退出登录

程序 logout.asp 的作用是退出管理。

logout.asp 程序清单：

```
<%
Session("username")=""          '清空 Session 变量 username 的值
Response.Redirect("sele_disp_message.asp")
                                '重定向到 sele_disp_message.asp 页面
%>
```

（5）删除留言

　　管理员进入管理界面后可以删除留言。删除留言功能模块其工作过程实际上是对表 Messages 实行"删除记录"的操作，与基础模块 5"删除记录"类似，可以采用基础模块 5

的代码。删除留言功能模块由 sele_dele_messages.asp 和 delete_messages.asp 两个程序文件组成。sele_dele_messages.asp 的运行结果如图 13.38 所示，delete_messages.asp 的运行结果如图 13.39 所示。

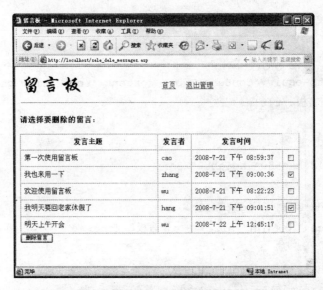

图 13.38　sele_dele_messages.asp 的运行结果

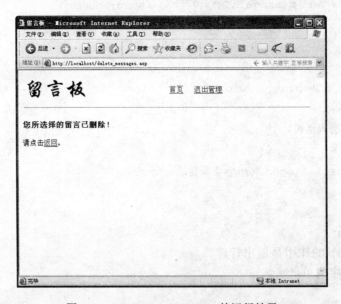

图 13.39　delete_messages.asp 的运行结果

sele_dele_messages.asp 程序清单：

```
<% Option Explicit %>
<%
'判断是否已登录
If Session("username")<>"admin" Then        '提取 Session 变量 username 的值与字
                                            '符串"admin"比较
```

```asp
Response.Redirect("logon.asp")
End if
'建立一个到数据源的连接
Dim strDSN
Dim connGuestbook
strDSN="Provider=MSDASQL;DRIVER={SQL Native Client};
        SERVER=localhost;DATABASE=Guestbook; UID=manager;PWD=123456"
Set connGuestbook = Server.CreateObject("ADODB.Connection")
connGuestbook.Open strDSN
'建立记录集，存放查询结果
Dim rsMessages
Dim strSqlSelectMessages
Set rsMessages = Server.CreateObject("ADODB.Recordset")
strSqlSelectMessages="SELECT * FROM Messages"
rsMessages.Open  strSqlSelectMessages, connGuestbook
%>
<!--结果输出，以供选择-->
<html>
<head>
<meta http-equiv="Content-Type" content="text/html; charset=gb2312">
<title>留言板</title>
</head>
<body>
<table width="656" height="23">
<tr>
<td width="326" height="19"><font face="华文行楷" size="8">留言板
</font></td>
<td width="317" height="19">
<a href="sele_disp_message.asp">首页</a>  
<a href="logout.asp">退出管理</a>
</td>
</tr>
<tr><td colspan="2" width="650" height="1"><hr></td></tr>
</table>
<h3>请选择要删除的留言：</h3>
<%
If Not rsMessages.Eof Then
%>
<form method="post" action="delete_messages.asp">
```

```
<table border="1" cellpadding="8" cellspacing="0" width="654">
<tr>
<th width="313"  >发言主题</th>
<th width="60"  >发言者</th>
<th width="198"  >发言时间</th>
<th width="20"></th>
</tr>
<%
Dim idCollection
Do While Not rsMessages.Eof
'将所有记录的课程号存放在idCollection变量中,用","作为分隔符
idCollection=idCollection & rsMessages("id") & ","
%>
<tr>
<td width="313"><% =rsMessages("subject") %></td>
<td width="60"><% =rsMessages("username") %></td>
<td width="198"><% =rsMessages("date") %></td>
<td width="20">
<!--在每个记录后添加一个检查框，供用户选定记录-->
<input name="chkNo<% =rsMessages("id") %>" type="checkbox">
</td>
</tr>
<%
rsMessages.MoveNext '移到下一个记录
Loop
End If
rsMessages.Close
Set rsMessages=Nothing
'结束到数据源的连接
connGuestbook.Close
'将idCollection存储在一个隐藏对象中，以传递给下一个页面
Response.Write("<input type='hidden' name='hidIdCollection' value=" &
idCollection & ">")
%>
</table>
<input type="submit" value="删除留言">
</form>
</body>
</html>
```

delete_messages.asp 程序清单:

```asp
<% Option Explicit %>
<%
'判断是否已登录
If Session("username")<>"admin" Then
Response.Redirect("logon.asp")
End if
'建立一个到数据源的连接
Dim strDSN
Dim connGuestbook
strDSN="Provider=MSDASQL;DRIVER={SQL Native Client};
        SERVER=localhost;DATABASE=Guestbook;UID=manager;PWD=123456"
Set connGuestbook = Server.CreateObject("ADODB.Connection")
connGuestbook.Open strDSN
'删除记录
Dim idCollection, strLength, totalOfIds, i, id, strSqlDeleteMessages
idCollection=request.form("hidIdCollection")
                            '接受隐藏对象 hidIdCollection 的值
strLength=Len(idCollection)     '计算 hidIdCollection 的值的长度
idCollection=Left(idCollection,strLength-1)
                            '删除 hidIdCollection 的值的最后一个字符","
idCollection=Split(idCollection,",")
                            '分割截取所有的课程号,存放在一个数组中
totalOfIds=UBound(idCollection,1)
                            '计算数组 idCollection 的最大下标
'循环遍历所有记录的检查框状态
For i=0 to totalOfIds
id=Request.Form("chkNo" & idCollection(i))
If Not IsEmpty(id) Then       '如果该检查框的被选中,则删除
strSqlDeleteMessages="DELETE FROM messages WHERE id=" & Clng(idCollection(i))
connGuestbook.Execute strSqlDeleteMessages
End If
Next
%>
<!--结果输出-->
<html>
<head>
<meta http-equiv="Content-Type" content="text/html; charset=gb2312">
```

```
<title>留言板</title>

</head>

<body>

<table width="656" height="23">

<tr>

<td width="326" height="19"><font face="华文行楷" size="8">留言板
</font></td>

<td width="317" height="19">

<a href="sele_disp_message.asp">首页</a>  

<a href="logout.asp">退出管理</a>

</td>

</tr>

<tr><td colspan="2" width="650" height="1"><hr></td></tr>

</table>

<h3>您所选择的留言已删除！</h3>

请单击<a href="sele_dele_messages.asp">返回</a>。

</body>

</html>
```

13.5.2 论坛

一个论坛一般有多个讨论区，每个讨论区下有多个版面，用户可在各个版面下发表文章进行讨论。论坛的用户分为普通用户、版主和论坛管理员。普通用户可浏览文章、发表文章和更改个人注册信息，而论坛管理员还可以进行版面管理、用户管理和版面文章管理。普通用户如果被论坛管理员指定为某一版面的版主，则还可以对该版面的文章进行管理。

论坛的数据库名为：Forum，数据表有：论坛管理员（Admins）表、用户（Users）表、讨论区（Areas）表、版面（Boards）表和文章（Articles）表。各数据表结构见表 13.4～表 13.8。

表 13.4 Admins 表结构

列　　名	数 据 类 型	长　　度	说　　明	备　　注
username	varchar	20	用户名	主键
password	varchar	20	密码	

表 13.5 Users 表结构

列　　名	数 据 类 型	长　　度	说　　明	备　　注
username	varchar	20	注册名	主键
nick_name	varchar	20	昵称	
password	varchar	20	密码	
gender	bit	1	性别	
real_name	varchar	20	真实姓名	

列　名	数据类型	长　度	说　明	备　注
article_number	samllint	2	已发表的文章数	
E-mail	varchar	20	电子邮件地址	
QQ	char	10	QQ 号码	
homepage	varchar	40	个人主页	
description	varchar	100	个人简介	
birthday	datetime	8	出生日期	
regist_time	datetime	8	注册时间	

表 13.6　Areas 表结构

列　名	数据类型	长　度	说　明	备　注
area_id	int	4	讨论区编号	主键，标识
area_name	varchar	20	讨论区名称	

表 13.7　Boards 表结构

列　名	数据类型	长　度	说　明	备　注
board_id	smallint	2	版面编号	主键，标识
area_id	smailint	2	讨论区编号	外键
board_name	varchar	20	版面名称	
manager1	varchar	20	版主 1	
manager2	varchar	20	版主 2	
manager3	varchar	20	版主 3	

表 13.8　Articles 表结构

列　名	数据类型	长　度	说　明	备　注
article_id	bigint	8	文章编号	主键，标识
title	varchar	50	文章标题	
content	varchar	6000	文章内容	
username	varchar	20	发表文章的用户名	外键
board_id	int	4	文章所在版面编号	外键
post_time	datetime	8	发表文章的时间	
reply_to	bigint	8	被回复文章的编号	
read_count	varint	4	文章被阅读的次数	
reply_count	int	4	回复的文章数	

下面将逐一简述论坛功能的实现方法。

（1）用户注册

用户注册实际上是在用户（Users）表中添加记录。可参照基础模块 4 "添加记录" 的代码来实现。

（2）用户登录及退出登录

用户登录实际上是根据用户输入的用户名和密码来查询用户（Users）表中是否存在与用户输入相同的用户名和密码的记录，如果存在则登录成功，用 Session 对象的变量保存登录信息。可参照"基础模块 3——查询记录"的代码来实现。

退出登录实际上是清空 Session 对象的变量所保存的登录信息。

可参照 13.5.1 节"留言簿"的"管理员登录"及"退出登录"部分的代码。

（3）用户资料修改

用户登录后，可对自己的除用户名之外的所有注册信息进行修改。用户资料修改实际上是修改用户（Users）表中的记录。可参照"基础模块 6——修改记录"的代码来实现。

（4）用户注销

用户注销实际上是从用户（Users）表中删除该用户的记录。可参照"基础模块 5——删除记录"的代码来实现。

（5）浏览文章

论坛提供一个讨论区下的版面列表，用户选择某一版面后，显示文章标题列表，选择文章后，显示文章内容与回复内容列表。这一过程实际上是对讨论区（Areas）表、版面（Boards）表和文章（Articles）表的内容进行查询并显示。可参照"基础模块 3——查询记录"、"基础模块 7——选择记录号显示记录详细内容"和"基础模块 8——分页显示"的代码来实现。

（6）搜索文章

搜索文章实际上是对文章（Articles）表按照用户输入的条件进行查询，可参照"基础模块 3——查询记录"的代码来实现。

（7）发表文章

用户登录后，能够发表文章。发表文章实际上是在文章（Articles）表中增加新记录。如果 reply_to 列的值设为 0，则表明这是一篇新文章。可参照"基础模块 4——添加记录"的代码来实现。

可参照 13.5.1 节"留言簿"的"留言"部分的代码。

（8）回复文章

回复文章实际上也是在文章（Articles）表中增加新记录，只是 reply_to 列的值设为被回复文章的 article_id 列的值。实现方法同"发表文章"一样。

（9）删除文章

论坛管理员登录可删除所有的文章，版面的版主可删除自己所管理的版面下的文章。删除文章实际上从文章（Articles）表中删除记录，可参照"基础模块 5——删除记录"的代码来实现。

（10）讨论区管理

讨论区管理包括查询、增加、删除和修改讨论区，实际上是对讨论区（Areas）表的查询、增加、删除和修改。可参照相应的基础模块代码来实现。

（11）版面管理

版面管理包括查询、增加、删除和修改版面，实际上是对版面（Board）表的查询、增加、删除和修改。可参照相应的基础模块代码来实现。

习 题 13

13.1 用 ASP 编程实现对 ST 样例数据库的 TEACHER 表的查询、添加、删除和修改。

13.2 扩展 ST 样例数据库，用 ASP 编程开发一个"基于 Web 的学生成绩管理系统"。要求实现以下功能：

（1）人员管理，系统管理员可以查询、添加、删除和修改所有人员的信息。学生和教师可以查询人员信息和修改自己的信息；

（2）登录和退出登录，学生可以凭学生号和密码登录，而教师可以凭职工号和密码登录；

（3）排课，系统管理员可以安排某年某学期的某课程由某位教师授课；

（4）选课，学生可以在某年某学期选修由某位教师授课的某课程；

（5）成绩录入，教师只可以对自己所授课程的成绩进行录入；

（6）成绩修改，教师只可以对自己所授课程的成绩进行修改；

（7）成绩查询，学生只可以查询自己的成绩，而教师可以查询所有学生的成绩。

数据库扩展提示：

（1）STUDENT 表和 TEACHER 表要分别增加一个"密码"列；

（2）增加一个排课表，COURSE_SCHEDUEL（排课号，课程号，学年，学期，职工号），COURSE 与 COURSE_SCHEDUEL 是一对多关系，TEACHER 与 COURSE_SCHEDUEL 是一对多关系，STUDENT 与 COURSE_SCHEDUEL 是多对多关系，而 STUDENT 不再与 COURSE 有联系，而 S_C（选修表）的"课程号"列改为"排课号"列。

附录 A ST 数据库表结构及样本数据

	列名	数据类型	长度	允许空
🔑	学号	char	10	
	姓名	char	8	✔
	性别	char	2	✔
	年龄	smallint	2	✔
	班级代号	char	10	✔
	籍贯	char	8	✔

图 A.1 STUDENT 表结构

	列名	数据类型	长度	允许空
🔑	课程号	char	6	
	课程名	varchar	50	✔
	学分	smallint	2	✔
	学时数	smallint	2	✔

图 A.2 COURSE 表结构

	列名	数据类型	长度	允许空
🔑	学号	char	10	
🔑	课程号	char	6	
	成绩	smallint	2	✔

图 A.3 S_C 表结构

	列名	数据类型	长度	允许空
🔑	班级代号	char	10	
	所属院系	varchar	50	✔
	班级名称	varchar	50	✔
	职工号	char	8	✔

图 A.4 CLASS 表结构

	列名	数据类型	长度	允许空
🔑	职工号	char	8	
	姓名	char	8	✔
	性别	char	2	✔
	出生年月	smalldatetir	4	✔
	职称	char	10	✔
	籍贯	char	8	✔

图 A.5 TEACHER 表结构

学号	姓名	性别	年龄	班级代号	籍贯
2002256117	王一	男	22	0102020101	广东澄海
2002356131	刘江	男	22	0101020101	广东新会
2003251113	李文	男	20	0101030201	广东梅县
2003251126	王莎	女	19	0101030201	四川乐至
2003251210	张今	男	20	0101030202	山西五台
2003256220	马元	男	20	0102030102	浙江苍南
2003256228	林欣	女	20	0102030102	重庆开县
2004356225	许东	男	19	0101040102	江西吉安
2005251106	陈明	女	19	0101050201	福建南安
2005356107	钟红	女	19	0101050101	辽宁城海

图 A.6　STUDENT 表样本数据

课程号	课程名	学分	学时数
013101	电子商务技术	2	40
014075	计算机网络技术	2	40
120286	JAVA与Web信息处理技术	2	40
233035	文献检索	1	20
250128	数据结构	3	60
250170	大学计算基础	3	60
250221	数据库原理与应用	3	60
250231	企业资源计划	2	40
335133	面向对象程序设计	2	40
394852	软件工程	2	40

图 A.7　COURSE 表样本数据

学号	课程号	成绩
2002256117	250128	90
2002256117	250221	85
2002356131	250128	79
2003256220	250170	89
2003256220	250221	68
2005251106	250128	73
2005251106	250221	49
2005356107	250128	78
2005356107	250231	62

图 A.8　S_C 表样本数据

班级代号	所属院系	班级名称	职工号
0101020101	信息学院计算机系	02软件工程1班	10009855
0101030201	信息学院计算机系	03电子商务1班	10004782
0101030202	信息学院计算机系	03电子商务2班	10005634
0101040102	信息学院计算机系	04软件工程2班	10006729
0101050101	信息学院计算机系	05软件工程1班	10007234
0101050201	信息学院计算机系	05电子商务1班	10004692
0102020101	信息学院信息工程系	02信息管理1班	10001001
0102030102	信息学院信息工程系	03信息管理2班	10008721

图 A.9　CLASS 表样本数据

职工号	姓名	性别	出生年月	职称	籍贯
10001001	张黎民	男	1966-6-1	副教授	广东梅县
10002391	赵伯瑞	男	1960-8-18	教授	浙江苍南
10003578	雷天乐	男	1964-12-13	教授	江西南昌
10004692	王军琴	女	1963-4-12	副教授	福建南安
10004782	钟信纯	女	1971-3-27	讲师	浙江金华
10005634	王秋芳	女	1976-4-19	讲师	四川仪陇
10006729	黄思源	男	1974-9-19	讲师	重庆开县
10007234	陈加敏	女	1973-11-8	讲师	湖北黄冈
10008721	林郁明	男	1972-6-22	讲师	广东梅县
10009855	张伟杰	男	1975-7-19	讲师	湖南湘潭

图 A.10　TEACHER 表样本数据

附录 B　实验及实践环节安排

参 考 文 献

[1] 李维杰，孙乾君. SQL Server 2005 数据库原理与应用简明教程. 北京:清华大学出版社，2007

[2] 闪四清. SQL Server 2005 基础教程. 北京:清华大学出版社，2007

[3] Dusan Petkovic. SQL Server 2005 初学者指南. 冯飞等译. 北京:清华大学出版社，2007

[4] Michael Otey，Denielle Otey. SQL Server 2005 开发指南. 高猛译. 北京:清华大学出版社，2007

[5] 詹英. 数据库技术与应用——SQL Server 2005 教程. 北京：清华大学出版社，2008.

[6] 施威铭研究室. Microsoft SQL Server 2005 中文版设计实务. 北京：机械工业出版社，2008.

[7] 钱雪忠. 数据库与 SQL Server 2005 教程. 北京：清华大学出版社，2007.

[8] 李存斌. 数据库应用技术——SQL Server 2005 实用教程. 北京：中国水利电力出版社，2006.

[9] Microsoft Corporation. SQL Server 2005 新增功能。http://www.microsoft.com/china/sql/prodinfo/overview/whats-new-in-sqlserver2005.mspx

[10] Eric L Browsn. SQL Server2005 中文版精粹. 吴戈等译. 北京：机械工业出版社，2007

[11] Solid Quality Learning. SQL Server 2005 从入门到精通：数据库基础. 文瑞等译. 北京：清华大学出版社，2007

[12] 董福贵，李存斌等. SQL Server 2005 数据库简明教程. 北京:电子工业出版社，2006

[13] 宋小峰等. SQL Server 2005 基础培训教程. 北京：人民邮电出版社，2007

[14] Robin Dewson. SQL Server 2005 基础教程. 董明等译. 北京:人民邮电出版社，2006

[15] 王征，李家兴等. SQL Server 2005 实用教程. 北京：清华大学出版社，2006

[16] Microsoft Corporation MS SQL Server 2005 联机文档.

[17] Cagle K. XML 高级开发指南. 周生炳等译. 北京：电子工业出版社，2001.

[18] Kimball R. The Data Warehouse Toolkit. New York：Wiley，1996.

[19] Inmon W H. Building the Data Warehouse. New York：Wiley，1992.

[20] Anon. SQL Server 2000 Resource Kit. http：//www.microsoft.com/resources/documentation/sql/2000/all/reskit.

[21] Ponniah P. 数据仓库基础. 段云峰等译. 北京：电子工业出版社，2004.

[22] Sunderic D. SQL Server 2000 存储过程与 XML 编程. 陈浩奎等译. 北京：清华大学出版社，2003.

[23] Watson H J. Recent Developments in Data Warehousing. Communications of the Association for Information Systems，2001，8:1-25

[24] 苏中滨，杨涛，陈联诚等．数据库系统概论．北京：中国水利水电出版社，2002．

[25] C J Date．数据库系统导论．北京：机械工业出版社，2000．

[26] Matthew Shepker．SQL Server 7 24 学时教程．北京：机械工业出版社，2000．

[27] 李香敏，徐进，将世锋等．SQL Server 2000 编程员指南．北京：北京希望电子出版社，2000．

[28] 王珊，陈红．数据库系统原理教程．北京：清华大学出版社，1998．

[29] 萨师宣，王珊．数据库系统概论（第三版）．北京：高等教育出版社，2000．

[30] Abraham Silberschatz，Henry E Korth，S Sudarshan．数据库系统概念（第 3 版）．北京：机械工业出版社，2000．

[31] Kalen Delaney．Inside Microsoft SQL Server 2000．USA：Microsoft Press，2000．

[32] Marci Frohock Garcia，Jamie Reding，Edward Whalen，et al．Microsoft SQL Server 2000 Administrator's Companion．USA：Microsoft Press，2000．

[33] Microsoft MSDN Library．http://msdn.microsoft.com/library/default.asp．

[34] Microsoft Corporation MS SQL Server 2000 联机文档．

[35] 李代平等．SQL Server 2000 数据库应用基础教程．北京：冶金工业出版社，2002．

[36] 梁嘉超．ASP 后台数据库网站制作实例经典．北京：冶金工业出版社，2001．

[37] Petkavic．SQL Server 7 A Beginner's Guide 循序渐进教程．北京：北京希望电子出版社，1999．

[38] 廖疆星等．新编 SQL Server 2000 数据库实用教程．北京：冶金工业出版社，2002．

[39] Michael Reilly，Michelle Poolet．SQL Server 2000 设计与 T-SQL 编程．卢庆龄，王芹，李东译．北京：清华大学出版社，2002

[40] 刘湛清，王强．SQL Server 2000 经典范例 150 讲．北京：科学出版社，2003．

[41] 陈永强，谢维成，李茜．SQL Server 数据库企业应用系统开发．北京：清华大学出版社，2004．

[42] 赵杰，李涛，朱慧．SQL Server 数据库管理、设计与实现教程．北京：清华大学出版社，2004．

[43] 何玉洁．数据库基础及应用技术（第二版）．北京：清华大学出版社，2004．

[44] Marc Israel，J Steven Jones．MCSE：SQL Server 2000 Design．邱仲潘，喻文中译．北京：电子工业出版社，2002．

[45] 郑阿奇，刘启芬，顾韵华．SQL Server 实用教程（第二版）．北京：电子工业出版社，2005．

[46] 张晋连．数据库原理及应用．北京：电子工业出版社，2004．

[47] 袁然，王诚梅．SQL Server 2005 经典实例教程．北京：电子工业出版社，2006．

[48] 明日科技．SQL Server 2005 开发技术大全．北京：人发邮电出版社，2007．

[49] 杨武．ASP 数据库编程入门．天津：天津电子出版社，2004．